机电类"十四五"系列教材

# UG(CAD/CAM) 应用

(视频版)

主　编　刘洪波　杨晓熹　史春梅
副主编　王春雨　闫　磊　乔学良　史丽敏

中国水利水电出版社
www.waterpub.com.cn
·北京·

## 内 容 提 要

本书以数字化设计 UG（CAD）和数字化制造 UG（CAM）技术为重点，依托"1+X"考核，以软件应用能力培养为主线，运用项目教学法，以工作过程为导向，详细介绍了典型零件的数字化设计及制造过程。全书共分为六个项目，分别为：UG CAD 二维绘图、UG CAD 三维建模、UG 编程前的准备工作、平面类零件加工实例、曲面类零件加工、钻孔。

本书图文并茂、易学易懂，提高了学生的学习兴趣，突出了学生对所学知识的灵活运用及做中教、学中做的职业教育特色。

本书可作为中等职业学校数控技术应用专业 CAD/CAM 专业课教材，也适用于机械、数控、模具、机电一体化及相关专业的中职类学生。

**图书在版编目（CIP）数据**

UG（CAD/CAM）应用：视频版 / 刘洪波，杨晓熹，史春梅主编. -- 北京：中国水利水电出版社，2024.5
机电类"十四五"系列教材
ISBN 978-7-5226-2456-3

Ⅰ．①U… Ⅱ．①刘… ②杨… ③史… Ⅲ．①机械元件-计算机辅助设计-应用软件-中等专业学校-教材
Ⅳ．①TH13-39

中国国家版本馆CIP数据核字(2024)第094262号

| 书　　名 | 机电类"十四五"系列教材<br>**UG（CAD/CAM）应用（视频版）**<br>UG（CAD/CAM）YINGYONG |
|---|---|
| 作　　者 | 主　编　刘洪波　杨晓熹　史春梅<br>副主编　王春雨　闫　磊　乔学良　史丽敏 |
| 出版发行 | 中国水利水电出版社<br>（北京市海淀区玉渊潭南路1号D座　100038）<br>网址：www.waterpub.com.cn<br>E-mail：sales@mwr.gov.cn<br>电话：(010) 68545888（营销中心） |
| 经　　售 | 北京科水图书销售有限公司<br>电话：(010) 68545874、63202643<br>全国各地新华书店和相关出版物销售网点 |
| 排　　版 | 中国水利水电出版社微机排版中心 |
| 印　　刷 | 天津嘉恒印务有限公司 |
| 规　　格 | 184mm×260mm　16开本　12.25印张　298千字 |
| 版　　次 | 2024年5月第1版　2024年5月第1次印刷 |
| 印　　数 | 0001—1500册 |
| 定　　价 | **49.00元** |

凡购买我社图书，如有缺页、倒页、脱页的，本社营销中心负责调换
**版权所有·侵权必究**

# 前 言

Unigraphics（简称 UG）是 SIEMENS 公司（原美国 UGS 公司）开发的计算机辅助设计与制造软件，广泛用于机械、模具、汽车、家电、航天、军事等领域，是目前世界上最流行的 CAD/CAM/CAE 软件之一。

UG 软件进入我国已接近 20 年，它在工业制造领域得到了越来越广泛的应用。特别是进入 21 世纪后，UG 软件逐渐在中小型企业普及，它的推广与使用大大缩短了产品的设计周期，提高了企业的生产效率，从而使生产成本得到降低，增强了企业的市场竞争力。

目前市面上关于 UG NX 系列的图书很多，但读者要想在众多的图书中挑选一本适合自己的实用性强的学习用书却很不容易。有不少读者有这样的困惑：虽然学习了 UG NX 很长时间，却似乎感觉还没有入门，不能有效地应用于实际的设计工作。造成这种困惑的一个重要原因是：在学习 UG NX 时，许多人过多地注重了软件的功能，而忽略了实战操作的锻炼和设计经验的积累。事实上，对于一本好的 UG NX 教程，除了要介绍基本的软件功能之外，还要结合典型实例和设计经验来介绍应用知识与使用技巧等，同时还要兼顾设计思路和实战性。

本书结合了作者多年从事 UG（CAD/CAM）的教学和培训经验，以数字化设计 UG（CAD）和数字化制造 UG（CAM）技术为重点，依托"1+X"考核，以软件应用能力培养为主线，运用项目教学法，以工作过程为导向，将文字和图像生动地结合，并配有操作过程的演示视频，详细介绍了典型零件的数字化设计及制造过程。通过 UG（CAD）典型案例的学习，使中职类学生能够掌握零件的建模思路和操作步骤。随着 UG（CAM）学习的深入，学生能够完成"1+X"考核项目的数字化制造过程。

本书包括六个项目十七项任务，是结合当前中职类学生的教学需求而组织编写的。以 UG NX10.0 中文版为操作平台，从基础入手，以贴近学生生活、实用性强、针对性强的实例为引导，从 2D 草图、3D 实体造型、简单曲面造型、加工前的准备工作到数控铣加工，循序渐进地介绍了 UG NX10.0 的常用模块和实用操作方法。本书由黑龙江省水利学校机电教研室主任、高级讲师史春梅带领数控专业教师刘洪波、杨晓熹担任主编，由省级大师工作室负责人、高级技师王宝山带领数控专业教师王春雨、史丽敏担任副主编，大庆宏测技术服务有限公司总经理薛峰，大庆金祥寓科技有限公司副总经理、工程师于德明，数控专业教师闫磊、乔学良参与编写。

由于编者水平有限，书中不妥之处在所难免，恳请读者批评指正。

编者

2023 年 12 月

# 资 源 清 单

| 序号 | 资 源 名 称 | 页码 |
|---|---|---|
| 1 | 零件图01 | 4 |
| 2 | 零件图02 | 5 |
| 3 | 零件图03 | 7 |
| 4 | 零件图04 | 9 |
| 5 | 零件图05 | 12 |
| 6 | 零件图06 | 13 |
| 7 | 零件图07 | 16 |
| 8 | 零件图08 | 17 |
| 9 | 零件图09 | 20 |
| 10 | 零件图10 | 21 |
| 11 | 零件图11 | 23 |
| 12 | 零件图12 | 25 |
| 13 | 零件图13 | 27 |
| 14 | 零件图14 | 29 |
| 15 | 零件图15 | 32 |
| 16 | 零件图16 | 33 |
| 17 | 零件图17 | 34 |
| 18 | 零件图18 | 44 |
| 19 | 零件图19 | 45 |
| 20 | 零件图20 | 48 |
| 21 | 零件图21 | 49 |
| 22 | 零件图22 | 51 |
| 23 | 零件图23 | 52 |
| 24 | 零件图24 | 54 |
| 25 | 零件图25 | 55 |
| 26 | 零件图26 | 58 |

续表

| 序号 | 资源名称 | 页码 |
|---|---|---|
| 27 | 零件图 27 | 60 |
| 28 | 零件图 28 | 63 |
| 29 | 零件图 29 | 65 |
| 30 | 零件图 30 | 68 |
| 31 | 零件图 31 | 70 |
| 32 | 零件图 32 | 72 |
| 33 | 零件图 33 | 74 |
| 34 | 零件图 34 | 76 |
| 35 | 零件图 35 | 78 |
| 36 | 零件图 36 | 80 |
| 37 | 零件图 37 | 83 |
| 38 | 零件图 38 | 84 |
| 39 | 零件图 39 | 85 |
| 40 | 零件图 40 | 87 |
| 41 | 零件图 41 | 89 |
| 42 | 平面类零件加工 | 108 |
| 43 | 加工模型文件下载 | 108 |
| 44 | 曲面加工 | 136 |
| 45 | 曲面模型文件下载 | 136 |

# 目 录

前言
资源清单

## 项目一　UG CAD 二维绘图 ······ 1
### 任务一　日常用品图绘制 ······ 2
活动一　铅笔与电灯开关 ······ 2
活动二　晾衣架与水杯 ······ 6
活动三　方向盘与轮毂 ······ 11
### 任务二　机械传动中常用构件二维图绘制 ······ 15
活动一　风扇叶片与钩子 ······ 15
活动二　拨叉与油泵衬垫 ······ 19
活动三　棘轮机构与槽轮机构 ······ 22
### 任务三　典型零件图绘制 ······ 26
活动一　扳手与机架 ······ 26
活动二　考核与阶段评价 ······ 30

## 项目二　UG CAD 三维建模 ······ 42
### 任务一　简单零件建模 ······ 43
活动一　简单凸台零件 ······ 43
活动二　简单轴套零件 ······ 46
活动三　简单箱壳零件 ······ 50
活动四　简单盘类零件 ······ 53
### 任务二　标准零件建模 ······ 57
活动一　机夹刀柄 ······ 57
活动二　端盖与加强筋 ······ 59
活动三　齿轮轴 ······ 62
活动四　螺纹 ······ 64
### 任务三　典型零件建模 ······ 66
活动一　阀体类零件 ······ 66
活动二　轴套类零件 ······ 69
活动三　轮盘类零件 ······ 71

活动四　盖板类零件 ········································································ 72
　　活动五　泵体类零件 ········································································ 74
　　活动六　叉架类零件 ········································································ 77
　　活动七　箱壳类零件 ········································································ 79
　　活动八　训练拓展与考核评价 ···························································· 82
　任务四　曲面建模 ················································································ 86
　　活动一　座机听筒 ············································································ 86
　　活动二　花朵 ··················································································· 88

**项目三　UG 编程前的准备工作** ······························································ 95
　任务一　加工界面 ················································································ 95
　任务二　坐标系的分类 ········································································· 98
　任务三　刀具、几何体的创建 ······························································· 100

**项目四　平面类零件加工实例** ······························································ 108
　任务一　确定加工坐标系 ···································································· 108
　任务二　确定零件及毛坯 ···································································· 110
　任务三　创建工序 ·············································································· 111

**项目五　曲面类零件加工** ···································································· 136
　任务一　投影法介绍 ··········································································· 136
　任务二　投影矢量 ·············································································· 138
　任务三　等高轮廓铣参数 ···································································· 140
　任务四　曲面零件加工实例 ································································· 144

**项目六　钻孔** ······················································································ 169

**参考文献** ····························································································· 185

# 项目一

# UG CAD 二维绘图

## 工作情境

学生作为某企业一线产品设计人员,要完成部分主打产品的零件图纸绘制工作。绘图软件为 UG NX10.0,时间为 3 个工作日。要求学生独立完成零件图的绘制工作。

## 学习目标

**知识目标:**

1. 掌握启动软件,新建、打开、保存文件,修改工作界面等基本操作。
2. 熟悉并掌握鼠标、键盘的功能。
3. 掌握直线、圆弧、圆、多边形、椭圆等曲线生成命令。
4. 掌握修剪、延伸、偏置、阵列、镜像、倒角、派生直线等曲线编辑命令。
5. 熟练使用草图功能,掌握尺寸标注与几何约束命令。

**技能目标:**

1. 能在规定时间内正确新建图纸并使用几何约束的方法完成任务一的日常用品图绘制。
2. 熟练使用快捷键、偏置曲线、阵列曲线、镜像曲线等命令完成任务二的常见构件二维图绘制。
3. 综合运用掌握的绘图技巧完成任务三的典型零件图绘制。

**情感目标:**

1. 将自己当成一名技术工人,保持良好心态。
2. 实现个人价值,获得成就感与自信心。
3. 能够听取他人意见,与他人配合默契。

## 建议课时

32 学时

## 学习任务

任务一:日常用品图绘制(12 学时)

任务二:机械传动中常用构件二维图绘制(12 学时)

任务三:典型零件图绘制(8 学时)

## 任务一　日常用品图绘制

## 活动一　铅笔与电灯开关

### 学习目标

1. 掌握启动软件，新建、打开、保存文件，修改工作界面等基本操作。
2. 熟悉鼠标功能与键盘常用快捷键。
3. 掌握轮廓、直线、矩形等曲线命令。
4. 掌握倒斜角、倒圆角曲线编辑命令。
5. 掌握快速尺寸标注与水平、中点、等长、共线等约束命令。

### 建议学时

4 学时

### 学习重难点

重点：1. 启动软件，新建、打开、保存文件，修改工作界面等基本操作。
　　　2. 轮廓、直线、矩形等曲线命令，修剪、倒圆角等曲线编辑命令，水平、中点、等长、共线等约束命令。

难点：1. 区分空间曲线绘图与草图绘图的本质区别。
　　　2. 初步形成"草图"绘图习惯意识。
　　　3. 科学合理地分析零件图，快速绘图。

### 学习过程

#### 一、教学准备

请准备教材、任务单、计算机。

#### 二、引导问题

1. AutoCAD中常用的绘图命令有哪些？

直线（line）L、参照线（又称结构线，xline）XL、多线（mline）ML、多段线（pline）PL、多边形（polygon）POL、矩形（rectang）REC、圆弧（arc）A、样条曲线（spline）SPL、椭圆（ellipse）EL、图案填充（bhatch）H、删除（erase）E、复制（copy）CO、镜像（mirror）MI、偏移（offset）O、阵列（array）AR、倒角（chamfer）CHA、圆角（fillet）F、对象捕捉、直线标注、半径标注等。

2. 第一视角与第三视角

使用第一视角投影的国家有中国、德国、法国、苏联，使用第三视角投影的国家有美国、英国、日本。

第一视角法，也称第一象限法，俗称投影法；第三视角法，也称第三象限法，俗称镜面法；第三视角法图与第一视角法图相比就是主视图以外的视图位置相反。

第一视角和第三视角的区别如下：

（1）通俗地讲，第一视角人不动，物体动；第三视角物体不动，人动。无论是第一视角还是第三视角通常在图纸标题栏中要有标示。

（2）具体点，任何物体在空间位置都有八个位置，即所谓视角。因此就产生了不同的投影视图。第一视角法就相当于把物体放在坐标系的第一象限；人在第一象限前方，人眼位置是光源，是人眼→物体→图形的顺序；把物体向 $XZ$ 平面投影得到主视图，向 $XY$ 平面投影得到俯视图，向 $YZ$ 平面投影得到右视图。即实物放在图纸和你的眼睛中间，从眼睛方向投影到图纸上；通俗点，第一视角人不动，物体动。第三视角法就相当于把物体放在坐标系的第三象限；人还是在第一象限前方，用人眼透过坐标平面去看物体，是人眼－图形－物体的顺序；人眼所看到的物体在 $YZ$ 平面留下的投影得到主视图，在 $XY$ 平面留下的投影得到仰视图，在 $XZ$ 平面留下的投影得到左视图。第三视角法是所见即所得，眼前看到什么就画下什么。即图纸放在实物和你的眼睛中间，实物向眼睛方向投影到图纸上，简单说就是左视图在左边，右视图在右边！

3. 坐标系

过定点 $O$，作三条互相垂直的数轴，它们都以 $O$ 为原点且一般具有相同的长度单位，这三条轴分别称为 $X$ 轴（横轴）、$Y$ 轴（纵轴）、$Z$ 轴（竖轴），统称坐标轴。通常把 $X$ 轴和 $Y$ 轴配置在水平面上，而 $Z$ 轴则是铅垂线。它们的正方向要符合右手规则，即以右手握住 $Z$ 轴，当右手的四指从正向 $X$ 轴以 $\pi/2$ 角度转向正向 $Y$ 轴时，大拇指的指向就是 $Z$ 轴的正向，如图 1-1 所示。这样的三条坐标轴就组成了一个空间直角坐标系，点 $O$ 称为坐标原点。

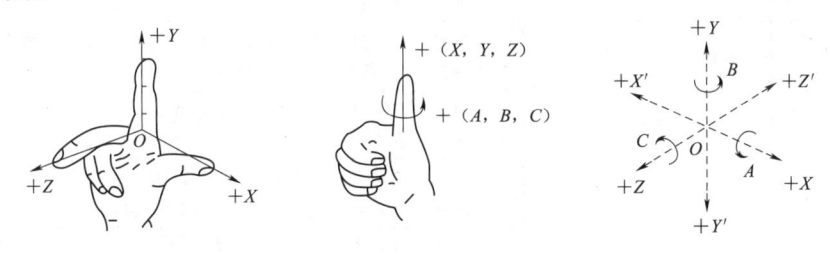

图 1-1　笛卡尔直角坐标系

机床坐标系是以机床原点 $O$ 为坐标系原点并遵循右手笛卡尔直角坐标系建立的由 $X$、$Y$、$Z$ 轴组成的直角坐标系。机床坐标系是用来确定工件坐标系的基本坐标系，是机床上固有的坐标系，并设有固定的坐标原点，如图 1-2 所示。

坐标原则：①遵循右手笛卡儿直角坐标系；②永远假设工件是静止的，刀具相对于工件运动；③刀具远离工件的方向为正方向。

### 三、新课内容——完成零件图绘制

1. 零件图 01——铅笔

根据分析，绘制图 1-3，绘图步骤见表 1-1。

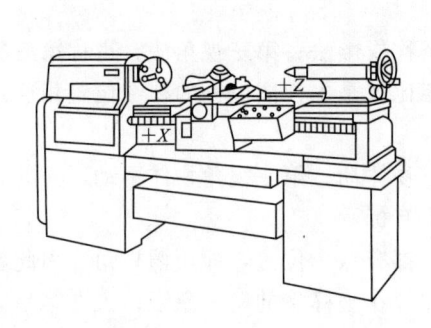

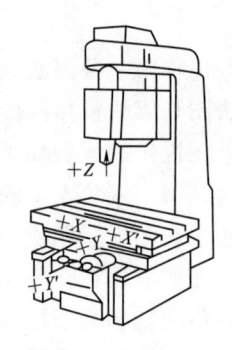

图 1-2 机床坐标系

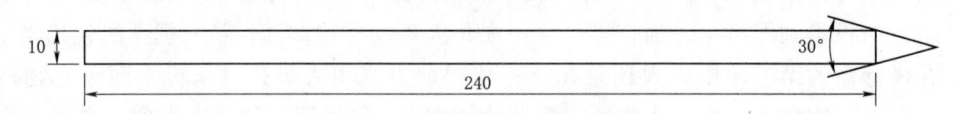

零件图 01

图 1-3 零件图 01——铅笔

表 1-1 零件图 01——铅笔的绘图步骤

| 步 骤 | 命 令 | 操作（零件图 01——铅笔，第一种做法） |
| --- | --- | --- |
| 1. 新建 | 新建-建模模块★ | 双击 NX10.0 图标，点击"新建"，以"姓名＋零件图 01"命名建模 |
| 2. 定制 | 定制★ | 在命令栏空白处右键，单击"定制"，选择插入"曲线"命令下的常用命令 |
| 3. 草图 | 任务环境下绘制草图★ | 双击"任务环境下绘制草图"图标，进入绘制界面 |
| 4. 绘制轮廓 | 曲线-轮廓★ | 以草图原点为起始点，依次绘制 240mm 直线（直接输入数据"240"）、两条 30°斜线（绘制轮廓即可）和水平直线（要求长度适中，接近 240mm 即可） |
| 5. 点在曲线上 | 点在曲线上★ | 使用鼠标左键分别点选第二条水平直线的左端点和 Y 轴，点击"点在曲线上"符号，完成约束 |
| 6. 竖直线 | 曲线-直线★ | 使用鼠标左键分别点选两条 240mm 水平直线的左端点和右端点，绘制两条竖直线 |
| 7. 10mm 标注 | 约束-快速尺寸★ | 使用鼠标左键点选左侧竖直线，拖动鼠标到竖直线旁边空白处，点击鼠标左键，输入数据"10"，回车完成标注 |
| 8. 中点约束 | 约束-几何约束-中点★ | 点选两斜线的交点和 10mm 竖直线，点选"中点"图标约束到中点 |
| 9. 30°标注 | 约束-几何约束★ | 依次选取两条斜线，拖动鼠标到斜线延长线空白处，点击左键，输入数据"30"，完成标注 |
| 10. 交图 | 点击"完成草图"，选择"保存"中的"另存为"（以"姓名＋零件图 01"命名），保存到桌面，并将保存好的零件图发送到教师机★ |||
| 步 骤 | 命 令 | 操作（零件图 01——铅笔，第二种做法） |
| 1. 绘制轮廓 | 曲线-轮廓★ | 以草图原点为起始点，向右侧拖动绘制水平线，水平线长度接近 240mm 即可，以水平线右端点为起点，继续绘制竖直线，并输入数据"10"，再以竖直线上端点为起点，向左侧拖动绘制水平线，水平线长度接近 240mm 即可 |

续表

| 步骤 | 命令 | 操作（零件图01——铅笔，第二种做法） |
|---|---|---|
| 2. 10mm 竖直线 | 曲线-直线★ | 以草图原点为起始点绘制竖直线（长度为10mm） |
| 3. 快速延伸 | 曲线-快速延伸★ | 使用鼠标左键点选短的水平线，完成延伸 |
| 4. 倒斜角 | 曲线-倒斜角★ | 设置偏置长度为"5"，角度为"75"，依次点选竖直线与水平线，完成两次倒斜角 |
| 5. 240mm 标注 | 约束-快速尺寸★ | 使用鼠标左键依次点选水平线右端点和左侧竖直线，拖动鼠标到水平线下方空白位置，在空白位置处单击鼠标左键，弹出对话框，在对话框中输入数据"240"，完成标注 |
| 6. 竖直线 | 曲线-直线 | 使用鼠标左键依次点选两条240mm水平直线的右端点，绘制竖直线 |
| 7. 转为参考 | 约束-几何约束-转为参考★ | 使用鼠标左键点选倒斜角时产生的竖直线，点选"转为参考"符号完成约束 |

注 1. 矩形轮廓部分可使用矩形命令完成更便捷。
　　2. 有冲突约束或过约束时，相关约束变红，删除多余约束即可。

### 2. 零件图 02——电灯开关

根据分析，绘制图 1-4，绘图步骤见表 1-2。

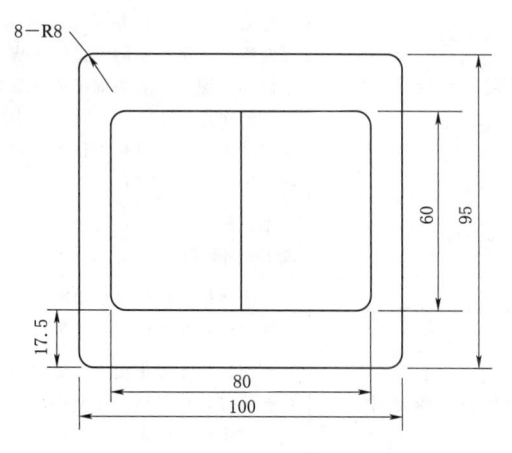

图 1-4　零件图 02——电灯开关

零件图 02

表 1-2　　　　　　　零件图 02——电灯开关的绘图步骤

| 步骤 | 命令 | 操作（零件图02——电灯开关） |
|---|---|---|
| 1. 新建 | 新建-建模模块 | 双击 NX10.0 图标，点击"新建"，以"姓名＋零件图02"命名建模 |
| 2. 草图 | 任务环境下绘制 | 双击"任务环境下绘制草图"图标，进入绘制界面 |
| 3. 100mm×95mm 矩形 | 曲线-矩形-两点★ | 在 Y 轴左侧适当位置处点击鼠标右键，确定矩形第一点，拖动鼠标向右下角拉伸矩形，使矩形大小接近图纸尺寸，点击鼠标左键确定矩形第二点 |
| 4. 共线约束 | 约束-几何约束-共线★ | 使用鼠标左键点选 X 轴和矩形底部水平线，在弹出的对话框中左键点选"共线"图标，完成共线约束 |

续表

| 步 骤 | 命 令 | 操作（零件图02——电灯开关） |
|---|---|---|
| 5. 尺寸标注 | 约束-快速尺寸 | 使用鼠标左键点选"矩形底部水平直线"，拖动鼠标到矩形下方空白处，点击鼠标左键，在对话框中输入数据"100"，使用鼠标左键点选矩形左侧竖直线，拖动鼠标到矩形左侧空白处，点击鼠标左键，在对话框中输入数据"95"，完成标注 |
| 6. R8 圆角 | 曲线-圆角★ | 使用鼠标左键分别点选（或按住左键划动）矩形相邻两边，完成 R8 倒圆角 |
| 7. 等半径约束 | 约束-几何约束-等半径★ | 使用鼠标左键依次点4条圆角边，在弹出的对话框中点选"等半径"图标约束等长 |
| 8. 圆角尺寸 | 约束-快速尺寸 | 使用鼠标左键点选任意一条圆角边，拖动鼠标到圆角空白处适当位置，点击鼠标左键，在弹出的对话框中输入数据"8"，完成标注 |
| 9. 几何约束 | 约束-几何约束-中点 | 使用鼠标左键依次点选草图原点和矩形底部水平线，在弹出的对话框中点选"中点"图标，完成中点约束 |
| 10. 80mm×60mm 矩形 | 曲线-矩形-两点★ | 在 Y 轴左侧适当位置处点击鼠标左键，确定矩形第一点，拖动鼠标向右下角拉伸矩形，使矩形大小接近图纸尺寸，点击鼠标左键确定矩形第二点 |
| 11. 尺寸标注 | 约束-快速尺寸 | 使用鼠标左键点选矩形底部水平直线，拖动鼠标到矩形下方空白处，点击鼠标左键，在对话框中输入数据"80"，使用鼠标左键点选矩形左侧竖直线，拖动鼠标到矩形左侧空白处，点击鼠标左键，在对话框中输入数据"60"完成标注。使用鼠标左键依次点选 100mm×95mm 矩形和 80mm×60mm 矩形的底部水平线，拖动鼠标到适当位置，点击鼠标左键，在弹出的对话框中输入数据"17.5"，完成标注 |
| 12. R8 圆角 | 曲线-圆角 | 用鼠标左键分别点选（或按住左键划动）矩形相邻两边，完成 R8 倒圆角绘制 |
| 13. 等半径约束 | 约束-几何约束-等半径 | 使用鼠标左键依次点小矩形4条圆角边与大矩形1条圆角边，在弹出的对话框中点选"等半径"图标约束等长 |
| 14. 几何约束 | 约束-几何约束-中点 | 使用鼠标左键依次点选草图原点（点选不到时可以长按鼠标左键等待弹出对话框，使用对话框点选）、小矩形底部水平线，点选"中点"图标约束中点 |
| 15. 竖直线 | 曲线-直线★ | 使用鼠标左键依次点选两条 80mm 水平直线的中点，绘制竖直线 |
| 16. 交图 | | 点击"完成草图"，选择"保存"中的"另存为"（以"姓名＋零件图02"命名），保存到桌面，并将保存好的零件图发送到教师机★ |

## 活动二 晾衣架与水杯

### 学习目标

1. 能够正确分析图纸，选择正确的绘图方法。
2. 熟练使用直线、圆弧、修剪、镜像、倒圆等曲线命令。
3. 掌握"圆""转为参考""镜像曲线""偏置曲线"绘图命令。

### 建议学时

4 学时

### 学习重难点

重点：1. 启动软件，新建、打开、保存文件，修改工作界面等基本操作。
　　　2. "圆""圆弧""转为参考""镜像曲线""偏置曲线"绘图命令。
难点：1. 正确分析图纸，选择正确的绘图方法。
　　　2. 初步形成"草图"绘图习惯意识。

### 学习过程

**一、教学准备**

请准备教材、任务单、计算机。

**二、前课回顾**

自制小视频——第一课的你们。

回顾前课知识点，与本课知识联结起来，并指出前课存在的问题，提出本课的期待。

**三、新课引导**

1. AutoCAD 中绘制圆的方法有几种？（①圆心-半径；②三点圆）
2. 直径与半径有何关系？（$D=2d$，$D$—直径；$d$—半径）

**四、新课内容——完成零件图绘制**

1. 零件图 03——晾衣架

根据分析，绘制图 1-5，绘图步骤见表 1-3。

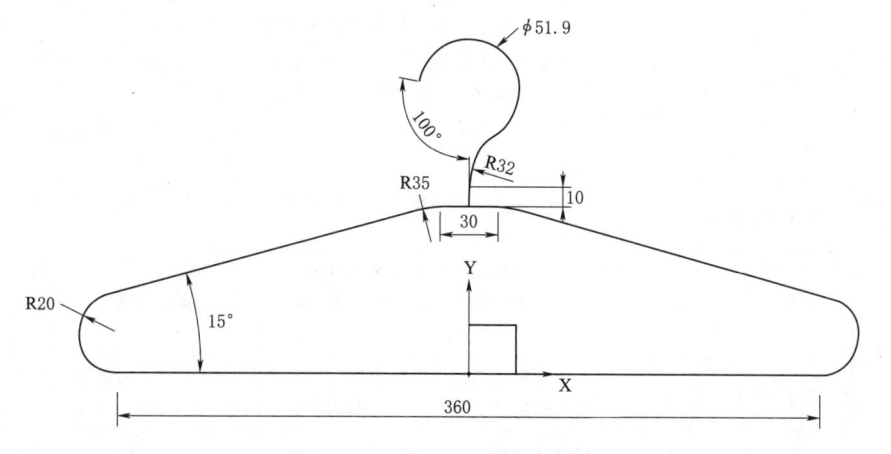

图 1-5　零件图 03——晾衣架

表1-3　　　　　　　　　　零件图03——晾衣架的绘图步骤

| 步　骤 | 命　令 | 操作（零件图03——晾衣架） |
|---|---|---|
| 1. 新建 | 新建-建模模块 | 双击NX10.0图标，点击"新建"，以"姓名＋零件图03"命名建模 |
| 2. 草图 | 任务环境下绘制草图 | 双击"任务环境下绘制草图"图标，进入绘制界面 |
| 3. 绘制轮廓 | 曲线-轮廓 | 以草图原点为起始点，向右拖动鼠标，依次绘制360mm水平线（长度接近180mm）、15mm斜线（长度接近7.5mm）和30mm水平线（长度接近15mm） |
| 4. 几何约束 | 约束-几何约束-点在曲线上★ | 使用鼠标左键，依次选取两条水平直线的左端点和Y轴，在弹出的对话框中点选"点在曲线上"图标，完成约束 |
| 5. 尺寸约束 | 约束-快速尺寸 | 使用鼠标左键依次点选水平直线和斜线，拖动鼠标在图纸所示的适当空白处点击鼠标左键，在弹出的对话框中输入数据"15"，完成角度标注 |
| 6. R20、R35圆角 | 曲线-圆角 | 使用鼠标左键分别点选（或按住左键划动）360mm水平线与斜线，在对话框中输入数据"20"，完成R20倒圆角，鼠标左键分别点选（或按住左键划动）30mm水平线与斜线，在对话框中输入数据"35"，完成R35倒圆角绘制 |
| 7. 镜像曲线 | 曲线-镜像曲线★ | 使用鼠标左键依次点选或框选已绘制的5条曲线，以Y轴为中心线进行镜像 |
| 8. 尺寸约束 | 约束-快速尺寸 | 使用鼠标左键分别选取两条水平线，拖动鼠标在图纸所示的适当位置点击鼠标左键，在对话框中分别输入数据"360""30"，完成标注 |
| 9. φ51.9圆弧 | 曲线-圆弧-圆心半径★ | 在Y轴左侧适当位置处点击鼠标左键，确定φ51.9圆弧圆心。使用鼠标在Y轴上适当位置处点击作为圆弧起点，在对话框中输入数据"260"绘制圆弧 |
| 10. 尺寸约束 | 约束-快速尺寸 | 使用鼠标左键选取圆弧圆心，拖动鼠标，在图纸所示的适当位置点击鼠标左键，在对话框中输入数据"51.9"，完成标注 |
| 11. 几何约束 | 约束-几何约束-点在曲线上 | 使用鼠标左键依次选取φ51.9圆心、Y轴，在对话框中点选"点在曲线上"图标，完成约束 |
| 12. 10mm直线 | 曲线-直线 | 使用鼠标左键点击30mm水平线的中点，作为10mm直线的起点，向上拖动鼠标，绘制竖直线（长度大于40mm即可） |
| 13. R32圆角 | 曲线-圆角 | 使用鼠标左键点选φ51.9和10mm直线，在对话框中输入"32"作为圆角半径，完成R32倒圆角绘制 |
| 14. 参考线 | 曲线-直线 | 使用鼠标左键点选φ51.9上的端点为起点，以圆心为终点，绘制斜线 |
| 15 转为参考 | 约束-转为参考 | 使用鼠标左键点选斜线，在弹出的对话框中点选"转为参考"图标，完成约束 |
| 16. 尺寸约束 | 约束-快速尺寸 | 使用鼠标左键依次选取斜线与10mm竖直线，拖动鼠标在图纸所示的适当位置点击鼠标左键，在对话框中输入数据"100"，完成标注 |
| 17. 尺寸约束 | 约束-快速尺寸 | 使用鼠标左键选取竖直线，拖动鼠标在图纸所示的适当位置点击鼠标左键，在对话框中输入数据"10"，完成标注 |
| 18. 交图 | | 点击"完成草图"，选择"保存"中的"另存为"（以"姓名＋零件图03"命名），保存到桌面，并将保存好的零件图发送到教师机★ |

## 2. 零件图04——水杯

根据分析，绘制图1-6，绘图步骤见表1-4。

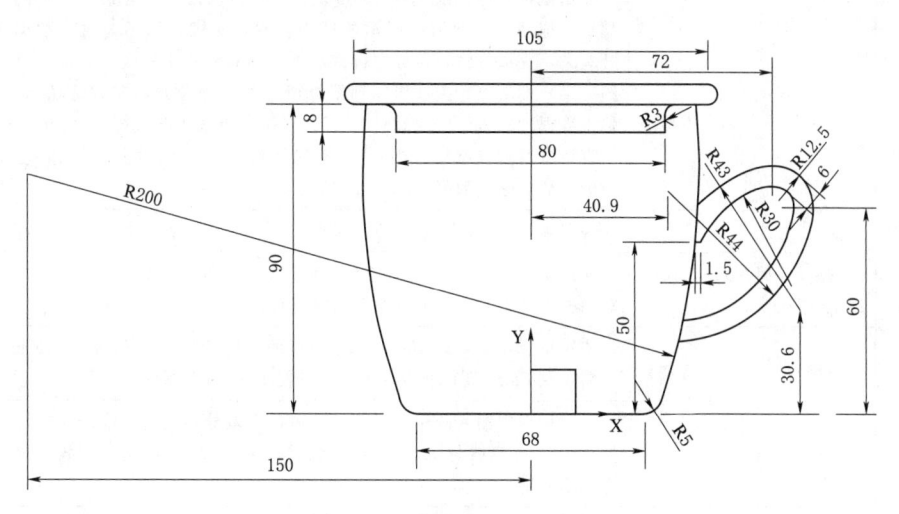

图1-6 零件图04——水杯

表1-4 零件图04——水杯的绘图步骤

| 步 骤 | 命 令 | 操作（零件图04——水杯） |
|---|---|---|
| 1. 68mm 直线 | 曲线-直线 | 以草图原点为直线起点，拖动鼠标，在Y轴右侧绘制68mm水平直线的一半（长度适当，大于34mm即可） |
| 2. 105mm 直线 | 曲线-直线 | 依图纸所示，在X轴上方适当位置处绘制105mm水平直线的一半以上（长度适当，大于53mm即可） |
| 3. 几何约束 | 约束-几何约束-点在曲线上 | 使用鼠标左键依次选取105mm、68mm水平直线左端点和Y轴，在弹出的对话框中点选"点在曲线上"图标进行约束 |
| 4. R200 圆弧 | 曲线-圆弧-圆心半径 | 在Y轴左侧适当位置处点击鼠标左键确定圆弧圆心，依次在Y轴右侧点击鼠标左键确定圆弧起点和终点，并输入半径数据"200" |
| 5. 尺寸约束 | 约束-快速尺寸 | 使用鼠标左键选取R200圆心和Y轴，在对话框中输入数据"150" |
| 6. 修剪 | 曲线-快速修剪★ | 参照图纸，修剪多余线段（也可推后修剪） |
| 7. 偏置曲线 | 曲线-偏置曲线★ | 在对话框中输入偏置距离"6"，使用鼠标左键点选105mm水平直线（目前只有约一半），向上方偏置6mm，完成偏置曲线绘制 |
| 8. R3 圆弧 | 曲线-圆弧-三点圆弧★ | 使用鼠标左键点选两条105mm水平直线（目前只有约一半）的右端点为端点，绘制R3圆弧，并保证与直线相切 |
| 9. R5 圆角 | 曲线-圆角 | 在对话框中输入圆角半径"5"，鼠标左键分别点选（或按住左键划动）R200圆弧和68mm直线进行R5倒圆角绘制 |
| 10. 镜像 | 曲线-镜像曲线 | 使用鼠标左键点选或框选已绘制的6条曲线，点选Y轴为中心线进行镜像 |

续表

| 步 骤 | 命 令 | 操作（零件图04——水杯） |
|---|---|---|
| 11. 尺寸约束 | 曲线-快速尺寸 | 使用鼠标左键依次点选105mm水平直线（目前只有约一半）的端点，拖动鼠标到图纸所示的适当位置，左键确认后，输入数据"52.5"，完成标注；鼠标左键依次点选60mm水平直线（目前只有约一半）的端点，拖动鼠标到图纸所示的适当位置，左键确认后，输入数据"30"，完成标注；鼠标左键依次点选105mm和60mm水平直线（目前只有约一半），拖动鼠标到图纸所示的适当位置，左键确认后，输入数据"90"，完成约束 |
| 12. 40mm 直线 | 曲线-直线 | 在X轴上方绘制40mm（长度输入"40"）水平直线 |
| 13. 几何约束 | 约束-几何约束-点在曲线上 | 使用鼠标左键依次选取40mm水平直线左端点和Y轴，在弹出的对话框中点选"点在曲线上"符号进行约束 |
| 14. 8mm 直线 | 曲线-直线 | 使用鼠标左键点选40mm水平直线的左端点为起始点，沿Y轴正方向绘制8mm竖直直线，确保终点在105mm水平线上 |
| 15. R3 圆角 | 曲线-圆角 | 在对话框中输入圆角半径"3"，鼠标左键分别点选（或按住左键划动）8mm竖线与150mm水平线进行R3倒圆角绘制，参数设置为"不修剪" |
| 16. 尺寸约束 | 约束-快速尺寸 | 使用鼠标左键依次选取8mm竖线与150mm水平线，在对话框中输入数据"8"，完成尺寸标注 |
| 17. 修剪 | 曲线-快速修剪 | 使用鼠标左键点选需要修剪掉的线段，修剪多余曲线 |
| 18. 镜像 | 曲线-镜像曲线 | 使用鼠标左键点选或框选已绘制的4条曲线，选取Y轴为中心线进行镜像 |
| 19. φ25 圆 | 曲线-圆 | 依图纸所示，在Y轴右侧适当位置处点击鼠标左键确定圆心，拖动鼠标到适当位置，输入数据"25"，绘制R12.5圆 |
| 20. 尺寸约束 | 约束-快速尺寸 | 使用鼠标左键点选φ25圆心和X轴，输入数据"72"，完成约束；鼠标左键点选φ25圆心和Y轴，输入数据"60"，完成约束 |
| 21. R44 圆弧 | 曲线-圆弧-圆心半径 | 依图纸所示，使用鼠标左键分别于φ25、R200两曲线上适当位置处点选两点，确定圆弧两端点，输入半径数据"44"，完成圆弧绘制 |
| 22. 尺寸约束 | 约束-快速尺寸 | 使用鼠标左键点选R44圆心和Y轴，输入数据"40.9"，完成约束；鼠标左键点选R44圆心和X轴，输入数据"30.6"，完成约束 |
| 23. 尺寸约束 | 约束-相切 | 使用鼠标左键依次点选R44、R12.5和R200圆弧，在对话框中点选"相切"图标，完成约束 |
| 24. R30 圆弧 | 曲线-圆弧-三点圆弧 | 依图纸所示，使用鼠标左键分别在φ25、R200两曲线上适当位置处点选确定圆弧的两端点，对话框中输入半径"43"确定圆弧，并与R12.5圆弧约束相切 |
| 25. 尺寸约束 | 约束-快速尺寸 | 使用鼠标左键点选R43圆心和X轴，拖动鼠标到适当位置，输入数据"43" |
| 26. 修剪 | 曲线-快速修剪 | 修剪R12.5多余曲线 |
| 27. 偏置曲线 | 曲线-偏置曲线 | 使用鼠标左键点选R43圆弧、φ25圆，向内侧偏置6mm，完成偏置曲线绘制 |

续表

| 步 骤 | 命 令 | 操作（零件图04——水杯） |
|---|---|---|
| 28. 1.5mm直线 | 曲线-直线 | 在X轴上方绘制1.5mm（长度输入"1.5"）水平直线，鼠标左键点选1.5mm水平线和X轴，拖动鼠标到适当位置，输入数据"50"，完成标注 |
| 29. 几何约束 | 约束-几何约束-点在曲线上 | 使用鼠标左键依次选取1.5mm水平直线左端点和R200圆弧，在弹出的对话框中点选"点在曲线上"图标进行约束 |
| 30. R30圆弧 | 曲线-圆弧-三点圆弧 | 使用鼠标左键分别点选1.5mm水平线右端点、偏置R12.5圆弧产生的圆弧上的点为端点，输入半径"30"确定圆弧，并与偏置产生的圆弧相切 |
| 31. 交图 | 点击"完成草图"，选择"保存"中的"另存为"（以"姓名＋零件图04"命名），保存到桌面，并将保存好的零件图发送到教师机★ |

## 活动三 方向盘与轮毂

### 学习目标

1. 能够正确分析图纸，选择正确的绘图方法。
2. 熟练使用直线、圆弧、修剪、镜像、倒圆等曲线命令。
3. 掌握"椭圆""阵列""水平约束""偏置曲线"命令。

### 建议学时

4学时

### 学习重难点

**重点**：1. 启动软件，新建、打开、保存文件，修改工作界面等基本操作。
　　　　2. "圆""圆弧""转为参考""镜像曲线""偏置曲线"绘图命令。

**难点**：1. 正确分析图纸，选择正确的绘图方法。
　　　　2. 初步形成"草图"绘图习惯意识。

### 学习过程

**一、教学准备**

请准备教材、任务单、计算机。

**二、前课回顾**

回顾前课知识点，与本课知识联结起来，并指出前课存在的问题，提出本课的期待。

**三、新课引导**

1. 方向盘零件图的几何特征是什么？（整体为圆形，其内部圆弧连接较多。）
2. 轮毂

轮毂又称轮圈、钢圈、轱辘、胎铃，是轮胎内廓支撑轮胎的圆桶形的、中心装在轴上的金属部件。轮毂的直径、宽度、成型方式、材料不同，种类繁多。

带轮轮毂分为实心式、腹板式、孔板式、轮辐式四类，实心式适用于 $d \leqslant (2.5 \sim 3)ds$（带轮孔直径）的情况，腹板式、孔板式适用于 $d \leqslant 300mm$ 的情况，轮辐式适用于 $d \geqslant 300mm$ 的情况。材料主要有：①铸铁，常用 HT150、HT200 的灰铸铁；②转速高时，用铸钢、钢的焊接结构；③低速、小功率时，用铝合金、塑料。

### 四、新课内容——完成零件图绘制

1. 零件图 05——方向盘

根据分析，绘制图 1-7，绘图步骤见表 1-5。

零件图 05

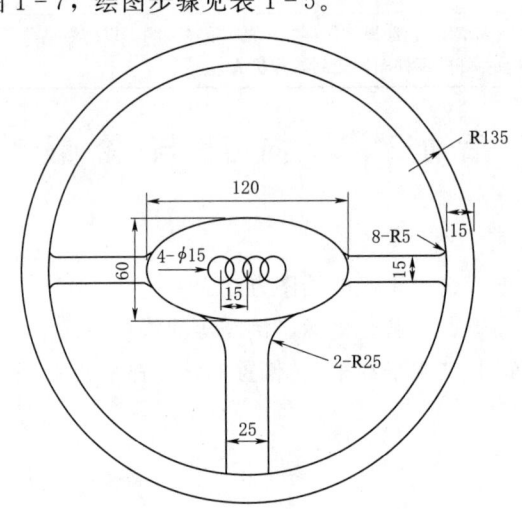

图 1-7 零件图 05——方向盘

表 1-5　　　　　　　　　零件图 05——方向盘的绘图步骤

| 步　骤 | 命　令 | 操作（零件图 05——方向盘） |
|---|---|---|
| 1. R135 圆 | 曲线-圆 | 使用鼠标左键点选草图原点为圆心，拖动鼠标到图纸所示的适当位置，点击鼠标左键，在对话框中输入数据"270"绘制圆 |
| 2. 15mm 偏置圆 | 曲线-偏置曲线 | 使用鼠标左键点选 R135 圆，向内侧偏置 15mm 完成偏置曲线绘制 |
| 3. 120×60 椭圆 | 曲线-椭圆★ | 使用鼠标左键点选草图原点为圆心，参数栏中输入长半轴"60"、短半轴"30"，点击"确定"，完成椭圆绘制 |
| | 约束-快速尺寸 | 使用鼠标左键点选椭圆长轴象限点，拖动鼠标到图纸所示的适当位置，点击鼠标左键，在对话框中输入数据"60"，点选短轴象限点，拖动鼠标到图纸所示的适当位置，点击鼠标左键，在对话框中输入数据"30"，完成标注 |
| | 几何约束-水平★ | 使用鼠标左键点选椭圆，在对话框中点选"水平"符号约束水平 |
| 4. 直线 | 曲线-直线 | 在椭圆右侧绘制水平直线，保证直线右端点在 R135 圆上 |
| 5. R5 圆角 | 曲线-圆角 | 在对话框中，设置倒圆角半径为"5"，使用鼠标左键分别点选（或按住左键划动）水平直线与圆、水平直线与椭圆，完成两个 R5 倒圆角绘制 |

续表

| 步 骤 | 命 令 | 操作（零件图 05——方向盘） |
|---|---|---|
| 6. 15mm 对称曲线 | 曲线-镜像曲线 | 使用鼠标左键点选或框选已绘制的水平线与 R5 圆角，点选 X 轴为中心线进行镜像 |
| | | 使用鼠标左键点选或框选两组水平线与 R5 圆角，点选 Y 轴为中心线进行镜像 |
| | 约束-快速尺寸 | 使用鼠标左键点选镜像后的两条水平线，拖动鼠标到图纸所示的适当位置，点击鼠标左键，在对话框中输入数据"15"，完成约束 |
| 7. 直线 | 曲线-直线 | 在椭圆下方绘制竖直直线，保证直线下端点在 R135 圆上 |
| 8. R25 圆角 | 曲线-圆角 | 使用鼠标左键分别点选（或按住左键划动）竖直直线与椭圆，完成 R25 倒圆角绘制 |
| 9. 镜像 | 曲线-镜像曲线 | 使用鼠标左键点选或框选已绘制的竖直线与 R25 圆角，点选 Y 轴为中心线进行镜像 |
| 10. 尺寸约束 | 约束-快速尺寸 | 使用鼠标左键点选镜像后的两条竖直线，拖动鼠标到图纸所示的适当位置，点击鼠标左键，在对话框中输入数据"25"，完成约束 |
| 11. 4-φ15 圆 | 曲线-圆 | 依图纸所示，在适当位置处使用鼠标左键点选任意点为圆心，输入直径"15"，完成圆的绘制 |
| | 约束-点在曲线上 | 使用鼠标左键依次点选 φ15 圆心、X 轴，点选"点在曲线上"图标进行约束 |
| | 约束-快速尺寸 | 使用鼠标左键点选 φ15 圆心、Y 轴，拖动鼠标到图纸所示的适当位置，点击鼠标左键，在对话框中输入数据"15"，完成约束 |
| | 曲线-阵列-线性★ | 使用鼠标左键点选 φ15 圆，选择线性阵列，阵列数量为"4"，跨距为"30"，点选 X 轴确定 |
| 12. 交图 | | 点击"完成草图"，选择"保存"中的"另存为"（以"姓名＋零件图 05"命名），保存到桌面，并将保存好的零件图发送到教师机★ |

2. 零件图 06——轮毂

根据分析，绘制图 1-8，绘图步骤见表 1-6。

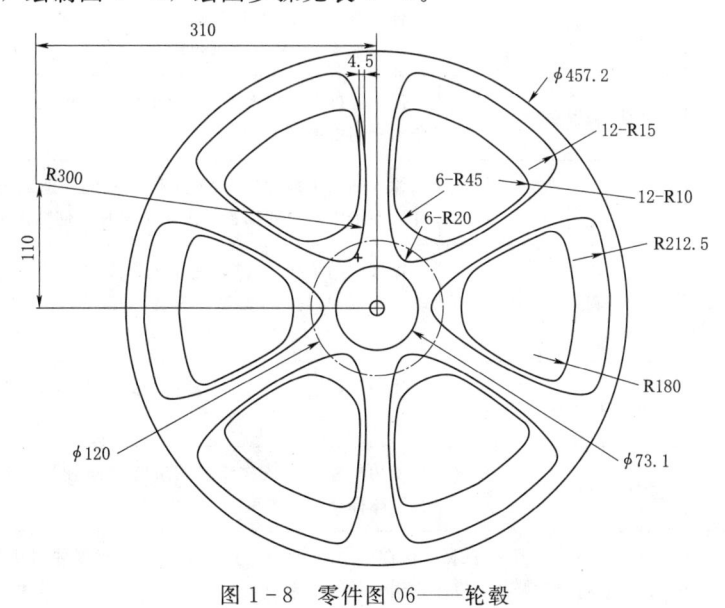

图 1-8 零件图 06——轮毂

表 1-6　　　　　　　　　　　零件图 06——轮毂的绘图步骤

| 步　骤 | 命　令 | 操作（零件图 06——轮毂） |
|---|---|---|
| 1. 5 个圆 | 曲线-圆 | 使用鼠标左键点选草图原点为圆心，拖动鼠标到图纸所示的适当位置，点击鼠标左键，在对话框中输入数据"73.1"，完成 $\phi$73.1 圆的绘制。重复 $\phi$73.1 圆的绘制步骤，完成 $\phi$120、R180、R212.5、$\phi$457.2 圆的绘制 |
| 2. 转为参考 | 约束-转为参考 | 使用鼠标左键点选 $\phi$120 圆，点选"转为参考"约束 |
| 3. R300 圆弧 | 曲线-圆弧-三点圆弧 | 使用鼠标左键分别在 $\phi$457.2、$\phi$120 曲线上的适当位置处点选点作为圆弧的两个端点，拖动鼠标到图纸所示的适当位置，点击鼠标左键，在对话框中输入数据"300"，回车完成圆弧绘制 |
|  | 约束-快速尺寸 | 使用鼠标左键依次点选 R300 圆心和 X 轴，拖动鼠标到图纸所示的适当位置，点击鼠标左键，在对话框中输入数据"110"，使用鼠标左键依次点选 R300 圆心和 Y 轴，拖动鼠标到图纸所示的适当位置，点击鼠标左键，在对话框中输入数据"310"，完成标注 |
|  | 曲线-镜像曲线 | 使用鼠标左键点选 R300 圆弧，选择 Y 轴为中心线进行镜像 |
| 4. 大扇形 | 曲线-圆形阵列★ | 使用鼠标左键点选两条 R300 圆弧，点选圆心为旋转点，阵列数量为"6"，跨距为"360" |
|  | 约束-重合 | 使用鼠标左键依次点选圆形阵列圆心与草图原点，点选"重合"图标，完成约束 |
| 5. 6-R20 圆角 | 曲线-圆角 | 输入圆角半径"20"，使用鼠标左键分别点选（或按住左键划动）图纸中对应出的 R300 圆弧，完成 6 个 R20 倒圆角绘制 |
|  | 曲线-快速修剪 | 修剪 R212.5 与 R300 相交出的多余曲线 |
| 6. 12-R15 圆角 | 曲线-圆角 | 输入数据 15，分别点选（或按住左键划动）R212.5 与 R300 圆弧，完成 12 个 R15 倒圆角绘制 |
| 7. 偏置曲线 | 曲线-偏置曲线 | 使用鼠标左键依次点选 R300 圆弧，向内侧偏置 4.5mm 完成两条偏置曲线绘制 |
| 8. R45 圆角 | 曲线-圆角 | 输入圆角半径"45"，使用鼠标左键分别点选（或按住左键划动）图纸中对应的偏置圆弧，完成 R45 倒圆角绘制 |
| 9. 12-R10 圆角 | 曲线-圆角 | 输入圆角半径"10"，使用鼠标左键分别点选（或按住左键划动）图纸中对应的偏置圆弧与 R180 圆，完成两个 R10 倒圆角绘制 |
| 10. 小扇形 | 曲线-圆形阵列★ | 使用鼠标左键点选 5 条相连曲线，点选圆心为旋转点，阵列数量为"6"，跨距为"360" |
|  | 约束-重合 | 使用鼠标左键依次点选圆形阵列圆心与草图原点，点选"重合"图标，完成约束 |
| 11. 交图 | | 点击"完成草图"，选择"保存"中的"另存为"（以"姓名＋零件图 06"命名），保存到桌面，并将保存好的零件图发送到教师机★ |

# 任务二　机械传动中常用构件二维图绘制

## 活动一　风扇叶片与钩子

### 学习目标

1. 掌握阵列命令的使用方法。
2. 正确分析几何特征，熟练使用曲线命令绘制零件图。
3. 掌握多尺寸特征定位的技巧。

### 建议学时

4 学时

### 学习重难点

**重点**：1. 镜像、阵列命令的使用方法与注意事项。
　　　　2. 绘图命令的综合使用。
**难点**：1. 正确分析图纸，选择合理的绘图方法。
　　　　2. 命令的灵活运用。

### 学习过程

**一、教学准备**

请准备教材、任务单、计算机、软件。

**二、前课回顾**

回顾前课知识点，并指出前课存在的问题与解决方法。

**三、新课引导**

1. 风扇叶片的特征及功用有哪些？

风扇叶片是风扇的重要组成部分，风扇叶片数量的设置直接影响到风力的大小，且与风扇功率有关。但并非叶片越多风力越大，而是要看叶片本身的弧度是否科学，恰到好处的叶片弧度"带风"能力较大。

2. 钩子的特征及功用有哪些？

钩子是起重机等相似设备在工作过程中必不可少的零件，钩子的外形以圆弧居多，圆弧连接处多为相切连接。钩子的几何特征、材质都会直接影响到起重机的承载载荷及安全作业。

## 四、新课内容——完成零件图绘制

1. 零件图07——风扇叶片

根据分析，绘制图1-9，绘图步骤见表1-7。

零件图07

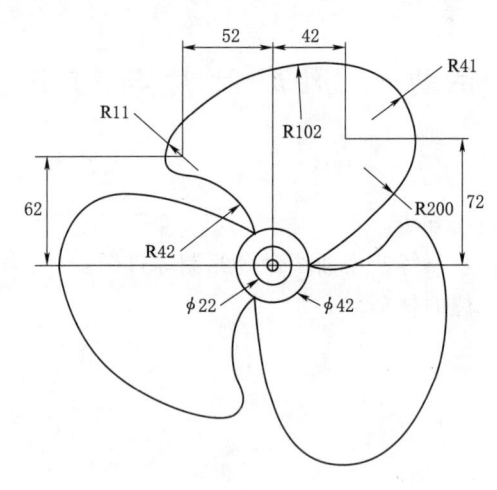

图1-9 零件图07——风扇叶片

表1-7　　　　　　　　　　零件图07——风扇叶片的绘图步骤

| 步　骤 | 命　令 | 操作（零件图07——风扇叶片） |
|---|---|---|
| 1. φ22、φ42 R11、R41圆 | 曲线-圆 | 使用鼠标左键点选草图原点为圆心，拖动鼠标到图纸所示的适当位置，点击鼠标左键，在对话框中输入数据"22"，完成φ22圆的绘制，φ42与φ22圆的绘制步骤相同；使用鼠标左键在适当位置点选确定圆心，拖动鼠标到图纸所示的适当位置，点击鼠标左键，在对话框中输入数据"22"，完成R11圆的绘制，R41圆与R11圆的绘制步骤相同 |
| 2. R11、R41圆定位 | 约束-快速尺寸 | 使用鼠标左键依次点选R11圆心、X轴，拖动鼠标到图纸所示的适当位置，点击鼠标左键，在对话框中输入数据"62"；点选R11圆心、Y轴，拖动鼠标到图纸所示的适当位置，点击鼠标左键，在对话框中输入数据"52"；点选R41圆心、X轴，拖动鼠标到图纸所示的适当位置，点击鼠标左键，在对话框中输入数据"72"；点选R41圆心、Y轴，拖动鼠标到图纸所示的适当位置，点击鼠标左键，在对话框中输入数据"42"，完成定位 |
| 3. R102圆弧 | 曲线-圆弧-三点圆弧 | 使用鼠标左键分别在适当位置处点选R11、R41曲线上的点作为圆弧的两个端点，拖动鼠标到图纸所示的适当位置，点击鼠标左键，在对话框中输入数据"102"，完成圆弧绘制，并保证相切 |
| | 约束-点在曲线上 | 使用鼠标左键依次点选R102圆弧的右端点和R41圆，在弹出的对话框中点击"点在曲线上"图标，使用鼠标左键依次点选R102圆弧的左端点和R11圆，在弹出的对话框中点击"点在曲线上"图标，完成约束 |
| 4. R200圆弧 | 曲线-圆弧-三点圆弧 | 使用鼠标左键分别在适当位置处点选R41、φ42曲线上的点作为圆弧的两个端点，拖动鼠标到图纸所示的适当位置，点击鼠标左键，在对话框中输入数据"200"，完成圆弧绘制 |

续表

| 步 骤 | 命 令 | 操作（零件图07——风扇叶片） ||
|---|---|---|---|
| 4. R200圆弧 | 约束-点在曲线上 | 使用鼠标左键依次点选R200圆弧的右端点和R41圆，在对话框中点击"点在曲线上"图标，完成约束；使用鼠标左键依次点选R200圆弧的左端点、φ42圆、X轴，在对话框中点击"点在曲线上"图标 ||
| | 约束-相切 | 使用鼠标左键依次点选R200圆弧、R41圆，在对话框中点击"相切"图标，完成约束 ||
| 5. 叶片主轮廓 | 曲线-阵列-圆形 | 使用鼠标左键点选R11、R102、R41、R200 4条曲线作为被阵列曲线，点选圆心为旋转点，阵列数量为"3"，跨距为"360"，鼠标左键点击"确认"，完成圆形阵列绘制 ||
| 6. 重合 | 约束-重合 | 使用鼠标左键点选圆形阵列的圆心与草图原点，在对话框中点选"重合"图标，完成约束 ||
| 7. R42圆弧 | 曲线-圆弧-三点圆弧 | 使用鼠标左键在R11圆适当位置处点选，并点选R200左端点作为圆弧的两个端点，拖动鼠标到图纸所示的适当位置，点击鼠标左键，在对话框中输入数据"42"，完成圆弧绘制 | 重复3次完成3个R42圆弧 |
| | 约束-点在曲线上 | 使用鼠标左键依次点选R42圆弧的左端点、R200圆的左端点，在对话框中点击"点在曲线上"图标，完成约束 | |
| | 约束-相切 | 使用鼠标左键依次点选R200圆弧和R42圆，在对话框中点击"相切"图标，完成约束 | |
| 8. 修剪 | 曲线-快速修剪 | 修剪多余曲线，注意修剪顺序 ||
| 9. 交图 | | 点击"完成草图"，选择"保存"中的"另存为"（以"姓名＋零件图07"命名），保存到桌面，并将保存好的零件图发送到教师机★ ||

2. 零件图08——钩子

根据分析，绘制图1-10，绘图步骤见表1-8。

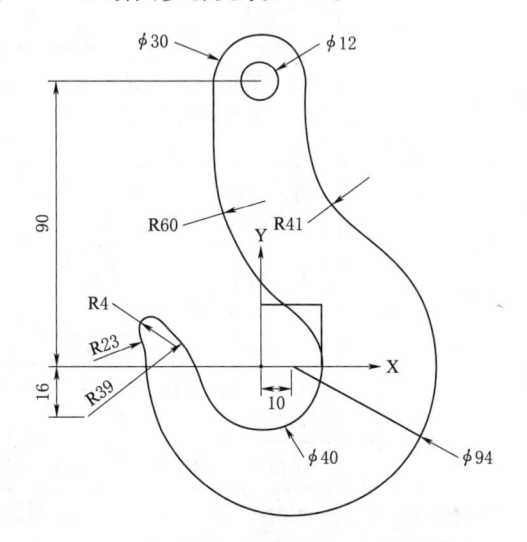

图1-10 零件图08——钩子

零件图08

表 1－8　　　　　　　　　　　零件图 08——钩子的绘图步骤

| 步　骤 | 命　令 | 操作（零件图 08——钩子） |
| --- | --- | --- |
| 1. $\phi$40、$\phi$30、R47 圆 | 曲线-圆-圆心半径 | 使用鼠标左键点选草图原点为圆心，拖动鼠标到图纸所示的适当位置，点击鼠标左键，在对话框中输入数据"20"，完成 $\phi$40 圆的绘制，$\phi$30、R47 圆的绘制步骤与 $\phi$40 圆相同 |
| 2. R47 约束 | 约束-点在曲线上 | 使用鼠标左键依次点选 R47 圆弧圆心、X 轴，在对话框中点击"点在曲线上"图标，完成约束 |
| | 约束-快速尺寸 | 使用鼠标左键依次点选 R47 圆心、Y 轴，拖动鼠标到图纸所示的适当位置，点击鼠标左键，在对话框中输入数据"10"，完成定位 |
| 3. $\phi$30 约束 | 约束-点在曲线上 | 使用鼠标左键依次点选 $\phi$30 圆弧圆心、Y 轴，在对话框中点击"点在曲线上"图标，完成约束 |
| | 约束-快速尺寸 | 使用鼠标左键依次点选 $\phi$30 圆心、X 轴，拖动鼠标到图纸所示的适当位置，点击鼠标左键，在对话框中输入数据"90"，完成定位 |
| 4. R39、R23 圆 | 曲线-圆弧-三点 | 使用鼠标左键在 $\phi$40 圆及第二象限适当位置处点选任意点作为圆弧的两个端点，拖动鼠标到图纸所示的适当位置，点击鼠标左键，在对话框中输入数据"39"完成圆弧，且保证相切；在 R47 圆及第二象限适当位置处点选任意点作为圆弧的两个端点，拖动鼠标到图纸所示的适当位置，点击鼠标左键，在对话框中输入数据"23"完成圆弧，且保证相切 |
| 5. R39 定位 | 约束-快速尺寸 | 使用鼠标左键依次点选 R39 圆与 X 轴，拖动鼠标到图纸所示的适当位置，点击鼠标左键，输入数据"16"完成定位 |
| 6. R23 定位 | 约束-点在曲线上 | 使用鼠标左键依次点选 R23 圆弧圆心、X 轴，点击"点在曲线上"图标，完成约束 |
| 7. R4 圆角 | 曲线-圆角 | 输入数据"4"，分别点选（或按住左键划动）R39、R23 圆弧，完成 R4 圆角绘制 |
| 8. 两条竖直线 | 曲线-直线 | 使用鼠标左键点选 $\phi$30 圆的左象限点向下拖动鼠标并在适当位置处点选第二点完成左侧竖直线；鼠标左键点选 $\phi$30 圆的右象限点，向下拖动鼠标并在适当位置处点选第二点完成右侧竖直线绘制 |
| 9. R41 圆弧 | 曲线-圆角 | 输入数据"41"，分别点选（或按住左键划动）右侧竖直线与 $\phi$40 完成 R41 圆角绘制 |
| 10. R60 圆弧 | 曲线-圆角 | 输入数据"60"，分别点选（或按住左键划动）左侧竖直线与 R47 完成 R60 圆角绘制 |
| 11. $\phi$12 圆 | 曲线-圆 | 使用鼠标左键点选 $\phi$30 圆心为圆心，拖动鼠标到图纸所示的适当位置，点击鼠标左键，在对话框中输入数据"12"，完成 $\phi$12 圆的绘制 |
| 12. 修剪 | 快速修剪 | 使用鼠标左键点选 $\phi$40、$\phi$30、R47 多余部分，完成修剪 |
| 13. 交图 | | 点击"完成草图"，选择"保存"中的"另存为"（以"姓名+零件图 08"命名），保存到桌面，并将保存好的零件图发送到教师机★ |

# 活动二 拨叉与油泵衬垫

## 学习目标

1. 灵活运用圆、直线、镜像、圆角、尺寸约束等命令。
2. 正确分析几何特征，熟练使用曲线命令绘制零件图。
3. 掌握相似几何特征的绘制与定位技巧。

## 建议学时

4 学时

## 学习重难点

重点：1. 镜像、阵列命令的使用方法与注意事项。
　　　2. 绘图命令的综合使用。
难点：1. 正确分析图纸，选择合理的绘图方法。
　　　2. 命令的灵活运用。

## 学习过程

### 一、教学准备

请准备教材、任务单、计算机、软件。

### 二、前课回顾

回顾前课知识点，并指出前课存在的问题与解决方法。

### 三、新课引导

1. 拨叉

拨叉是汽车变速箱上的部件，与变速手柄相连，位于手柄下端，拨动中间变速轮，使输入/输出转速比改变。

拨叉主要用于离合器换挡。机床上的拨叉是用于变速的，主要用在操纵机构中，即改变车床滑移齿轮的位置，实现变速，或者应用于控制离合器的啮合、断开的机构中，从而控制横向或纵向进给。

2. 衬垫

机油泵齿轮与泵体内壁之间的间隙较小，以保证机油泵可靠工作。在泵体与泵盖之间有衬垫，既可以防止漏油，又可以用来调整齿轮与泵盖之间的端面间隙。

### 四、新课内容——完成零件图绘制

1. 零件图 09——拨叉

根据分析，绘制图 1-11，绘图步骤见表 1-9。

项目一　UG CAD 二维绘图

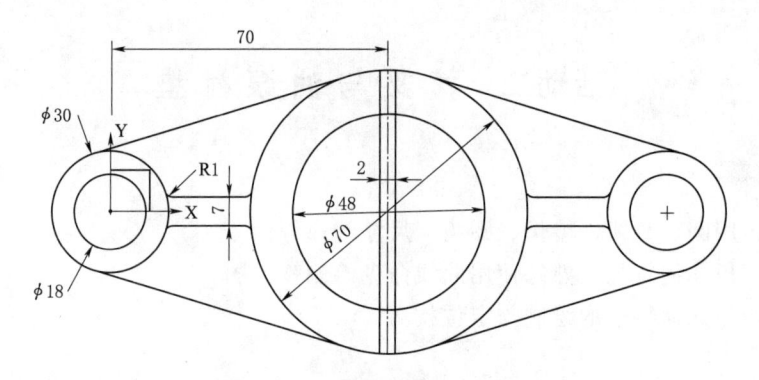

图 1-11　零件图 09——拨叉

零件图 09

表 1-9　　　　　　　　　　　零件图 09——拨叉的绘图步骤

| 步　骤 | 命　令 | 操作（零件图 09——拨叉） |
|---|---|---|
| 1. $\phi18$、$\phi30$、$\phi48$、$\phi70$ 圆 | 曲线-圆-圆心半径 | 使用鼠标左键点选草图原点为圆心，拖动鼠标到图纸所示的适当位置，点击鼠标左键，在对话框中输入数据"18"，完成 $\phi18$ 圆的绘制，$\phi30$ 圆（同心）的绘制步骤与 $\phi18$ 圆相同；使用鼠标左键在图纸所示的适当位置处点选确定圆心，拖动鼠标到图纸所示的适当位置，点击鼠标左键，在对话框中输入数据"48"，完成 $\phi48$ 圆的绘制，$\phi70$ 圆（同心）的绘制步骤与 $\phi48$ 圆相同 |
| 2. $\phi48$ 圆定位 | 约束-点在曲线上<br>约束-快速尺寸 | 使用鼠标左键依次点选 $\phi48$、$\phi70$ 圆心和 X 轴，在对话框中点击"点在曲线上"图标，完成约束；使用鼠标左键依次点选参考线 Y 轴，拖动鼠标到图纸所示位置，点击鼠标左键，输入数据"70"，完成尺寸定位 |
| 3. 参考线 | 曲线-直线 | 使用鼠标左键依次点选 $\phi48$ 圆心与 $\phi48$ 上方象限点，完成 1/2 竖线绘制 |
|  | 快速延伸 | 使用鼠标左键点选竖线快速延伸至 $\phi70$，完成参考线绘制 |
|  | 转为参考 | 使用鼠标左键点选竖直线，在对话框中点击"转为参考"图标，完成约束 |
| 4. 2mm 偏置曲线 | 曲线-偏置曲线 | 使用鼠标左键依次点选参考线、Y 轴，偏置距离为"1"，确认对称偏置 |
|  | 约束-快速尺寸 | 使用鼠标左键依次点选参考线、偏置线，拖动鼠标到图纸所示的适当位置处，点击鼠标左键，在对话框中输入数据"2"，完成定位 |
| 5. 修剪 | 快速修剪 | 使用鼠标修剪多余曲线 |
| 6. 筋板边线 | 曲线-直线 | 使用鼠标左键依次点选 $\phi30$ 与 $\phi70$ 圆上的点，绘制水平线并保证水平 |
| 7. R1 圆角 | 曲线-倒圆角 | 输入数据"1"，使用鼠标左键分别点选（或按住左键划动）$\phi30$ 圆与水平线，完成 R1 圆角绘制，重复以上操作，完成其他 R1 圆角 |
| 8. 底座边线 | 曲线-直线 | 使用鼠标左键依次点选 $\phi30$ 与 $\phi70$ 圆上的点，绘制斜线并保证相切 |
| 9. 筋板、底座边线 | 曲线-镜像曲线 | 使用鼠标左键依次点选筋板边线、底座边线，以 X 轴为中心线进行镜像 |
|  | 约束-快速尺寸 | 使用鼠标左键依次点选筋板上下边线，拖动鼠标到图纸所示的适当位置，点击鼠标左键，在对话框中输入数据"7"，完成定位 |

续表

| 步骤 | 命令 | 操作（零件图09——拨叉） |
|---|---|---|
| 10. 右侧拨叉 | 曲线-镜像曲线 | 使用鼠标左键框选左侧拨叉所有曲线，以竖直参考线为中心线进行镜像 |
| 11. 交图 | | 点击"完成草图"，选择"保存"中的"另存为"（以"姓名＋零件图09"命名），保存到桌面，并将保存好的零件图发送到教师机★ |

2. 零件图10——衬垫

根据分析，绘制图1-12，绘图步骤见表1-10。

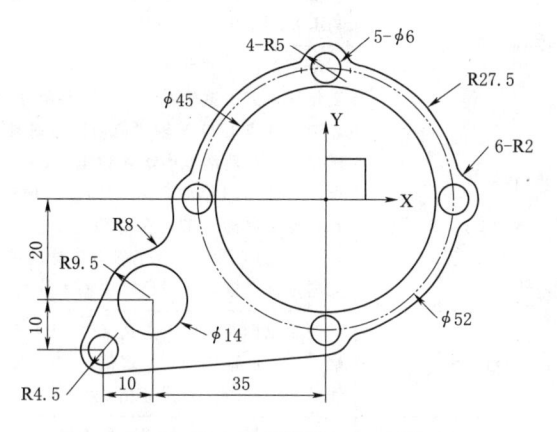

图1-12 零件图10——衬垫

零件图10

表1-10　　　　　　　　零件图10——衬垫的绘图步骤

| 步骤 | 命令 | 操作（零件图10——衬垫） |
|---|---|---|
| 1. $\phi45$、$\phi52$、R5、$\phi6$圆 | 曲线-圆-圆心半径 | 使用鼠标左键点选草图原点为圆心，拖动鼠标到图纸所示的适当位置，点击鼠标左键，在对话框中输入数据"45"，完成$\phi45$圆的绘制，$\phi52$（同心）的绘制步骤与$\phi45$圆相同；使用鼠标左键在图纸所示的Y轴适当位置处点选确定圆心，拖动鼠标到图纸所示的适当位置，点击鼠标左键，在对话框中输入数据"10"，完成R5的绘制，$\phi6$圆（同心）的绘制步骤与R5圆相同 |
| 2. $\phi6$、R5定位 | 约束-点在曲线上 | 使用鼠标左键依次点选$\phi6$、R5圆心和Y轴，在对话框中点击"点在曲线上"图标，完成约束 |
| 3. $\phi52$参考线 | 转为参考 | 使用鼠标左键点选$\phi52$圆弧，在对话框中点击"转为参考"图标，完成约束 |
| 4. 修剪 | 快速修剪 | 使用鼠标修剪多余曲线 |
| 5. 4-$\phi6$、4-R5 | 曲线-阵列-圆形 | 使用鼠标左键点选$\phi6$、R5两条曲线，点选圆心为旋转点，数量为"4"，跨距为"360"，鼠标左键点击"确认"，完成圆形阵列绘制 |
| 6. 3-R27.5圆弧 | 曲线-圆弧-圆心半径 | 使用鼠标左键点选草图原点，输入半径数据"27.5"，回车确认，使用鼠标左键依次在$\phi10$曲线上对应位置处点选两点作为圆弧的两端点，完成一段R27.5圆弧的绘制，重复以上动作两次，完成其他R27.5圆弧的绘制 |

续表

| 步　骤 | 命　令 | 操作（零件图 10——衬垫） |
|---|---|---|
| 7. 6-R2 圆角 | 曲线-倒圆角 | 输入数据"2"，使用鼠标左键分别点选（或按住左键划动）R5 与 R27.5，完成 6-R2 圆角绘制 |
| 8. $\phi6$、$\phi14$、R9.5、R4.5 圆 | 曲线-圆-圆心半径 | 使用鼠标左键在图纸所示的适当位置处点选确定圆心，拖动鼠标到图纸所示的适当位置，点击鼠标左键，在对话框中输入数据"6"，完成 $\phi6$ 圆的绘制，R4.5（同心）的绘制步骤与 $\phi6$ 圆相同（两圆同心）；使用鼠标左键在图纸所示的适当位置处点选确定圆心，拖动鼠标到图纸所示的适当位置，点击鼠标左键，在对话框中输入数据"19"，完成 R9.5 圆的绘制，$\phi14$ 圆的绘制步骤与 R9.5 圆相同（两圆同心） |
| | 约束-快速尺寸 | 使用鼠标左键点选 $\phi14$ 圆心与 X 轴，拖动鼠标到图纸所示的适当位置，点击鼠标左键，在对话框中输入数据"20"，回车确认，点选 $\phi14$ 圆心与 Y 轴，拖动鼠标到图纸所示的适当位置，点击鼠标左键，在对话框中输入数据"35"，回车确认完成定位；左键点选 $\phi6$、$\phi14$ 圆心，沿 X 轴方向拖动鼠标到图纸所示的适当位置，点击鼠标左键，在对话框中输入数据"10"，回车确认，点选 $\phi6$、$\phi14$ 圆心，沿 Y 轴方向拖动鼠标到图纸所示的适当位置，点击鼠标左键，在对话框中输入数据"10"，回车确认完成定位 |
| 9. 两条相切线 | 曲线-直线 | 使用鼠标左键依次点选 $\phi14$、R4.5 圆弧上的点作为直线的两个端点，并保证相切；左键依次点选 R5、R4.5 圆弧上的点作为直线的两个端点，并保证相切 |
| 10. R8 圆角 | 曲线-倒圆角 | 输入数据"8"，使用鼠标左键分别点选（或按住左键划动）R5 与 R9.5 完成 R8 圆角绘制 |
| 11. 修剪 | 快速修剪 | 使用鼠标修剪多余曲线 |
| 12. 交图 | | 点击"完成草图"，选择"保存"中的"另存为"（以"姓名＋零件图 10"命名），保存到桌面，并将保存好的零件图发送到教师机★ |

## 活动三　棘轮机构与槽轮机构

### 学习目标

1. 熟练使用阵列、圆、圆弧、相切、转为参考等命令。
2. 正确分析几何特征，熟练使用曲线命令绘制零件图。
3. 掌握多尺寸特征定位的技巧。

### 建议学时

4 学时

### 学习重难点

重点：1. 镜像、阵列命令的使用方法与注意事项。
　　　2. 绘图命令的综合使用。

**难点：** 1. 正确分析图纸，选择合理的绘图方法。
2. 命令的灵活运用。

### 学习过程

#### 一、教学准备
请准备教材、任务单、计算机、软件。

#### 二、前课回顾
回顾前课知识点，并指出前课存在的问题与解决方法。

#### 三、新课引导

1. 棘轮机构

棘轮机构（ratchet and pawl），是由棘轮和棘爪组成的一种单向间歇运动机构。棘轮机构常用在各种机床和自动机的间歇进给或回转工作台的转位上，也常用在千斤顶上。在自行车中棘轮机构用于单向驱动，在手动绞车中棘轮机构常用以防止逆转。

2. 槽轮机构

槽轮机构（geneva mechanism）是由槽轮和圆柱销组成的单向间歇运动机构，又称马耳他机构。它常被用来将主动件的连续转动转换成从动件的带有停歇的单向周期性转动。槽轮机构由主动转盘、从动槽轮和机架组成。

#### 四、新课内容——完成零件图绘制

1. 零件图 11——棘轮机构

根据分析，绘制图 1-13，绘图步骤见表 1-11。

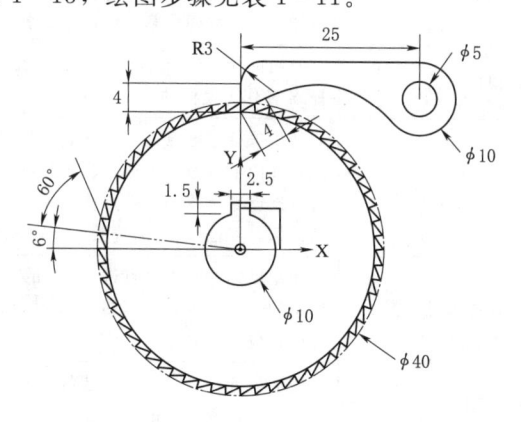

图 1-13 零件图 11——棘轮机构

零件图 11

表 1-11　　　　　　零件图 11——棘轮机构的绘图步骤

| 步骤 | 命令 | 操作（零件图 11——棘轮机构） |
|---|---|---|
| 1. $\phi40$、$\phi5$、2-$\phi10$ 圆 | 曲线-圆-圆心半径 | 使用鼠标左键点选草图原点为圆心，拖动鼠标到图纸所示的适当位置，点击鼠标左键，在对话框中输入数据"40"，完成 $\phi40$ 圆的绘制，$\phi10$ 圆（与 $\phi40$ 同心）的绘制步骤与 $\phi40$ 圆相同；使用鼠标左键在图纸所示的适当位置处点选确定圆心，拖动鼠标到图纸所示的适当位置，点击鼠标左键，在对话框中输入数据"5"，完成 $\phi5$ 圆的绘制，$\phi10$ 圆（与 $\phi5$ 同心）的绘制步骤与 $\phi5$ 圆相同 |

续表

| 步　骤 | 命　令 | 操作（零件图11——棘轮机构） |
| --- | --- | --- |
| 2. 6°斜线与水平线 | 曲线-直线 | 使用鼠标左键点选圆心作为水平线起点，向左拖动鼠标并在适当位置处点选第二点绘制水平直线，使用鼠标左键点选圆心并向左上拖动鼠标，在适当位置处点选第二点绘制斜线 |
|  | 约束-点在曲线上 | 使用鼠标左键依次点选两条直线的左端点、$\phi$40圆，点击"点在曲线上"图标，完成约束 |
|  | 约束-快速尺寸 | 使用鼠标左键依次点选两条直线，拖动鼠标到图纸所示的适当位置，点击鼠标左键，在对话框中输入数据"6"，标注角度，完成定位 |
| 3. 60°斜线 | 曲线-直线 | 使用鼠标左键点选6°斜线的左端点作为60°斜线的第一点，并向右下方拖动鼠标，在水平线上适当位置处点选第二点完成斜线绘制 |
|  | 约束-快速尺寸 | 使用鼠标左键依次点选60°斜线、X轴，拖动鼠标到图纸所示的适当位置，点击鼠标左键，在对话框中输入数据"60"，标注角度，完成定位 |
| 4. 60个轮齿 | 曲线-阵列-圆形 | 使用鼠标左键依次点选6°、60°两条斜线作为被旋转曲线，点选圆心为旋转点，数量为"60"，跨距为"360"，鼠标左键点击"确认"，完成圆形阵列绘制 |
|  | 约束-重合 | 使用鼠标左键点选圆形阵列的圆心与草图原点，点选"重合"图标，完成约束 |
| 5. 键槽 | 曲线-轮廓 | 使用鼠标左键点选$\phi$10圆上的点作为竖直线的第一点并向上方拖动鼠标，输入数据"1.5"，左键确认，继续向右输入数据"1.25"，左键确认第二点，完成水平线绘制 |
|  | 曲线-镜像曲线 | 使用鼠标左键点选1.5mm、1.25mm直线作为被镜像曲线，选择Y轴作为镜像轴线，完成镜像 |
| 6. 棘爪尖部两条4mm直线 | 曲线-直线 | 使用鼠标左键点选Y轴上已有竖线的下端点作为竖直线的第一点，并向上方拖动鼠标，输入数据"4"，左键确认，使用鼠标左键点选已有竖线的下端点作为60°斜线的第一点，并向右上方拖动鼠标，保证与60°斜线共线，输入数据"4"，左键确认 |
| 7. $\phi$5圆定位 | 约束-快速尺寸 | 使用鼠标左键依次点选$\phi$5圆的圆心、Y轴，拖动鼠标到图纸所示的适当位置，点击鼠标左键，在对话框中输入数据"25"，完成定位 |
| 8. 水平直线 | 曲线-直线 | 使用鼠标左键点选$\phi$10圆的上象限点，向左拖动鼠标在图纸所示的适当位置处点击，完成水平直线绘制 |
| 9. R3圆角 | 曲线-圆角 | 输入数据"3"，使用鼠标分别点选（或按住左键划动）竖直线与水平线，完成R3圆角绘制 |
| 10. 未注圆弧 | 曲线-三点圆弧 | 使用鼠标左键分别点选60°斜线与$\phi$10圆确定两点，继续拖动鼠标完成圆弧绘制 |
| 11. 圆弧定位 | 约束-相切 | 使用鼠标左键依次点选圆弧、60°斜线与$\phi$10圆，点击"相切"图标定位 |
| 12. 交图 |  | 点击"完成草图"，选择"保存"中的"另存为"（以"姓名＋零件图11"命名），保存到桌面，并将保存好的零件图发送到教师机★ |

2. 零件图12——槽轮机构

根据分析，绘制图1-14，绘图步骤见表1-12。

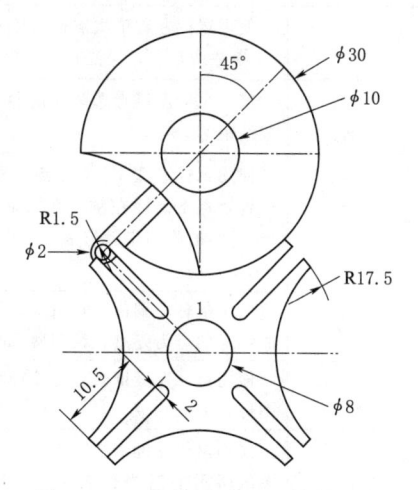

图1-14 零件图12——槽轮机构

零件图12

表1-12　　　　　　　　　零件图12——槽轮机构绘图步骤

| 步　骤 | 命　令 | 操作（零件图12——槽轮机构） |
|---|---|---|
| 1. R17.5、$\phi$8、$\phi$10、$\phi$30圆 | 曲线-圆-圆心半径 | 使用鼠标左键点选草图原点为圆心，拖动鼠标到图纸所示的适当位置，点击鼠标左键，在对话框中输入数据"35"，完成R17.5圆的绘制，$\phi$8圆（与R17.5同心）的绘制步骤与R17.5相同；在适当位置处用左键分别点选确定圆心，拖动鼠标到图纸所示的适当位置，点击鼠标左键，在对话框中输入数据"10"，完成$\phi$10圆的绘制，$\phi$30圆（与$\phi$10同心）的绘制步骤与$\phi$10相同 |
| 2. $\phi$10圆定位 | 约束-点在曲线上 | 使用鼠标左键依次点选$\phi$10、$\phi$30圆的圆心和Y轴，点击"点在曲线上"图标，完成约束 |
| 3. 6条参考线 | 曲线-直线 | 使用鼠标左键依次点选R17.5、$\phi$30的圆心与上下、左右象限点完成竖直、水平参考线绘制，左键点选$\phi$35、$\phi$30圆上任意两点，完成两条斜线参考线绘制 |
| | 转为参考 | 使用鼠标左键依次点选6条线，点击"转为参考"图标，完成约束 |
| 4. 45°参考线 | 约束-快速尺寸 | 使用鼠标左键依次点选斜参考线、X轴，拖动鼠标到图纸所示的适当位置，点击鼠标左键，在对话框中输入数据"45"，标注角度，完成定位 |
| | 约束-点在曲线上 | 使用鼠标左键依次点选$\phi$30圆的45°参考线的端点和$\phi$35圆，点击"点在曲线上"图标，完成约束 |
| 5. 拨盘圆弧 | 曲线-圆形阵列 | 使用鼠标左键点选R17.5圆，点选$\phi$30圆心为旋转点，数量为"2"，节距为"-45"，点击"确定"完成 |
| | 快速修剪 | 使用鼠标左键修剪多余曲线 |

续表

| 步　骤 | 命　令 | 操作（零件图12——槽轮机构） |
|---|---|---|
| 6. 圆柱销参考线 | 曲线-直线 | 使用鼠标左键依次点选φ35圆的45°参考线上的点和φ30圆的45°参考线端点，保证其与φ30圆的45°参考线共线 |
|  | 转为参考 | 使用鼠标左键点选圆柱销参考线，点击"转为参考"图标，完成约束 |
| 7. 圆柱销 | 曲线-圆心半径 | 使用鼠标点选45°线交点为圆心，拖动鼠标到图纸所示的适当位置，点击鼠标左键，在对话框中输入数据"2"，绘制φ2圆，R1.5圆的绘制步骤与φ2圆相同，绘制过程中注意保证φ2圆和R1.5圆同心 |
| 8. 连杆轮廓线 | 曲线-直线 | 使用鼠标左键依次点选R1.5圆的右象限为起点、拨盘圆弧曲线上的点为终点，绘制两条与45°参考线平行的直线 |
|  | 约束-平行 | 使用鼠标左键依次点选连杆轮廓线与45°参考线，点击"平行"图标，完成约束 |
| 9. 径向槽轮廓线 | 曲线-直线 | 使用鼠标左键依次点选φ2圆的右象限点为起点，拖动鼠标到图纸所示的适当位置，点击鼠标左键，在对话框中输入数据"10.5"，点击鼠标左键确认 |
|  | 曲线-三点圆弧 | 使用鼠标左键依次点选10.5mm直线端点、45°参考线上的点，拖动鼠标到图纸所示的适当位置，点击鼠标左键，在对话框中输入数据"1"，完成圆弧绘制 |
|  | 约束、快速延伸 | 使用鼠标左键依次点选R1圆心、45°参考线，点击"点在曲线上"，并延伸至φ35 |
|  | 曲线-镜像曲线 | 使用鼠标左键点选10.5mm直线与R1圆弧，以45°参考线为中心线进行镜像 |
|  | 曲线-圆形阵列 | 使用鼠标左键点选槽轮轮廓线，点选R17.5圆心为旋转点，数量为"4"，跨距为"360"，点击"确认"，完成阵列绘制 |
| 10. 凹锁止弧 | 曲线-圆心半径弧 | 使用鼠标左键依次点选φ30圆心、R17.5圆和φ30圆的交点完成1条凹锁止弧 |
|  | 曲线-圆形阵列 | 使用鼠标左键点选凹锁止弧线，点选R17.5圆心为旋转点，数量为"4"，跨距为"360"，点击"确认"，完成阵列绘制 |
| 11. 修剪 | 快速修剪 | 使用鼠标修剪所有多余曲线，注意顺序，避免出现过约束等现象 |
| 12. 交图 |  | 点击"完成草图"，选择"保存"中的"另存为"（以"姓名＋零件图12"命名），保存到桌面，并将保存好的零件图发送到教师机★ |

## 任 务 三　典 型 零 件 图 绘 制

### 活 动 一　扳 手 与 机 架

**学习目标**

1. 通过典型零件图绘制巩固曲线命令、编辑命令等知识的运用。
2. 掌握多边形、二次曲线等几何特征的绘制技巧。

3. 正确分析几何特征，熟练使用命令绘制零件图。

### 建议学时

4 学时

### 学习重难点

重点：1. 镜像、阵列命令的使用方法与注意事项。
　　　2. 绘图命令的综合使用。
难点：1. 正确分析图纸，选择合理的绘图方法。
　　　2. 命令的灵活运用。

### 学习过程

#### 一、教学准备

请准备教材、任务单、计算机、软件。

#### 二、前课回顾

回顾前课知识点，并指出前课存在的问题与解决方法。

#### 三、新课引导

1. 扳手的特征与功用

扳手是一种常用的安装与拆卸工具。一端或两端制有固定尺寸的开口是呆扳手。两端具有带六角孔或十二角孔的工作端是梅花扳手。一端与单头呆扳手相同，另一端与梅花扳手相同的是两用扳手。

2. 机架的特征与功用

很多机架需利用其自身的曲线特征达到某种特定的性能，如水泵的外壳、外架就需要与叶轮间形成具有一定空隙的空间作为涡形室，引导流体流动，并使流体的动能转变成压力。

#### 四、新课内容——完成零件图绘制

1. 零件图 13——扳手

根据分析，绘制图 1-15，绘图步骤见表 1-13。

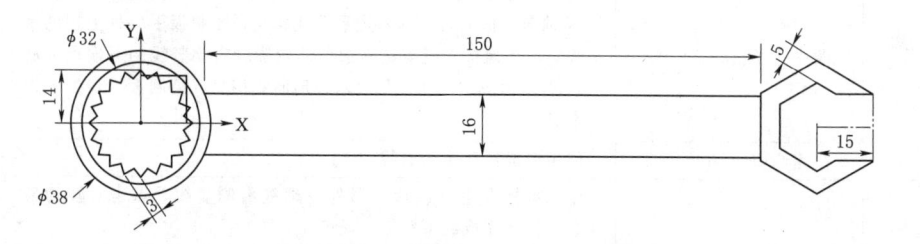

图 1-15　零件图 13——扳手

表 1-13　　　　　　　　　　零件图 13——扳手的绘图步骤

| 步　骤 | 命　令 | 操作（零件图 13——扳手） |
|---|---|---|
| 1. $\phi32$、$\phi38$ 圆 | 曲线-圆-圆心半径 | 使用鼠标左键点选草图原点为圆心，拖动鼠标到图纸所示的适当位置，点击鼠标左键，在对话框中输入数据"32"，完成 $\phi32$ 圆的绘制，$\phi38$ 圆（与 $\phi32$ 圆同心）的绘制步骤与 $\phi32$ 圆相同 |
| 2. 3mm 尖角线 | 曲线-直线 | 使用鼠标左键在靠近 Y 轴的适当位置处点选两点绘制一条 3mm 斜线 |
| | 约束-点在曲线上 | 使用鼠标左键依次点选 3mm 线上端点、Y 轴，点击"点在曲线上"图标，完成约束 |
| | 约束-快速尺寸 | 使用鼠标左键依次点选 3mm 线上端点、X 轴，拖动鼠标到图纸所示的适当位置，点击鼠标左键，在对话框中输入数据"14"，完成定位 |
| | 曲线-镜像曲线 | 使用鼠标左键依次点选 3mm 线、Y 轴，点击"确定"完成镜像 |
| 3. 锯齿特征 | 曲线-圆形阵列 | 使用鼠标左键依次点选两条尖角线作为被阵列曲线，点选草图原点为旋转点，数量为"20"，跨距为"360"，点击"确定"完成阵列 |
| | 约束-重合 | 使用鼠标左键依次点选本体与相邻尖角线下端点，点击"重合"图标，完成约束 |
| 4. 150mm 水平线 | 曲线-直线 | 使用鼠标左键点选 $\phi38$ 圆上的点，拖动鼠标到图纸所示的适当位置，点击鼠标左键，在对话框中输入数据"150"，左键确认，保证水平 |
| | 曲线-镜像曲线 | 使用鼠标左键点选 150mm 线作为被镜像曲线，以 X 轴为镜像轴，点击"确定"完成镜像 |
| | 约束-快速尺寸 | 使用鼠标左键依次点选两条 150mm 线，拖动鼠标到图纸所示的适当位置，点击鼠标左键，在对话框中输入数据"16"，完成定位 |
| 5. 六边形外轮廓 | 曲线-多边形★ | 使用鼠标左键在图纸所示的适当位置处点选确认圆心，边数为"6"，内切圆半径为"15"，转角为"0"，左键点击"确定" |
| | 约束-点在曲线上 | 使用鼠标左键依次点选两条 150mm 线上端点、相邻六边形竖线，点击"点在曲线上"图标，完成约束 |
| | 约束-中点 | 使用鼠标左键依次点选草图原点、六边形竖线，点击"中点"图标，完成约束 |
| 6. 六边形内轮廓 | 曲线-偏置曲线 | 设定距离为 5mm，方向为内侧，左键依次点选六边形相应曲线，点击"确定"完成偏置 |
| | 曲线-直线 | 使用鼠标左键点选六边形外轮廓线右侧竖线的上端点为起点，沿 X 轴向左拖动，与内六边形曲线相交，绘制扳手口处上边的水平线；使用鼠标左键点选六边形外轮廓线右侧竖线的下端点为起点，沿 X 轴向左拖动，与内六边形曲线相交，绘制扳手口处上边的水平线 |
| | 快速修剪 | 使用鼠标修剪多余曲线 |
| 7. 参考线 | 转为参考 | 使用鼠标左键点选六边形外轮廓线右侧竖线，点击"转为参考"图标，完成约束 |
| 8. 交图 | | 点击"完成草图"，选择"保存"中的"另存为"（以"姓名＋零件图 13"命名），保存到桌面，并将保存好的零件图发送到教师机★ |

2. 零件图 14——机架

根据分析，绘制图 1-16，绘图步骤见表 1-14。

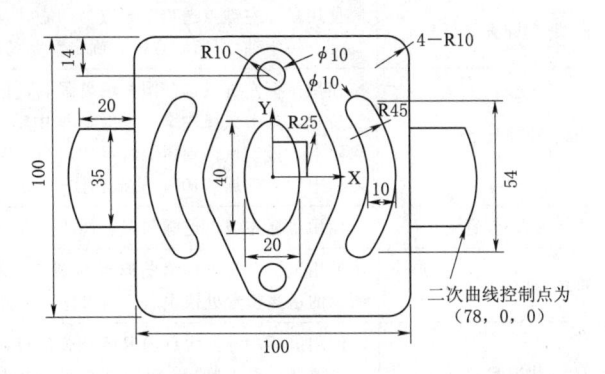

图 1-16 零件图 14——机架

表 1-14　　　　　　　　零件图 14——机架的绘图步骤

| 步　骤 | 命　令 | 操作（零件图 14——机架） |
| --- | --- | --- |
| 1. 100mm×100mm 矩形轮廓 | 曲线-矩形-两点 | 使用鼠标左键在第二象限适当位置处点选矩形第一点，向第四象限拖动鼠标点选第二点，完成矩形（不标注尺寸） |
| | 曲线-圆角 | 输入数据"10"，使用鼠标左键分别点选（或左键划动）竖直线与水平线，完成 4-R10 圆角 |
| | 约束-中点 | 使用鼠标左键依次点选草图原点、矩形水平线与竖线，点击"中点"图标，完成约束 |
| | 约束-快速尺寸 | 使用鼠标左键点选矩形竖线，拖动鼠标到图纸所示的适当位置，点击鼠标左键，在对话框中输入数据"100"，使用鼠标左键点选矩形水平线，拖动鼠标到图纸所示的适当位置，点击鼠标左键，在对话框中输入数据"100"，完成标注定位 |
| 2. R25、φ10、R10 圆 | 曲线-圆-圆心半径 | 使用鼠标左键点选草图原点为圆心，拖动鼠标到图纸所示的适当位置，点击鼠标左键，在对话框中输入数据"50"，完成 R25 圆的绘制；使用鼠标左键在适当位置处点选确定圆心，拖动鼠标到图纸所示的适当位置，点击鼠标左键，在对话框中输入数据"10"，完成 φ10 圆的绘制，R10 圆（与 φ10 圆同心）的绘制步骤与 φ10 圆相同 |
| 3. φ10 圆定位 | 约束-点在曲线上 | 使用鼠标左键依次点选 φ10 圆心、R10 圆心、Y 轴，点击"点在曲线上"符号 |
| | 约束-快速尺寸 | 使用鼠标左键依次点选 φ10 圆心、R10 圆心、矩形上边线，拖动鼠标到图纸所示的适当位置，点击鼠标左键，在对话框中输入数据"14"，完成定位 |
| 4. 相切线 | 曲线-直线 | 使用鼠标左键依次点选 R10 圆、R25 圆上的点作为端点，完成两侧斜线，保证相切 |
| 5. 修剪 | 快速修剪 | 使用鼠标修剪多余曲线 |
| 6. 菱形轮廓 | 曲线-镜像曲线 | 使用鼠标左键依次点选两侧斜线、R10 圆、R25 圆为被镜像曲线，以 X 轴为镜像轴，点击"确定"完成镜像 |
| | 快速修剪 | 使用鼠标修剪多余曲线 |

续表

| 步　骤 | 命　令 | 操作（零件图14——机架） |
|---|---|---|
| 7. 40×20椭圆 | 曲线-椭圆★ | 使用鼠标左键点选草图原点为圆心，参数栏中输入数据长半轴"20"、短半轴"10"，点击"确定"完成椭圆 |
|  | 约束-快速尺寸 | 使用鼠标左键点选椭圆长轴象限点，拖动鼠标到图纸所示的适当位置，点击鼠标左键，在对话框中输入数据"20"，点选短轴象限点，拖动鼠标到图纸所示的适当位置，点击鼠标左键，在对话框中输入数据"10"，完成标注 |
|  | 几何约束-竖直★ | 使用鼠标左键点选椭圆，点选"竖直"符号约束竖直 |
| 8. 右侧键槽 | 曲线-圆心半径弧 | 使用鼠标左键点选草图原点为圆心，输入半径"45"，在图纸所示的适当位置处依次点选两点作为圆弧起止点完成弧的绘制 |
|  | 约束-快速尺寸 | 使用鼠标左键依次点选R45圆弧端点，拖动鼠标到图纸所示的适当位置，点击鼠标左键，在对话框中输入数据"54"，完成标注定位 |
|  | 约束-设为对称★ | 使用鼠标左键依次点选R45圆弧端点，点击X轴为对称轴，点击"确定"完成 |
|  | 曲线-偏置曲线 | 设定偏置距离为"10"，偏置方向为"左侧"，使用鼠标左键点选R45圆弧，点击"确定"完成偏置 |
|  | 曲线-三点圆弧 | 使用鼠标左键依次点选R45圆弧上端点、偏置圆弧上端点，拖动鼠标到图纸所示的适当位置，在对话框中输入数据"5"，点击鼠标左键，完成ϕ10圆弧的绘制（第二个ϕ10圆弧做法相同） |
| 9. 左侧键槽 | 曲线-镜像曲线 | 使用鼠标左键依次点选右侧键槽的四条曲线作为被镜像曲线，点选Y轴作为镜像轴，点击"确定"完成镜像 |
| 10. 右侧耳朵 | 曲线-直线 | 使用鼠标左键点选矩形竖线上的点，向右拖动鼠标到图纸所示的适当位置，点击鼠标左键，在对话框中输入数据"20"，绘制水平线 |
|  | 曲线-镜像曲线 | 使用鼠标左键依次点选20mm水平线作为被镜像曲线，点选X轴为镜像轴，点击"确定"完成镜像 |
|  | 约束-快速尺寸 | 使用鼠标左键依次点选两条水平线，拖动鼠标到图纸所示的适当位置，点击鼠标左键，在对话框中输入数据"35"，完成定位 |
|  | 曲线-二次曲线★ | 使用鼠标左键依次点选两条水平线端点作为限制点，控制点X输入"78"，点击"确定"，完成二次曲线绘制 |
|  | 约束-快速尺寸 | 使用鼠标左键两次分别点选二次曲线控制点，与X距离设置为"0"，与Y轴距离设置为"78"，完成定位 |
| 11. 左侧耳朵 | 曲线-镜像曲线 | 使用鼠标左键依次点选右侧耳朵的三条曲线作为被镜像曲线，点选Y轴为镜像轴，点击"确定"完成镜像 |
| 12. 交图 | | 点击"完成草图"，选择"保存"中的"另存为"（以"姓名+零件图14"命名），保存到桌面，并将保存好的零件图发送到教师机★ |

## 活动二　考核与阶段评价

**学习目标**

1. 熟练使用常用曲线命令、曲线编辑命令完成考核内容。

2. 灵活运用命令，积极思考，掌握拓展知识点。
3. 不同层次学生选取不同难度习题完成绘制，实现分层考核。
4. 根据项目一整体完成情况与课堂表现，给出客观的综合评价。
5. 引导学生摆正学习心态，逐步形成学习习惯。

## 建议学时

4学时

## 学习重难点

重点：1. 灵活运用绘图命令绘制零件图。
　　　2. 根据实际情况，给出客观的综合评价。
难点：1. 正确分析图纸，选择合理的绘图方法。
　　　2. 在规定时间内认真完成考核零件图。

## 学习过程

### 一、教学准备
请准备教材、任务单、计算机、软件。

### 二、前课回顾
1. 项目一学习了哪些命令。
2. 项目一完成了几张图纸。

### 三、新课引导
1. 强调考核时间

任选三道题中的一道在90分钟内完成并发送至教师机。

2. 注意绘图技巧

镜像、阵列、偏置等命令可以极大地缩短作图时间。

3. 要求独立完成

独立思考，不允许代替操作。

### 四、新课内容——完成零件图

1. 零件图15——测试题1

根据分析，绘制图1-17，绘图步骤见表1-15。

表1-15　　　　　　　　零件图15——测试题1绘图步骤

| 步　骤 | 命　令 | 操作（零件图15——测试题1） |
| --- | --- | --- |
| 1. R70、$\phi$280、$\phi$50、$\phi$110圆 | 曲线-圆-圆心半径 | 使用鼠标左键点选草图原点为圆心，拖动鼠标，分别输入数据"140""280"，完成R70、$\phi$280圆（同心）的绘制；使用鼠标左键在适当位置处点选确定圆心，拖动鼠标，输入数据"50""110"，完成$\phi$50、$\phi$110圆（同心）的绘制 |

续表

| 步　骤 | 命　令 | 操作（零件图 15——测试题 1） |
|---|---|---|
| 2. φ50 约束 | 约束-点在曲线上 | 使用鼠标左键依次点选 φ50（φ110）圆心、Y 轴，点击"点在曲线上"图标，完成约束 |
| 3. 参考线 | 曲线-直线 | 使用鼠标左键点选 φ50 圆心向左拖动鼠标，在 φ110 圆上点选第二点完成水平直线的绘制 |
| | 曲线-直线 | 使用鼠标左键点选 R70 圆心向左拖动鼠标，在 φ280 圆上点选第二点完成斜线的绘制 |
| | 转为参考 | 使用鼠标左键依次点选水平线、斜线，在弹出的对话框中点选"转为参考"符号，完成约束 |
| 4. 45°参考线 | 快速尺寸 | 使用鼠标左键依次点选斜线参考线、X 轴，拖动鼠标在图纸所示的适当空白处点击鼠标左键，在弹出的对话框中输入数据"45"，完成定位 |
| 5. R160 圆角 | 曲线-圆角 | 输入数据"160"，使用鼠标左键分别点选 φ280、φ110 圆，点击"确定"，完成 R160 圆角的绘制 |
| | 约束-点在曲线上 | 使用鼠标左键依次点选 R160 圆心、水平参考线，在对话框中点击"点在曲线上"图标，完成约束 |
| 6. R400 圆角 | 曲线-圆角 | 输入数据"400"，使用鼠标左键分别点选 φ70、φ110 圆，点击"确定"，完成 R400 圆角的绘制 |
| 7. R212 圆弧 | 曲线-三点圆弧 | 使用鼠标左键点选 R70 圆上的点作为圆弧起点，拖动鼠标在适当位置处点选第二点，在对话框中输入数据"212"，鼠标左键点击"确定"，完成 R212 圆弧（保证与 R70 圆相切）的绘制 |
| | 约束-点在曲线上 | 使用鼠标左键依次点选 R212 圆心、45°参考线，在对话框中点击"点在曲线上"图标，完成约束 |
| 8. R20 圆角 | 曲线-圆角 | 输入数据"20"，按住鼠标左键划动 R212 圆弧与 φ280 圆，完成 R20 圆角的绘制 |
| 9. 修剪 | 快速修剪 | 使用鼠标左键点选 φ40、φ30、R47 多余部分，完成修剪 |
| 10. 交图 | | 点击"完成草图"，选择"保存"中的"另存为"（以"姓名＋零件图 15"命名），保存到桌面，并将保存好的零件图发送到教师机★ |

零件图 15

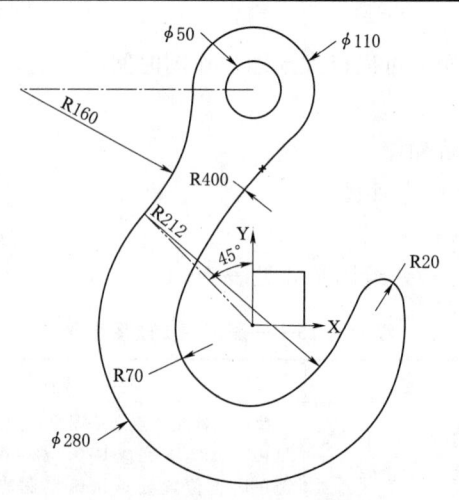

图 1-17　零件图 15——测试题 1

## 2. 零件图 16——测试题 2

根据分析,绘制图 1-18,绘图步骤见表 1-16。

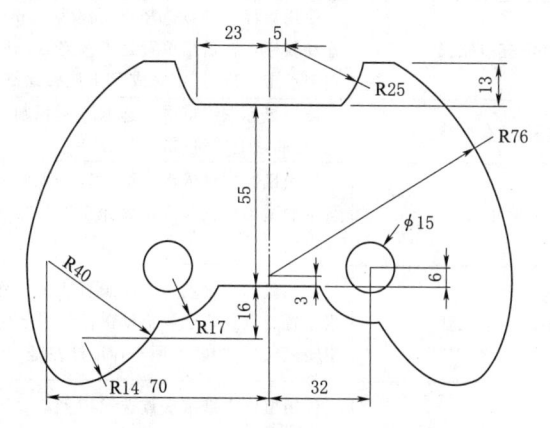

图 1-18 零件图 16——测试题 2（难度系数☆☆）

零件图 16

表 1-16　　　　　　　　零件图 16——测试题 2 的绘图步骤

| 步　骤 | 命　令 | 操作（零件图 16——测试题 2） |
| --- | --- | --- |
| 1. R17、$\phi$15 圆 | 曲线-圆-圆心半径 | 使用鼠标左键点选适当点为圆心,拖动鼠标到图纸所示的适当位置,点击鼠标左键,在对话框中输入数据"34",完成$\phi$34 圆的绘制,$\phi$15 圆（与$\phi$34 圆同心）的绘制步骤与$\phi$34 圆相同 |
| | 快速尺寸 | 使用鼠标左键依次点选$\phi$15、R17 圆心、X 轴,拖动鼠标到图纸所示的适当位置,点击鼠标左键,在对话框中输入数据"6",回车;使用鼠标左键依次点选$\phi$15、R17 圆心、Y 轴,拖动鼠标到图纸所示的适当位置,点击鼠标左键,在对话框中输入数据"32",点击"确定",完成定位 |
| 2. 三条水平线 | 曲线-直线 | 使用鼠标左键依次点选草图原点与 R17 圆上的点作为起止点并保证水平 |
| | 曲线-直线 | 使用鼠标左键在 Y 轴右侧适当位置处依次点选两点作为起止点并保证水平（做两次） |
| | 快速尺寸 | 使用鼠标左键依次点选水平直线、X 轴,拖动鼠标到图纸所示的适当位置,点击鼠标左键,在对话框中输入数据"55"完成定位;使用鼠标左键依次点选两条水平直线,拖动鼠标到图纸所示的适当位置,点击鼠标左键,在对话框中输入数据"13",完成定位 |
| | 约束-点在曲线上 | 使用鼠标左键依次点选竖直距离为 55mm 的水平线、Y 轴,在对话框中点击"点在曲线上"图标进行约束 |
| 3. R25 圆弧 | 曲线-三点圆弧 | 使用鼠标左键依次点选竖直距离为 55mm 水平线的右端点与距离为 13mm 水平线的左端点作为圆弧起点,拖动鼠标到图纸所示的适当位置,在对话框中输入数据"25",回车,点击鼠标左键,完成圆弧绘制 |
| | 快速尺寸 | 使用鼠标左键依次点选 R25 圆心、Y 轴,拖动鼠标到图纸所示的适当位置,点击鼠标左键,在对话框中输入数据"5",完成定位 |

续表

| 步　骤 | 命　令 | 操作（零件图16——测试题2） |
|---|---|---|
| 4. R76圆弧 | 曲线-三点圆弧 | 使用鼠标左键点选竖直距离为13mm水平线的右端点为起点，拖动鼠标，在适当位置处点选终点，拖动鼠标，输入数据"76"，左键点击"确定"，完成R76圆弧绘制 |
|  | 约束-点在曲线上 | 使用鼠标左键依次点选R76圆弧圆心、Y轴，在对话框中点击"点在曲线上"符号，完成约束 |
|  | 快速尺寸 | 使用鼠标左键依次点选R76圆弧圆心、X轴，拖动鼠标到图纸所示的适当位置，点击鼠标左键，在对话框中输入数据"3"，完成定位 |
| 5. R40圆弧 | 曲线-三点圆弧 | 使用鼠标左键点选R17圆弧上的点作为起点，拖动鼠标，在适当位置处点选终点，拖动鼠标到图纸所示的适当位置，在对话框中输入数据"40"，回车，鼠标左键点击"确定"，完成圆弧绘制 |
|  | 快速尺寸 | 使用鼠标左键依次点选R40圆心、Y轴，拖动鼠标到图纸所示的适当位置，点击鼠标左键，在对话框中输入数据"70"，完成定位 |
| 6. R14圆弧 | 曲线-圆角 | 输入数据"14"，按住鼠标左键，划动R40圆弧与R76圆弧，完成R14圆角绘制 |
|  | 快速尺寸 | 使用鼠标左键依次点选R14圆心、X轴，拖动鼠标到图纸所示的适当位置，点击鼠标左键，在对话框中输入数据"16"，完成定位 |
| 7. 修剪 | 快速修剪 | 使用鼠标左键修剪多余曲线 |
| 8. 左侧手柄 | 曲线-镜像曲线 | 使用鼠标左键框选右侧手柄的9条曲线，点选Y轴为中心线进行镜像 |
| 9. 交图 |  | 点击"完成草图"，选择"保存"中的"另存为"（以"姓名＋零件图16"命名），保存到桌面，并将保存好的零件图发送到教师机★ |

3. 零件图17——测试题3

根据分析，绘制图1-19，绘图步骤见表1-17。

零件图17

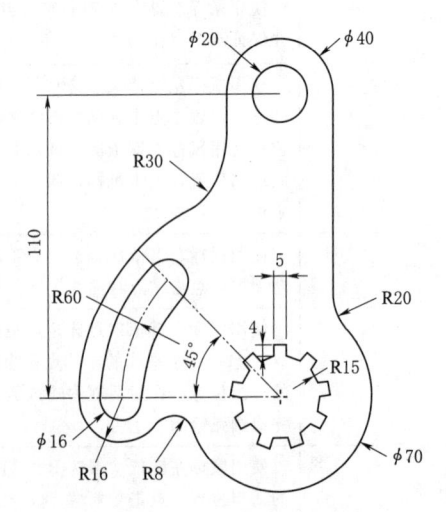

图1-19　零件图17——测试题3（难度系数☆☆☆）

表 1-17　　　　　　　　零件图 17——测试题 3 的绘图步骤

| 步　骤 | 命　令 | 操作（零件图 17——测试题 3） |
|---|---|---|
| 1. R15、φ70、R60、φ20、φ40 圆 | 曲线-圆-圆心半径 | 使用鼠标左键点选草图原点为圆心，拖动鼠标到图纸所示的适当位置，点击鼠标左键，在对话框中输入数据"30"，完成 φ30 圆的绘制，φ70 圆、φ120（与 φ30 同心）的绘制步骤与 φ30 圆相同；使用鼠标左键点选适当点为圆心，拖动鼠标到图纸所示的适当位置，点击鼠标左键，在对话框中输入数据"20"，完成 φ20 圆的绘制，φ40 圆（与 φ20 圆同心）的绘制步骤与 φ20 圆相同 |
| | 快速尺寸 | 使用鼠标左键依次点选 R20 圆心、X 轴，拖动鼠标到图纸所示的适当位置，点击鼠标左键，在对话框中输入数据"110"，完成定位 |
| | 约束-点在曲线上 | 使用鼠标左键依次点选 φ20、φ40 圆弧圆心、Y 轴，在对话框中点击"点在曲线上"图标，完成约束 |
| 2. 三条参考线 | 曲线-直线 | 使用鼠标左键依次点选草图原点与适当点作为起止点并保证水平 |
| | 曲线-直线 | 使用鼠标左键依次点选草图原点与适当点作为起止点并保证倾斜 |
| | 快速尺寸 | 使用鼠标左键依次点选水平直线、斜线，拖动鼠标到图纸所示的适当位置，点击鼠标左键，在对话框中输入数据"45"，完成初步定位 |
| | 约束-转为参考 | 使用鼠标左键依次点选三条直线，在对话框中点击"转为参考"图标 |
| 3. 修剪 | 快速修剪 | 使用鼠标左键修剪 R60 与另外两条参考线交点处的多余曲线，进一步约束定位 |
| 4. φ16 键槽 | 曲线-偏置曲线 | 设定偏置距离为"8"，对称偏置，左键点选 R60 圆弧，确定偏置 |
| | 曲线-三点圆弧 | 使用鼠标左键点选偏置曲线的同侧端点为起止点，拖动鼠标保证相切，输入数据"8"，左键确认，完成 φ16 圆弧的绘制（另一端重复此步骤，如有过约束，删除即可） |
| 5. R66 圆弧及相连圆弧 | 曲线-偏置曲线 | 设定偏置距离为"8"，外侧偏置，左键点选 φ16 及相连圆弧，确定偏置 |
| 6. 两条竖直线 | 曲线-直线 | 使用鼠标左键依次点选 φ40 圆上的点与适当点作为起止点并保证竖直（此步骤做两次） |
| 7. R8、R20、R30 圆角 | 曲线-圆角（修剪） | 输入数据"8"，按住鼠标左键划动 R16 圆弧与 φ70 圆，完成 R8 圆角绘制；输入数据"20"，按住鼠标左键划动右侧竖直线与 φ70 圆，完成 R20 圆角绘制；输入数据"30"，按住鼠标左键划动左侧竖直线与偏置曲线，完成 R30 圆角绘制 |

续表

| 步 骤 | 命 令 | 操作（零件图 17——测试题 3） |
|---|---|---|
| 8. 单个轮齿 | 曲线-轮廓 | 使用鼠标左键依次点选 R15 圆上的点与适当点作为起止点并保证竖直，在适当位置处继续点选并保证水平 |
| | 快速尺寸 | 使用鼠标左键点选竖直线，拖动鼠标到图纸所示的适当位置，点击鼠标左键，在对话框中输入数据"4"，完成初步定位 |
| | 约束-点在曲线上 | 使用鼠标左键依次点选水平线右端点、Y 轴，在对话框中点击"点在曲线上"图标，完成约束 |
| | 曲线-镜像曲线 | 使用鼠标左键依次点选 4mm 竖直线与水平线，点选 Y 轴为中心线进行镜像 |
| | 快速尺寸 | 使用鼠标左键依次点选水平线的两个端点，拖动鼠标到图纸所示的适当位置，点击鼠标左键，在对话框中输入数据"5"，完成定位 |
| 9. 矩形齿轮 | 曲线-圆形阵列 | 使用鼠标左键依次点选单个轮齿的 3 条轮廓线，点选草图原点为旋转点，数量为"9"，跨距为"360"，鼠标左键点击"确定"，完成圆形阵列绘制 |
| 10. 修剪 | 快速修剪 | 使用鼠标左键修剪多余曲线 |
| 11. 交图 | | 点击"完成草图"，选择"保存"中的"另存为"（以"姓名＋零件图 17"命名），保存到桌面，并将保存好的零件图发送到教师机★ |

**知识拓展：UG 二维制图模块**

UG 拥有产品设计、模具设计、图纸、数控程序等多个模块，可以处理产品的全部设计、加工过程，既能提高工作效率，又能提高产品的整体管理和系统化处理。以下说明图纸模板的制造方法。

1. 调用模板

（1）用制图模板栏调用模板，这个方法也可以自己制作模板加载。缺点是调用模板的发送方式以安装形式调用。也就是说，创建图形时，必须生成特定的 prt 文件组件。

（2）用导入零件的方法调用模板，进入制图模块后，能直接导入模板文件。缺点是每次提交图形时都必须手动选择并加载模板文件，效率低下且繁琐，需要多次点击鼠标，且各版本之间的 prt 文件不同，所以不通用。

2. 最实用、简单的方法

（1）自己创建模板文件，首先创建一个空的 prt 文件，然后进入绘图模块以导入 dxf 格式的布局图纸。至于这个 dxf 布局图纸来自哪里，可以按照制图的要求自己用 cad 做图框，也可以在网上下载国标版图框。接下来保存 prt 文件，这个 prt 文件就是我们的图形模板。

（2）安装图纸模板。在创建新图形时出现的对话框中选择模板。系统默认路径是 ugii templates a4 \ views \ sheet \ template. prt. 后面的文件名是系统默认的 A4 侧面图形模板，将自己制作的模板改名为它，并替换系统默认的模板。

## 学 生 评 价 自 评 表

| 班级 | | 姓名 | | 学号 | | 日期 | | | | |
|---|---|---|---|---|---|---|---|---|---|---|
| 评价指标 | 评 价 要 素 | | | | | 权重 | 等级评定 | | | |
| 信息检索 | 是否能有效利用网络资源、工作手册查找有效信息；是否能用自己的语言有条理地去解释、表述所学知识；是否能将查找到的信息有效转换到工作中 | | | | | 10% | | | | |
| 感知工作 | 是否熟悉你的工作岗位，认同工作价值；在工作中是否获得满足感 | | | | | 10% | | | | |
| 参与状态 | 与教师、同学之间是否相互尊重、理解、平等；与教师、同学之间是否能够保持多向、丰富、适宜的信息交流 | | | | | 10% | | | | |
| | 探究学习，自主学习不流于形式，处理好合作学习和独立思考的关系，做到有效学习；能提出有意义的问题或能发表个人见解；能按要求正确操作；能够倾听、协作分享 | | | | | 10% | | | | |
| 学习方法 | 工作计划、操作技能是否符合规范要求；是否获得了进一步发展的能力 | | | | | 10% | | | | |
| 工作过程 | 遵守管理规程，操作过程符合现场管理要求；平时上课的出勤情况和每天完成工作任务情况；善于多角度思考问题，能主动发现、提出有价值的问题 | | | | | 15% | | | | |
| 思维状态 | 是否能发现问题、提出问题、分析问题、解决问题 | | | | | 10% | | | | |
| 自评反馈 | 按时按质完成工作任务；较好地掌握了专业知识点；具有较强的信息分析能力和理解能力；具有较为全面、严谨的思维能力并能条理明晰地表述成文 | | | | | 25% | | | | |
| 自评等级 | | | | | | | | | | |
| 有益的经验和做法 | | | | | | | | | | |
| 总结反思建议 | | | | | | | | | | |

等级评定：A：好；B：较好；C：一般；D：有待提高。

**学生评价互评表——学习任务完成情况评分**

| 班级 | | 姓名 | | 学号 | | 日期 | 年 月 日 |
|---|---|---|---|---|---|---|---|

| 零件图 | 评价要素 | 分数 | 等级评定 ||||
|---|---|---|---|---|---|---|
| | | | A | B | C | D |
| | | | | | | |
| | | | | | | |
| | | | | | | |
| | | | | | | |
| | | | | | | |
| | | | | | | |
| | | | | | | |
| | 其他（注明扣分项） | | | | | |
| | | | | | | |
| | | | | | | |
| | | | | | | |
| | | | | | | |
| | | | | | | |
| | | | | | | |
| | | | | | | |
| | 其他（注明扣分项） | | | | | |
| | 互评等级 | | | | | |
| 简要评述 | | | | | | |

等级评定：A：好；B：较好；C：一般；D：有待提高。

## 学生评价互评表——工艺安排评分

| 班级 | | | 姓名 | | 学号 | | 日期 | 年　月　日 | | | |
|---|---|---|---|---|---|---|---|---|---|---|---|
| 评价指标 | 评　价　要　素 | | | | | | 权重 | 等级评定 | | | |
| | | | | | | | | A | B | C | D |
| 工序工步 | 工序安排合理 | | | | | | 5％ | | | | |
| | 工步安排合理 | | | | | | 5％ | | | | |
| 刀具 | 刀具选择合理 | | | | | | 5％ | | | | |
| | 刀具装夹合理 | | | | | | 5％ | | | | |
| 量具 | 会正确使用量具 | | | | | | 5％ | | | | |
| | 测量读数准确 | | | | | | 5％ | | | | |
| 走刀次数 | 走刀次数安排合理 | | | | | | 5％ | | | | |
| | 没有多余空走刀 | 具体数值在合理范围内即可 | | | | | 5％ | | | | |
| 切削深度 | 会计算切削深度 | | | | | | 5％ | | | | |
| | 切削深度设置合理 | | | | | | 5％ | | | | |
| 进给量 | 会计算进给量 | | | | | | 5％ | | | | |
| | 进给量设置合理 | | | | | | 5％ | | | | |
| 主轴转速 | 会计算主轴转速 | | | | | | 5％ | | | | |
| | 主轴转速设置合理 | | | | | | 5％ | | | | |
| 切削速度 | 会计算切削速度 | | | | | | 10％ | | | | |
| | 切削速度设置合理 | | | | | | 20％ | | | | |
| 互评等级 | | | | | | | | | | | |
| 简要评述 | | | | | | | | | | | |

等级评定：A：好；B：较好；C：一般；D：有待提高。

## 学生评价互评表——学习过程评分

| 班级 | | 姓名 | | 学号 | | 日期 | 年 月 日 |
|---|---|---|---|---|---|---|---|

| 评价指标 | 评价要素 | 权重 | 等级评定 ||||
|---|---|---|---|---|---|---|
| | | | A | B | C | D |
| 信息检索 | 他是否能有效利用网络资源、工作手册查找有效信息 | 5% | | | | |
| | 他是否能用自己的语言有条理地去解释、表述所学知识 | 5% | | | | |
| | 他是否能将查找到的信息有效转换到工作中 | 5% | | | | |
| 感知工作 | 他是否熟悉自己的工作岗位,认同工作价值 | 5% | | | | |
| | 他在工作中是否获得满足感 | 5% | | | | |
| 参与状态 | 他与教师、同学之间是否相互尊重、理解、平等 | 5% | | | | |
| | 他与教师、同学之间是否能够保持多向、丰富、适宜的信息交流 | 5% | | | | |
| | 他是否能处理好合作学习和独立思考的关系,做到有效学习 | 5% | | | | |
| | 他是否能提出有意义的问题或发表个人见解;是否能按要求正确操作;是否能够倾听、协作分享 | 5% | | | | |
| | 他是否能积极参与,在产品加工过程中不断学习,综合运用信息技术的能力提高很大 | 5% | | | | |
| 学习方法 | 他的工作计划、操作技能是否符合规范要求 | 5% | | | | |
| | 他是否获得了进一步发展的能力 | 5% | | | | |
| 工作过程 | 他是否遵守管理规程,操作过程是否符合现场管理要求 | 5% | | | | |
| | 他平时上课的出勤情况和每天完成工作任务情况 | 5% | | | | |
| | 他是否善于多角度思考问题,主动发现、提出有价值的问题 | 5% | | | | |
| 思维状态 | 他是否能发现问题、提出问题、分析问题、解决问题 | 5% | | | | |
| 自评反馈 | 他是否能严肃认真地对待自评,并能独立完成自测试题 | 20% | | | | |
| 互评等级 | | | | | | |
| 简要评述 | | | | | | |

等级评定:A:好;B:较好;C:一般;D:有待提高。

## 活动过程教师评价量化表

| 班级 | | | 姓名 | | 权重 | 评价 | | |
|---|---|---|---|---|---|---|---|---|
| | | | | | | 1 | 2 | 3 |
| 知识策略 | 知识吸收 | 能设法记住要学习的东西 | | | 3% | | | |
| | | 使用多样化手段,通过网络、查阅文献等方式收集到很多有效信息 | | | 3% | | | |
| | 知识构建 | 自觉寻求不同工作任务之间的内在联系 | | | 3% | | | |
| | 知识应用 | 将学习到的知识应用于解决实际问题 | | | 3% | | | |
| 工作策略 | 兴趣取向 | 对课程本身感兴趣,熟悉自己的工作岗位,认同工作价值 | | | 3% | | | |
| | 成就取向 | 学习的目的是获得高水平的技能 | | | 3% | | | |
| | 批判性思考 | 谈到或听到一个推论或结论时,他会考虑到其他可能的答案 | | | 3% | | | |
| 管理策略 | 自我管理 | 若他不能很好地理解学习内容,会设法找到该任务相关的其他资讯 | | | 3% | | | |
| | 过程管理 | 能正确回答材料中和教师提出的问题 | | | 3% | | | |
| | | 能根据提供的材料、工作页和教师指导进行有效学习 | | | 3% | | | |
| | | 针对工作任务,能反复查找资料、反复研讨,编制有效的工作计划 | | | 3% | | | |
| | | 工作过程留有研讨记录 | | | 3% | | | |
| | | 团队合作中主动承担任务 | | | 3% | | | |
| | 时间管理 | 有效组织学习时间和按时按质完成工作任务 | | | 3% | | | |
| | 结果管理 | 在学习过程中有满足、成功与喜悦等体验,对后续学习更有信心 | | | 3% | | | |
| | | 根据研讨内容,对讨论知识、步骤、方法进行合理的修改和应用 | | | 3% | | | |
| | | 课后能积极有效地进行学习和自我反思,总结学习的长短处 | | | 3% | | | |
| | | 规范撰写工作小结,能进行经验交流与工作反馈 | | | 3% | | | |
| 过程状态 | 交往状态 | 与教师、同学之间交流语言得体,彬彬有礼 | | | 3% | | | |
| | | 与教师、同学之间保持多向、丰富、适宜的信息交流和合作 | | | 3% | | | |
| | 思维状态 | 学生能用自己的语言有条理地去解释、表述所学知识 | | | 3% | | | |
| | | 学生善于多角度思考问题,能主动提出有价值的问题 | | | 3% | | | |
| | 情绪状态 | 能自我调控好学习情绪,随着教学进程而产生不同的情绪变化 | | | 3% | | | |
| | 生成状态 | 学生能总结当堂学习所得,或提出深层次的问题 | | | 3% | | | |
| | 组内合作过程 | 分工及任务目标明确,并能积极组织或参与小组工作 | | | 3% | | | |
| | | 积极参与小组讨论并能充分地表达自己的思想或意见 | | | 3% | | | |
| | 组际总结过程 | 能采取多种形式展示本小组的工作成果,并进行交流反馈 | | | 3% | | | |
| | | 对其他组学生所提出的疑问能做出积极有效的解释 | | | 3% | | | |
| | | 认真听取同学发言,能大胆地质疑或提出不同意见或更深层次的问题 | | | 3% | | | |
| | 工作总结 | 规范撰写工作总结 | | | 3% | | | |
| 自评 | 综合评价 | 严肃按照《活动过程评价自评表》认真地对待自评 | | | 5% | | | |
| 互评 | 综合评价 | 严肃按照《活动过程评价互评表》认真地对待互评 | | | 5% | | | |
| 总评等级 | | | | | | | | |
| 建议 | | | | | 评定人:(签名) | | | |

注 除"自评、互评"权重为5%外,其他均为3%。

# 项目二

# UG CAD 三维建模

## 工作情境

学生作为某企业一线产品设计人员，要完成部分主打产品的三维建模工作。建模软件为 NX10.0，时间为 6 个工作日。要求学生独立完成零件图的建模工作。

## 学习目标

**知识目标：**

1. 掌握设计特征中的 10 个常用实体生成命令与参数设置。
2. 熟悉并掌握关联复制、组合、修减、偏置/缩放等 20 个编辑命令。
3. 掌握细节特征中的 5 个常用命令。
4. 掌握曲面编辑命令。

**技能目标：**

1. 能在规定时间内正确地完成 4 个任务中的 26 个零件的建模任务。
2. 能正确选用建模方法。
3. 熟练操作建模软件。

**情感目标：**

1. 将自己当成一名技术工人，保持良好的心态。
2. 实现个人价值，获得成就感与自信心。
3. 能够听取他人意见，配合默契。

## 建议课时

48 课时

## 学习任务

任务一：简单零件建模（16 学时）

任务二：标准零件建模（8 学时）

任务三：典型零件建模（18 学时）

任务四：曲面建模（4 学时）

# 任务一 简单零件建模

## 活动一 简单凸台零件

**学习目标**

1. 掌握拉伸、倒斜角、删除体、面倒圆、打孔、块、拆分体、组合、边倒圆、圆柱命令的使用。
2. 熟练设置命令参数。
3. 能够正确分析建模零件图。

**建议学时**

4学时

**学习重难点**

重点：1. 拉伸、倒斜角、删除体、面倒圆、打孔、块、拆分体、组合、边倒圆、圆柱命令的使用。
　　　2. 选用、设置建模参数。
难点：1. 正确分析图纸，选择合理的建模方法。
　　　2. 合理选用、设置建模参数。

**学习过程**

一、教学准备

请准备教材、任务单、计算机、软件。

二、前课回顾

二维制图命令的主要曲线、曲线编辑、曲线约束命令有哪些？

三、新课引导

角钢俗称角铁（图2-1），其截面是两边互相垂直成直角形的长条钢材。角钢的主要用途是制作或连接框架结构，例如超市货架、车间的立柱和梁、在窗户下挂空调或太阳能设备的架子等。

手锤俗称榔头，由锤头、木柄、楔子组成，是电工和其他维修工必不可少的工具。校直、錾削、维修和装卸零件等操作中都要用手锤来敲击。实践证明，若手锤选用不当，会发生人身伤害事故，问题严重时甚至发生火灾、爆炸等恶性事故。

四、新课内容——完成零件图建模

1. 零件图18——角铁

根据分析，绘制图2-2，绘图步骤见表2-1。

图 2-1 角铁

零件图 18

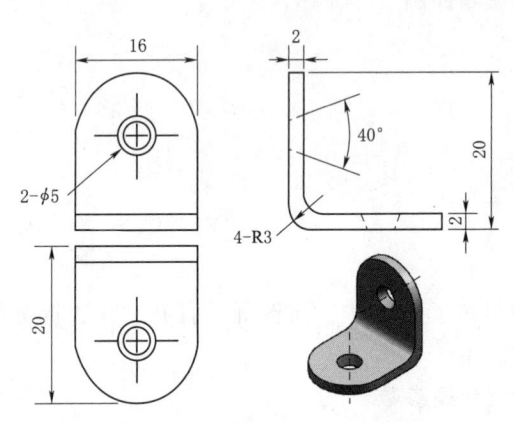

图 2-2 零件图 18——角铁

表 2-1　　　　　　　　　　零件图 18——角铁的绘图步骤

| 步　骤 | 命　令 | 操作（零件图 18——角铁） |
| --- | --- | --- |
| 第一种方法 |||
| 1. 16mm×20mm×20mm 角铁主体 | 设计特征-拉伸★ | 使用鼠标左键点选 YZ 平面为绘制截面，依次双击 Y、Z 轴，确定轴向，绘制左视图轮廓曲线作为草图，完成草图，沿 Y 轴对称拉伸 8mm，鼠标左键点击"确定"完成 |
| 2. φ16 圆弧面 | 细节特征-面倒圆★ | 使用鼠标左键依次切换选取三个面作 φ16 面倒圆 |
| 3. 2-φ5 锥孔 | 设计特征-孔★ | 使用鼠标左键点选实体已有圆弧圆心作为孔的圆心，选择类型为"常规孔"，形状为"锥孔"，输入孔径"5"、锥度"20"、深度"2"，点击"应用"（第二个锥孔做法同样） |
| 4. 2-R3 圆角 | 细节特征-边倒圆★ | 使用鼠标左键依次点选实体拐角处的两条棱线，输入圆角半径"3"，鼠标左键点击"确定"完成 |
| 第二种方法 |||
| 1. 20mm×20mm×16mm 角铁主体 | 设计特征-长方体★ | 插入块，长"16"（X 轴方向）、宽"20"（Y 轴方向）、高"20"（Z 轴方向），坐标点为（-8，0，0），鼠标左键点击"确定" |
| | 修剪-拆分体★ | 工具选项使用"新建平面"，鼠标左键点选 XY 平面为参考面，输入距离"2"，点击"应用"，点选 YZ 平面为参考面，输入距离"2"，点击"确定" |

续表

| 步　骤 | 命　令 | 操作（零件图18——角铁） |
|---|---|---|
| 1. 20mm×20mm×16mm角铁主体 | 修剪-删除体★ | 使用鼠标左键点选正方体为删除体，点击"确定" |
|  | 组合-合并★ | 使用鼠标左键依次点选（或框选）各块，组合成20mm×20mm×16mm角铁主体 |
| 2. φ16圆弧面 | 细节特征-边倒圆★ | 使用鼠标左键依次点选实体拐角处的两条棱线，输入圆角半径"8"，点击"确定"完成 |
| 3. 2-φ5锥孔 | 设计特征-孔★ | 使用鼠标左键点选实体已有圆弧圆心为孔的圆心，选择类型为"常规孔"，形状为"锥孔"，输入孔径"5"、锥度"20"、深度"2"，点击"应用"（第二个锥孔做法同样） |
| 4. 2-R3圆角 | 细节特征-边倒圆★ | 使用鼠标左键依次点选实体拐角处的两条棱线，输入圆角半径"3"，点击"确定"完成 |
| 5. 交图 |  | 点击"完成草图"，选择"保存"中的"另存为"（以"姓名＋零件图18"命名），保存到桌面，并将保存好的零件图发送到教师机 |

2. 零件图19——锤子

根据分析，绘制图2-3，绘图步骤见表2-2。

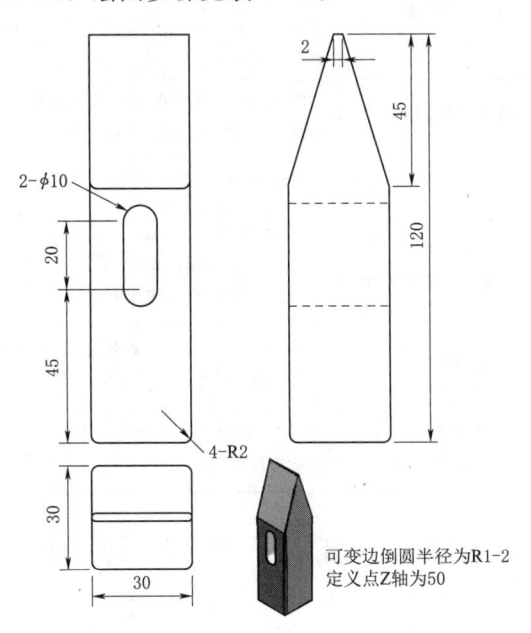

图2-3　零件图19——锤子

表2-2　　　　　　零件图19——锤子的绘图步骤

| 步　骤 | 命　令 | 操作（零件图19——锤子） |
|---|---|---|
| 第一种方法 ||||
| 1. 30mm×30mm×120mm锤子主体 | 设计特征-拉伸 | 使用鼠标左键点选XY平面为基准面，绘制俯视图轮廓曲线作为草图，完成草图，沿Z轴拉伸120mm，鼠标左键点击"应用"完成 |

45

续表

| 步骤 | 命令 | 操作（零件图19——锤子） |
|---|---|---|
| 2. 2-φ10键槽 | 设计特征-拉伸 | 使用鼠标左键点选实体正面为基准面，绘制"主视图2-φ10键槽轮廓曲线"草图，完成草图，沿Y轴拉伸30mm（"贯通"），布尔运算"求差"，鼠标左键点击"确定"完成 |
| 3. 45mm斜面 | 细节特征-倒斜角★ | 使用鼠标左键依次点选长方体对应棱边，偏置横截面选择"非对称倒角"，距离分别输入"14""45"，鼠标左键点击"确定"完成 |
| 4. 4-R1-2圆角 | 细节特征-变半径倒圆★ | 使用鼠标左键依次点选实体侧面的4条棱线，输入圆角半径"1"，变半径"2"，鼠标左键点击"确定"完成 |
| 5. 4-R2圆角 | 细节特征-边倒圆 | 使用鼠标左键依次点选实体底面的4条棱线，圆角半径为"2"，鼠标左键点击"确定"完成 |
| | 第二种方法 | |
| 1. 30mm×30mm×120mm锤子主体 | 设计特征-长方体 | 插入块，长"30"（X轴方向）、宽"30"（Y轴方向）、高"120"（Z轴方向），坐标点为（-15，-15，0），鼠标左键点击"确定"完成 |
| 2. 2-φ10键槽 | 设计特征-键槽★ | 选择矩形键槽，使用鼠标左键依次点选两个参考面，尺寸数据为30×10×30，定位选择"线落在线上"（Z轴与中心线），继续定位选择"按一定距离平行"（X轴与中心线），值输入"55"，鼠标左键点击"确定"完成 |
| 3. 45mm斜面 | 细节特征-倒斜角 | 使用鼠标左键依次点选长方体对应棱边，偏置横截面选择"非对称倒角"，距离分别为"14""45"，鼠标左键点击"确定"完成 |
| 4. 4-R1-2圆角 | 细节特征-变半径倒圆★ | 使用鼠标左键依次点选实体侧面的一条棱线，圆角半径为"1"，变半径为"2"，鼠标左键点击"确定"完成 |
| | 关联复制-镜像特征★ | 使用鼠标左键依次选择变半径倒圆、ZY平面，鼠标左键点击"确定"（重复两次完成） |
| 5. 4-R2圆角 | 细节特征-边倒圆 | 使用鼠标左键依次点选实体底面的4条棱线，圆角半径为"2"，鼠标左键点击"确定"完成 |
| 6. 交图 | | 点击"完成草图"，选择"保存"中的"另存为"（以"姓名+零件图19"命名），保存到桌面，并将保存好的零件图发送到教师机 |

## 活动二　简单轴套零件

### 学习目标

1. 旋转、块、修剪体、旋转（偏置设置）、抽壳、倒角命令的使用方法。
2. 熟练使用设计特征、细节特征命令建模。
3. 能正确分析工程图，合理选用建模命令并设置参数。

### 建议学时

4学时

## 简单零件建模 任务一

![学习重难点]

**重点**：1. 旋转、块、修剪体、旋转（偏置设置）、抽壳、倒角命令的使用。
　　　　2. 选用、设置建模参数。
**难点**：1. 正确分析图纸，选择合理的建模方法。
　　　　2. 合理选用、设置建模参数。

![学习过程]

**一、教学准备**

请准备教材、任务单、计算机、软件。

**二、前课回顾**

1. 角铁、锤头建模命令有哪些？
2. 在哪个特征处出现问题？

**三、新课引导**

转轴（图2-4），顾名思义是连接产品零部主件必须用到的、用于转动工作中既承受弯矩又承受扭矩的轴。

轴瓦（图2-5）的形状为瓦状的半圆柱面，非常光滑，一般用青铜、减摩合金等耐磨材料制成，在特殊情况下，可以用木材、工程塑料或橡胶制成。轴瓦有整体式和剖分式两种，空压机的轴瓦设置有沟槽、孔。

图2-4 转轴 　　　　　　　　　图2-5 轴瓦

**四、新课内容——完成零件图建模**

1. 零件图20——转轴

根据分析，绘制图2-6，绘图步骤见表2-3。

表2-3　　　　　　零件图20——转轴的绘图步骤

| 步　骤 | 命　令 | 操作（零件图20——转轴） |
|---|---|---|
| 第一种方法 ||||
| 1. 转轴主体 | 设计特征-旋转★ | 使用鼠标左键点选XZ平面为基准面，分别绘制 $\phi$15、$\phi$20等特征曲线草图，完成草图，沿X轴旋转360°，鼠标左键点击"确定"完成 |

47

续表

| 步 骤 | 命 令 | 操作（零件图20——转轴） |
|---|---|---|
| 2. φ3键槽 | 设计特征-拉伸 | 使用鼠标左键点选XZ平面为基准面，绘制φ3键槽轮廓曲线草图，完成草图，沿Y轴拉伸，起始距离为"5"，终止距离为"7"，布尔运算"求差"，鼠标左键点击"确定"完成 |
| 3. 2-φ2.5中心孔 | 设计特征-孔 | 使用鼠标左键依次点选孔对应端面圆心，直径为"2.5"，深度为"5"，鼠标左键点击"确定"完成 |
| 4. 未注倒角 | 细节特征-倒斜角 | 使用鼠标左键依次点选实体棱线，偏置横截面选择"对称倒斜角"，距离为"0.5"，鼠标左键点击"确定"完成 |
| 第二种方法 |||
| 1. 8个圆柱台阶 | 设计特征-圆柱体★ | 使用鼠标点击草图原点为插入点，沿XC方向插入直径为"15"、深度为"10"的圆柱体，鼠标左键点击"应用"完成；鼠标左键点击φ15原点为插入点，沿XC方向插入直径为"20"、深度为"8"的圆柱体，鼠标左键点击"应用"完成；依此类推，完成其他圆柱体绘制 |
| 2. R18圆弧面 | 设计特征-旋转★ | 使用鼠标左键点选XZ平面为基准面，绘制R18特征曲线草图，完成草图，沿X轴旋转360°，鼠标左键点击"确定"完成 |
| 3. φ3键槽 | 设计特征-拉伸 | 使用鼠标左键点选XZ平面为基准面，绘制φ3键槽轮廓曲线草图，完成草图，沿Y轴拉伸，起始距离为"5"，终止距离为"7"，布尔运算"求差"，鼠标左键点击"确定"完成 |
| 4. 2-φ2.5中心孔 | 设计特征-简单孔★ | 使用鼠标左键依次点选孔对应端面圆心，直径为"2.5"，深度为"5"，鼠标左键点击"确定"完成 |
| 5. 未注倒角 | 细节特征-倒斜角 | 使用鼠标左键依次点选实体棱线，偏置横截面选择"对称倒斜角"，距离为"0.5"，鼠标左键点击"确定"完成 |
| 6. 交图 | | 点击"完成草图"，选择"保存"中的"另存为"（以"姓名＋零件图20"命名），保存到桌面，并将保存好的零件图发送到教师机 |

图2-6 零件图20——转轴

2. 零件图21——衬瓦

根据分析，绘制图2-7，绘图步骤见表2-4。

图 2-7 零件图 21——衬瓦

**表 2-4　　　　　　　　　零件图 21——衬瓦的绘图步骤**

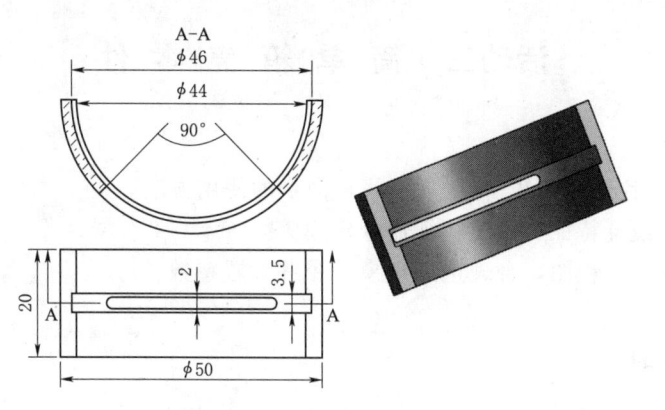

| 步　骤 | 命　令 | 操作（零件图 21——衬瓦） |
|---|---|---|
| 第一种方法 ||| 
| 1. $\phi$50 圆环 | 设计特征-旋转 | 使用鼠标左键点选 XY 平面为基准面，绘制 $\phi$50 圆、$\phi$44 圆俯视图矩形端面曲线作为草图，完成草图，沿 Y 轴旋转，由 0°至 −180°，鼠标左键点击"确定"完成 |
| 2. 3.5mm 环槽 | 设计特征-旋转-偏置★ | 使用鼠标左键选实体左端正面为基准面，绘制 3.5mm 直线并定位作为草图，完成草图，沿 Y 轴旋转，由 0°至 −180°，偏置选择两侧值为"1"，布尔运算"求差"，鼠标左键点击"确定"完成 |
| 3. 2mm 环槽 | 设计特征-旋转-偏置★ | 使用鼠标左键选实体左端正面为基准面，绘制 2mm 直线并定位作为草图，完成草图，沿 Y 轴旋转，由 −45°至 −135°，偏置选择两侧值为"3"，布尔运算"求差"，鼠标左键点击"确定"完成 |
| 4. $\phi$2 圆弧面 | 细节特征-面倒圆 | 使用鼠标左键依次切换选取三个面作 $\phi$2 面倒圆 |
| 5. 未注倒角 | 细节特征-倒斜角 | 使用鼠标左键依次点选实体棱线，偏置横截面选择"对称倒斜角"，距离为"0.5"，鼠标左键点击"确定"完成 |
| 第二种方法 |||
| 1. $\phi$50 圆环 | 设计特征-拉伸 | 使用鼠标左键点选 XZ 平面为基准面，绘制 $\phi$50 圆、$\phi$44 圆主视图轮廓曲线草图，完成草图，沿 Y 轴对称拉伸 10mm，鼠标左键点击"应用"完成 |
| 2. $\phi$46 圆环 | 设计特征-拉伸 | 使用鼠标左键点选 XZ 平面为基准面，绘制 $\phi$44 圆、$\phi$46 圆主视图轮廓曲线草图，完成草图，沿 Y 轴对称拉伸 1.75mm，布尔运算"求差"，鼠标左键点击"应用"完成 |
| 3. 2mm 环槽 | 设计特征-拉伸 | 使用鼠标左键点选 XZ 平面为基准面，绘制 $\phi$50 圆、$\phi$46 圆主视图轮廓曲线草图，完成草图，沿 Y 轴对称拉伸 1mm，布尔运算"求差"，鼠标左键点击"确定"完成 |
| 4. $\phi$2 圆弧面 | 细节特征-面倒圆 | 使用鼠标左键依次切换选取三个面作 $\phi$2 面倒圆 |
| 5. 未注倒角 | 细节特征-倒斜角 | 使用鼠标左键依次点选实体棱线，偏置横截面选择"对称倒斜角"，距离为"0.5"，鼠标左键点击"确定"完成 |
| 6. 交图 | | 点击"完成草图"，选择"保存"中的"另存为"（以"姓名＋零件图 21"命名），保存到桌面，并将保存好的零件图发送到教师机 |

## 活动三 简单箱壳零件

**学习目标**

1. 掌握拉伸-片体、曲线-直线（空间）命令的使用方法。
2. 熟练使用设计特征、细节特征命令建模。
3. 能正确分析工程图，合理选用建模命令并设置参数。

**建议学时**

4学时

**学习重难点**

重点：1. 拉伸-片体、曲线-直线（空间）命令的使用。
　　　2. 选用、设置建模参数。
难点：1. 正确分析图纸，选择合理的建模方法。
　　　2. 合理选用、设置建模参数。

**学习过程**

一、教学准备

请准备教材、任务单、计算机、软件。

二、前课回顾

1. 轴瓦建模命令有哪些？
2. 在哪个特征处出现问题？

三、新课引导

烟灰缸是盛烟灰、烟蒂的工具，产生于19世纪末。纸烟问世后，烟灰、烟蒂随地弹扔有碍卫生，烟灰缸也就随之产生。最初，有人称烟灰缸为烟碟，以陶、瓷质地多见，也有以玻璃、塑料、玉石或金属材料制作而成。其形状、大小均无固定，但都有明显的标记，那就是烟灰缸上均有几道烟支粗细的槽，是专为放置烟卷而设计的。烟灰缸除了具备实用功能之外，还是一种艺术品，具有一定艺术欣赏价值。

在航空电子通信设备制造行业，作为电子功能器件载体的盒体类零件应用十分广泛。这种采用铝合金板材经过机械加工而成的盒体类零件属于薄壁类，结构形状各异，相对其他自制零件，其加工难度大，加工周期长，直接影响全部自制零件的齐套性，进而影响到公司新产品的研制开发周期。因此，优化盒体类零件的加工工艺方案，提高加工效率、缩短加工周期成为亟待解决的问题。

四、新课内容——完成零件建模

1. 零件图22——烟灰缸

根据分析，绘制图2-8，绘图步骤见表2-5。

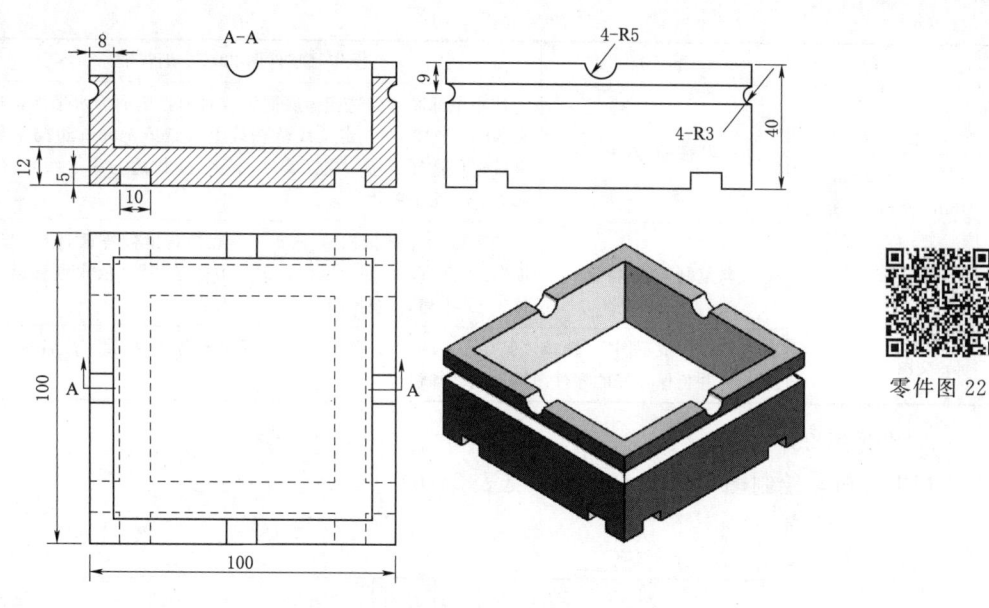

图 2-8　零件图 22——烟灰缸

表 2-5　　　　　　　　　零件图 22——烟灰缸的绘图步骤

| 步骤 | 命令 || 操作（零件图 22——烟灰缸） ||
|---|---|---|---|---|
| 1.（100mm× 100mm× 40mm）缸体 | 长方体 | 设计特征-拉伸 | 使用鼠标左键点选 XY 平面为基准面，绘制 100mm×100mm 矩形曲线作为草图，完成草图，沿 Z 轴拉伸 40mm，鼠标左键点击"确定"完成 | 方法1 |
| | | 设计特征-长方体 | 插入块，长"100"（X 轴方向）、宽"100"（Y 轴方向）、高"40"（Z 轴方向），坐标点（-50，-50，0），鼠标左键点击"确定"完成 | 方法2 |
| | 偏置/缩放-抽壳★ || 使用鼠标左键点选缸体上面，抽壳厚度为"8"，点选备选厚度，点选底面，抽壳厚度为"12"，鼠标左键点击"确定"完成 ||
| 2. 4-φ10 槽 | 设计特征-拉伸 || 使用鼠标左键点选实体前面为基准面，绘制 φ10 圆并定位作为草图，完成草图，沿 Y 轴拉伸，开始距离为"0"，结束选"下一个"，布尔运算"求差"，鼠标左键点击"确定"完成 ||
| | 关联复制-阵列特征★ || 使用鼠标左键点选 φ10 圆柱，以草图原点为中心，沿 ZC 方向旋转阵列，数量为"4"，跨距为"360"，鼠标左键点击"确定"完成 ||
| 3. 4-φ6 槽 | 设计特征-拉伸 || 使用鼠标左键点选实体前面为基准面，绘制 φ6 圆并定位作为草图，完成草图，沿 Y 轴拉伸，开始距离为"0"，结束距离为"100"，布尔运算"求差"，鼠标左键点击"确定"完成 ||
| | 关联复制-阵列特征★ || 使用鼠标左键点选 φ6 圆柱，以草图原点为中心，沿 ZC 方向旋转阵列，数量为"4"，跨距为"360"，鼠标左键点击"确定"完成 ||

续表

| 步　骤 | 命　令 | 操作（零件图22——烟灰缸） |
|---|---|---|
| 4.（100mm×10mm×5mm）矩形槽4个 | 设计特征-腔体★ | 使用鼠标左键点选实体底面为放置面，侧面为水平面，尺寸数据为100×10×5，定位线落在线上（腔体10mm边与实体边），继续定位选择"按一定距离平行"（实体边与中心线），值输入"15"，做两个腔体 |
|  | 关联复制-镜像特征 | 使用鼠标左键依次点选第一个腔体，镜像平面选择"现有平面"，点选YZ平面，鼠标左键点击"应用"；依次点选第二个腔体、XZ平面，鼠标左键点击"应用" |
| 5. 交图 | | 点击"完成草图"，选择"保存"中的"另存为"（以"姓名＋零件图22"命名），保存到桌面，并将保存好的零件图发送到教师机 |

## 2. 零件图23-闸盒

根据分析，绘制图2-9，绘图步骤见表2-6。

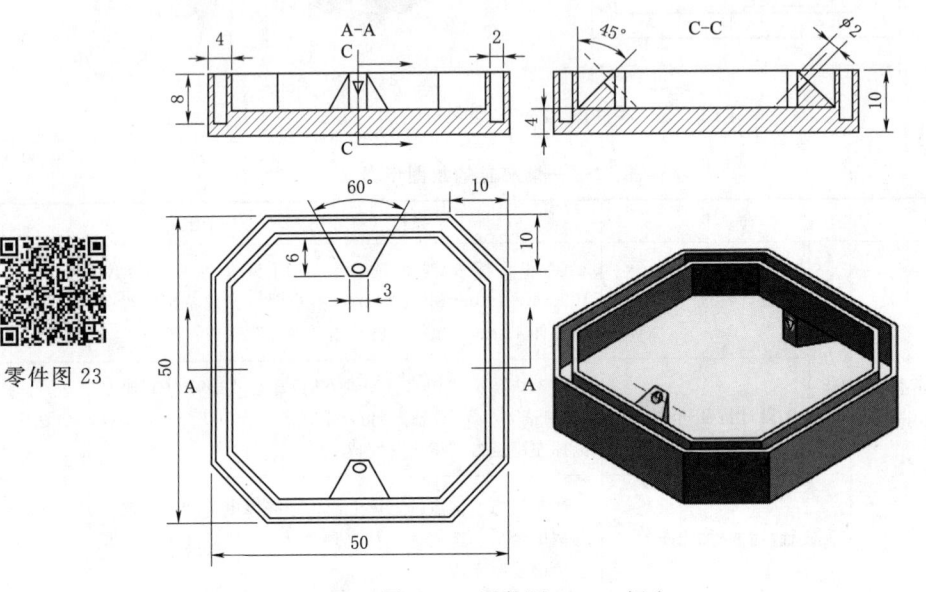

图2-9　零件图23——闸盒

表2-6　　　　　　　　　　零件图23——闸盒的绘图步骤

| 步　骤 | 命　令 | | 操作（零件图23——闸盒） | |
|---|---|---|---|---|
| 1.（50mm×50mm×10mm）盒体 | 方法1 | 设计特征-拉伸 | 使用鼠标左键点选XY平面为基准面，绘制50mm×50mm矩形曲线作为草图，完成草图，沿Z轴拉伸10mm，鼠标左键点击"确定"完成 | 长方体 |
| | 方法2 | 设计特征-长方体 | 使用鼠标左键插入点，输入（-25，-25，0），尺寸数据为50×50×10，鼠标左键点击"确定"完成 | |
| | 细节特征-倒斜角 | | 使用鼠标左键依次点选实体棱线，偏置横截面选择"对称倒斜角"，距离为"10"，鼠标左键点击"确定"完成 | |
| | 偏置/缩放-抽壳 | | 使用鼠标左键点选盒体上面，抽壳厚度为"4"，鼠标左键点击"确定"完成 | |

续表

| 步 骤 | 命 令 | 操作（零件图 23——闸盒） |
|---|---|---|
| 2.（2mm×8mm）多边形槽 | 设计特征-拉伸 | 使用鼠标左键点选盒体上平面为基准面，绘制多边形 2mm 偏置曲线作为草图，完成草图，沿－ZC 方向拉伸 8mm，且对称偏置 1mm，鼠标左键点击"确定"完成 |
| 3. 60°梯形凸起 | 基准/点-成角度面★ | 使用鼠标左键依次点选 XY 面为参考面，盒体内侧底面对应边线为通过轴，角度为"45"，鼠标左键点击"确定"完成 |
|  | 设计特征-拉伸 | 使用鼠标左键点选盒体内侧底面为基准面，绘制 60°梯形曲线作为草图，完成草图，沿 ZC 轴拉伸，开始距离为"0"，结束选"直至选定"，布尔运算选择"无"，鼠标左键点击"确定"完成 |
| 4. φ2 孔 | 设计特征-孔 | 使用鼠标左键点选 60°梯形凸起上面为基准面，绘制 φ2 圆并定位作为草图，完成草图，方向选择"面/平面法向"反向，开始距离为"0"，结束选"贯通"，布尔运算"求差"，鼠标左键点击"确定"完成 |
| 5. 对称 60°梯形凸起与孔 | 关联复制-镜像特征 | 使用鼠标左键依次点选 60°梯形凸起与孔，以 XZ 平面为参考面，鼠标左键点击"确定"完成 |
| 6. 合成整体 | 组合-合并 | 使用鼠标左键点选任意实体作为目标体，框选所有实体为工具体，鼠标左键点击"确定"完成 |
| 7. 交图 |  | 点击"完成草图"，选择"保存"中的"另存为"（以"姓名＋零件图 23"命名），保存到桌面，并将保存好的零件图发送到教师机 |

## 活动四  简单盘类零件

### 学习目标

1. 掌握拉伸-片体、曲线-直线（空间）命令的使用方法。
2. 熟练使用设计特征、细节特征命令建模。
3. 能正确分析工程图，合理选用建模命令并设置参数。

### 建议学时

4 学时

### 学习重难点

重点：1. 拉伸-片体、曲线-直线（空间）命令的使用。
　　　2. 选用、设置建模参数。
难点：1. 正确分析图纸，选择合理的建模方法。
　　　2. 合理选用、设置建模参数。

### 学习过程

一、教学准备

请准备教材、任务单、计算机、软件。

## 二、前课回顾

1. 烟灰缸造型的命令有哪些？
2. 在哪个特征处易出现问题？

## 三、新课引导

法兰盘（图2-10）简称法兰，是一个统称，通常是指在一个类似盘状的金属体的周边开上几个固定的孔用于连接其他零件。法兰在机械上应用很广泛，几何形状不尽相同，只要形似就称为法兰盘。

图2-10 法兰盘

## 四、新课内容——完成零件建模

1. 零件图24——法兰盘

根据分析，绘制图2-11，绘图步骤见表2-7。

零件图24

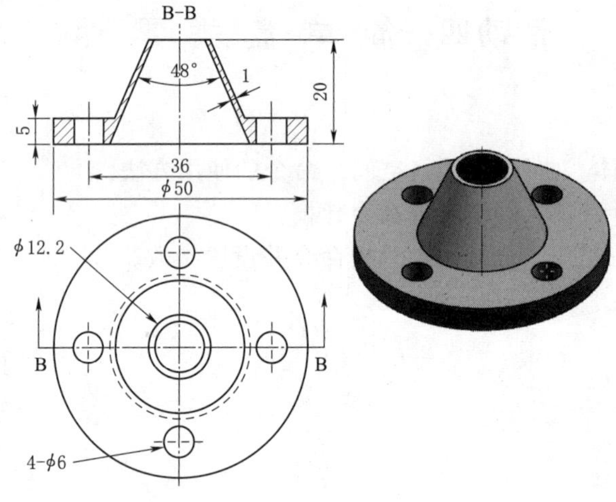

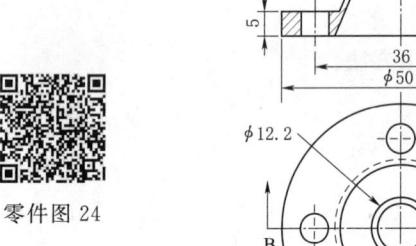

图2-11 零件图24——法兰盘

表2-7　　　　　　　　　　零件图24——法兰盘的绘图步骤

| 步　骤 | 命　令 | 操作（零件图24——法兰盘） |
|---|---|---|
| 第一种方法 |||
| 1. φ50盘体 | 设计特征-拉伸 | 使用鼠标左键点选XY平面为基准面，绘制φ50、4-φ6特征曲线草图，完成草图，沿Z轴拉伸5mm，鼠标左键点击"确定"完成 |
| 2. φ12.2椎体 | 设计特征-旋转 | 使用鼠标左键点选XZ平面为基准面，绘制主视图中锥体轮廓曲线草图，完成草图，沿Z轴旋转360°，布尔运算"求和"，鼠标左键点击"确定"完成 |

续表

| 步 骤 | 命 令 | 操作（零件图 24——法兰盘） |
|---|---|---|
| 3.锐角倒钝 0.2 | 细节特征-倒斜角 | 使用鼠标左键依次点选实体棱线，偏置横截面选择"对称倒斜角"，距离为"0.2"，鼠标左键点击"确定"完成 |
| | 第二种方法 | |
| 1.φ50 圆柱体 | 设计特征-圆柱体 | 使用鼠标点击草图原点为插入点，沿 ZC 方向插入直径为"50"、深度为"5"的圆柱体，鼠标左键点击"应用"完成 |
| 2.4-φ6 圆孔 | 设计特征-圆柱体 | 使用鼠标左键点插入点，输入（0，18，0），沿 ZC 方向插入直径为"6"、深度为"5"的圆柱体，布尔运算"求差"，鼠标左键点击"确定"完成 |
| | 关联复制-阵列特征 | 使用鼠标左键点选 φ6 圆柱，以草图原点为中心，沿 ZC 方向旋转阵列，数量为"4"，跨距为"360"，鼠标左键点击"确定"完成 |
| 3.φ12.2 锥体 | 设计特征-锥体★ | 使用鼠标左键点击草图原点为插入点，沿 ZC 方向插入顶直径为"12.2"、深度为"20"、锥角为"24"的锥体，布尔运算选择"无"，鼠标左键点击"确定"完成 |
| | 偏置/缩放-抽壳-移除面抽壳 | 使用鼠标左键依次点选锥体的上面、下面，厚度为"1"，鼠标左键点击"确定"完成 |
| 4.修剪底面 | 修剪-修剪体★ | 使用鼠标左键点选圆柱体为修建对象，点选锥体内壁为修剪面，保留外侧，鼠标左键点击"确定"完成 |
| 5.组合成整体 | 组合-合并★ | 使用鼠标左键任选一个特征为目标体，框选其他体，鼠标左键点击"确定"完成 |
| 6.锐角倒钝 0.2 | 细节特征-倒斜角 | 使用鼠标左键依次点选实体棱线，偏置横截面选择"对称倒斜角"，距离为"0.2"，鼠标左键点击"确定"完成 |
| 7.交图 | | 点击"完成草图"，选择"保存"中的"另存为"（以"姓名＋零件图 24"命名），保存到桌面，并将保存好的零件图发送到教师机 |

2. 零件图 25——盘盖

根据分析，绘制图 2-12，绘图步骤见表 2-8。

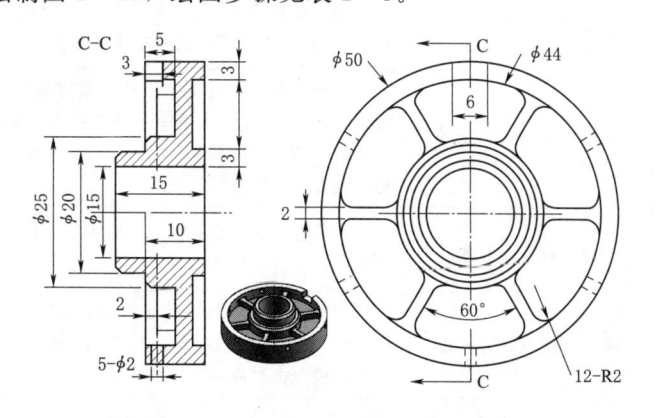

图 2-12 零件图 25——盘盖

表 2-8　　　　　　　　　　零件图 25——盘盖的绘图步骤

| 步　骤 | 命　令 | 操作（零件图 25——盘盖） | |
|---|---|---|---|
| 1. 盘盖主体轮廓 | 方法1 | 设计特征-旋转 | 使用鼠标左键点选 XZ 平面为基准面，绘制 C-C 视图中 $\phi15$、$\phi20$、$\phi25$、$\phi44$、$\phi50$ 圆的轮廓曲线作为草图，完成草图，沿 Z 轴旋转 360°，鼠标左键点击"确定"完成 | |
| | 方法2 | 设计特征-圆柱体 | 使用鼠标左键点击草图原点为插入点，沿 ZC 方向插入直径为"50"、深度为"10"的圆柱体，鼠标左键点击"确定"完成 | $\phi50$ |
| | | 偏置/缩放-抽壳 | 使用鼠标左键点盘盖上面，抽壳厚度为"3"，点选备选厚度，点选底面，抽壳厚度为"5"，鼠标左键点击"确定"完成 | |
| | | 设计特征-圆柱体 | 使用鼠标左键点击草图原点为插入点，沿 ZC 方向插入直径为"25"、深度为"10"的圆柱体，布尔运算"求和"，鼠标左键点击"应用"完成 | $\phi25$ |
| | | 设计特征-圆柱体 | 使用鼠标左键点击 $\phi25$ 圆柱体的圆心为插入点，沿 ZC 方向插入直径为"20"、深度为"5"的圆柱体，布尔运算"求和"，鼠标左键点击"应用"完成 | $\phi20$ |
| | | 设计特征-圆柱体 | 使用鼠标左键点击 $\phi20$ 圆柱体的圆心为插入点，沿 -ZC 方向插入直径为"15"、深度为"贯通"的圆柱体，布尔运算"求差"，鼠标左键点击"确定"完成 | $\phi15$ |
| 2. 底面抽壳 | 偏置/缩放-抽壳 | 使用鼠标左键点选盘盖底面，厚度为"3"，鼠标左键点击"确定"完成 | |
| 3. 6-2mm 筋板 | 设计特征-拉伸 | 使用鼠标左键点选 5mm 深槽面为基准面，绘制 2mm、60°筋板轮廓，鼠标左键点击"确定"完成 | |
| | 关联复制-阵列特征 | 使用鼠标左键点选 2mm 筋板，点选草图原点为中心，沿 ZC 轴旋转阵列，数量为"6"、跨距为"360"，鼠标左键点击"确定"完成 | |
| 4. 12-R2 圆角 | 细节特征-倒圆角 | 使用鼠标输入圆角半径"2"，左键依次点选对应棱边，鼠标左键点击"确定"完成 | |
| 5. 45°×1.5 倒角 | 细节特征-倒斜角 | 使用鼠标左键依次点选对应棱边，偏置横截面选择"对称倒斜角"，距离为"1.5"，鼠标左键点击"确定"完成 | |
| 6. 5mm×6mm×3mm 矩形槽 | 设计特征-腔体 | 使用鼠标左键点选实体上面为放置面，YZ 面为水平面，尺寸数据为 5×6×3，定位选择线落在线上（Y 轴与中心线），继续定位选择"按一定距离平行"（X 轴与实体边），值输入"25"，鼠标左键点击"确定"完成 | |
| 7. 5-$\phi2$ 孔 | 基准/点-距离面★ | 使用鼠标左键依次点选 XY 面为参考面，输入距离"8"，鼠标左键点击"确定"完成 | |
| | 设计特征-孔-简单孔 | 使用鼠标左键点选新建面为基准面，绘制孔的 5 个圆心点草图，输入直径"2"、深度"5"、锥角"0"，布尔运算"求差"，鼠标左键点击"确定"完成 | |
| 8. 交图 | | 点击"完成草图"，选择"保存"中的"另存为"（以"姓名＋零件图 25"命名），保存到桌面，并将保存好的零件图发送到教师机 | |

# 任务二 标准零件建模

## 活动一 机夹刀柄

### 学习目标

1. 掌握圆柱体、凸台、拔模、槽、美学倒圆命令的使用。
2. 熟练设置命令参数。
3. 能够正确分析建模零件图。

### 建议学时

2学时

### 学习重难点

**重点**：1. 圆柱体、拔模、槽、美学倒圆命令的使用。
2. 选用、设置建模参数。

**难点**：1. 正确分析图纸，选择合理的建模方法。
2. 合理选用、设置建模参数。

### 学习过程

**一、教学准备**

请准备教材、任务单、计算机、软件。

**二、前课回顾**

法兰盘造型的主要命令有哪些？

**三、新课引导**

铣刀刀柄（图 2-13）是用来夹持铣刀的一种机床附件，是加工中心或数控铣床上刀具夹持系统中的一部分。数控铣床使用的刀具通过刀柄与主轴相连，由刀柄夹持传递速度、扭矩。转动铣刀达到铣削工件的目的。

数控铣刀刀柄型号有三种：bt30刀柄、bt40刀柄、bt50刀柄。按用途种类分为：bt-sk高速刀柄，bt-ger高速刀柄，bt-er弹性刀柄，bt强力型刀柄，bt-sca侧铣式刀柄，bt-sla侧固式铣刀柄，bt-mtb莫式锥度刀柄，bt油路刀柄，bt-sdc后拉式刀柄，bt-sr热缩刀柄。

数控铣刀刀柄采用钛合金20CrMnTi，耐磨耐用。刀柄硬度58～60度，精度0.002～0.005mm，夹持紧，稳定性高。其特点是刚度好，硬度高，采用碳氮共渗处理，耐磨耐用；精度高，动平衡性能好，稳定性强。

项目二 UG CAD 三维建模

图 2-13 刀柄

### 四、新课内容——完成刀柄零件图建模

根据分析,绘制图 2-14,绘图步骤见表 2-9。

零件图 26

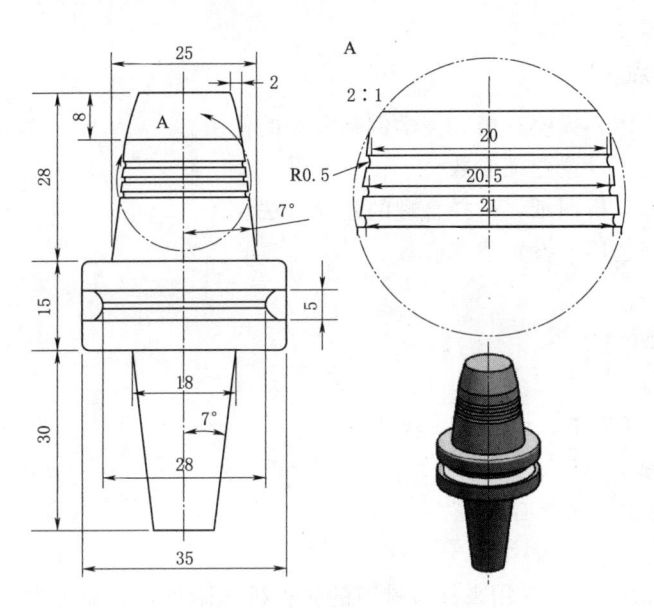

图 2-14 零件图 26——刀柄

表 2-9　　　　　　　　　　　零件图 26——刀柄的绘图步骤

| 步　骤 | 命　令 | 操作(零件图 26——刀柄) |
| --- | --- | --- |
| 1. φ18 圆柱体 | 设计特征-圆柱体 | 使用鼠标左键点选草图原点为指定点,沿 ZC 轴放置,直径为"18",高度为"30",鼠标左键点击"确定"完成 |
| 2. φ35 圆柱体 | 设计特征-凸台★ | 输入直径"35"、高度"15"、锥角"0",选择 φ18 圆柱体上面,左键点击"应用",定位选择"点落在点上"(依次选择 φ18、φ35 圆柱体圆心),鼠标左键点击"应用"完成 |

58

续表

| 步骤 | 命令 | 操作（零件图26——刀柄） |
|---|---|---|
| 3. φ25圆柱体 | 设计特征-凸台★ | 输入直径"25"、高度"28"、锥角"0"，选择φ35圆柱体上面，左键点击"应用"，定位选择"点落在点上"（依次选择φ35、φ25圆柱体圆心），鼠标左键点击"确定"完成 |
| 4. 7°拔模 | 细节特征-拔模★ | 隐藏φ35圆柱体，左键点选φ18圆柱体上面为固定面、φ18圆柱体圆面为拔模面，输入角度"7"，左键点击"确定"完成，显示φ35圆柱体 |
| 5. 28×5槽 | 设计特征-槽★ | 使用鼠标左键点选矩形，点选φ35圆柱体面为放置面，槽直径为"28"，宽度为"5"，鼠标左键点击"确定"完成 |
| 6. 2-R2圆角 | 细节特征-美学面倒圆★ | 使用鼠标左键点选槽上面为链1、槽柱面为链2，截面方向选择"滚球"，控制选择"按半径2"，横截面选择"加速"，中心半径为"5"，鼠标左键点击"确定"（两次完成） |
| 7. 7°拔模 | 细节特征-拔模★ | 隐藏φ35圆柱体，左键点选φ25圆柱体下面为固定面、φ25圆柱体圆面为拔模面，输入角度"7"，左键点击"确定"完成，显示φ35圆柱体 |
| 8. 2mm×8mm倒角 | 细节特征-倒斜角 | 使用鼠标左键点选φ25圆柱体上面棱边偏置横截面，选择"非对称倒角"，距离分别为"8""2"，鼠标左键点击"确定"完成 |
| 9. 20mm×1mm槽 | 设计特征-槽★ | 使用鼠标左键点选球形端槽，点选φ25拔模面为放置面，槽直径为"20"，宽度为"1"，点选倒斜角底边、φ20槽上边，输入距离"5"，鼠标左键点击"确定"完成 |
| 10. 20.5mm×1mm槽 | 设计特征-槽★ | 使用鼠标左键点选球形端槽，点选φ25拔模面为放置面，槽直径为"20.5"，宽度为"1"，点选φ20槽下边、φ20.5槽上边，输入距离"1.5"，鼠标左键点击"应用"完成 |
| 11. 21mm×1mm槽 | 设计特征-槽★ | 使用鼠标左键点选球形端槽，点选φ25拔模面为放置面，槽直径为"21"，宽度为"1"，点选φ20.5槽下边、φ21槽上边，输入距离"1.5"，鼠标左键点击"确定"完成 |
| 12. 交图 | | 点击"完成草图"，选择"保存"中的"另存为"（以"姓名+零件图26"命名），保存到桌面，并将保存好的零件图发送到教师机 |

## 活动二　端盖与加强筋

### 学习目标

1. 掌握圆柱体、三角加强筋、钣金、修剪体命令的使用。
2. 熟练设置命令参数。
3. 能够正确分析建模零件图。

### 建议学时

2学时

## 学习重难点

**重点**：1. 圆柱体、三角加强筋、钣金、修剪体命令的使用。
　　　　2. 选用、设置建模参数。

**难点**：1. 正确分析图纸，选择合理的建模方法。
　　　　2. 合理选用、设置建模参数。

## 学习过程

### 一、教学准备

请准备教材、任务单、计算机、软件。

### 二、前课回顾

刀柄建模命令有哪些？

### 三、新课引导

加强筋设于高大的桁材腹板、肘板上或管形构件壁上沿轴向布置的型材。主要用于增加结构的稳定性。在结构设计过程中，可能出现结构体悬出面过大或跨度过大的情况，在这样的情况下，结构件本身的连接面能承受的负荷量有限，则在两结合体的公共垂直面上增加一块加强板，俗称加强筋，以增加结合面的强度。例如，厂房钢结构的立柱与横梁接合处，或是铸钢或铸铁件的两垂直浇铸面上通常都会设有加强筋。在注塑件中，为确保塑件制品的强度和刚度，又不致使塑件的壁增厚，故在塑件的适当部位设置加强筋，这样不仅可以避免塑件的变形，在某些情况下，还可以改善塑件成型中的塑料流动情况。为了增加塑件的强度和刚性，宁可增加加强筋的数量，而不增加其壁厚。

### 四、新课内容——完成端盖与筋板零件图建模

根据分析，绘制图 2-15，绘图步骤见表 2-10。

零件图 27

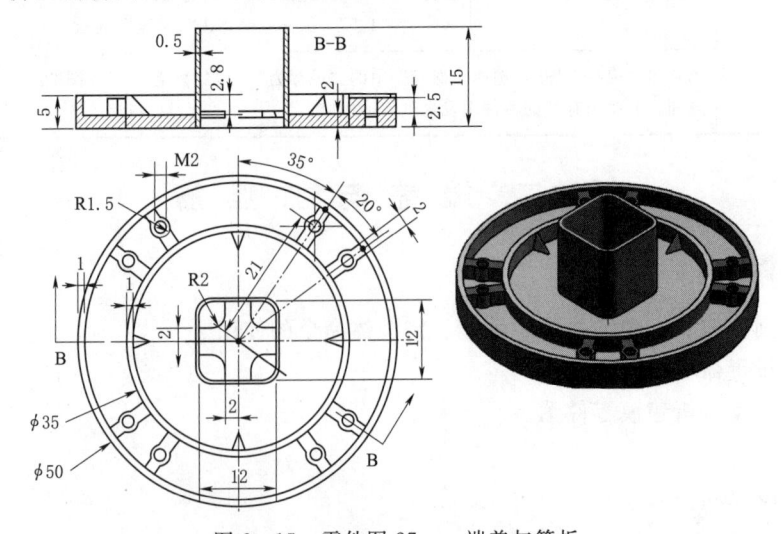

图 2-15 零件图 27——端盖与筋板

表 2-10　　　　　　　　　零件图 27——端盖与筋板的绘图步骤

| 步　骤 | 命　令 | | 操作（零件图 27——端盖与筋板） |
|---|---|---|---|
| 1. φ50、φ35 圆柱壳体 | 方法1 | 设计特征-旋转 | 使用鼠标左键点选 XZ 平面为基准面，绘制 B-B 视图中 φ50、φ35 圆的轮廓曲线草图，完成草图，沿 Z 轴旋转 360°，鼠标左键点击"确定"完成 |
| | 方法2 | 设计特征-圆柱体 | 使用鼠标左键选草图原点为指定点，沿 ZC 轴放置，直径为"50"，高度为"5"，鼠标左键点击"确定"完成 |
| | | 偏置/缩放-抽壳 | 使用鼠标左键点选圆柱上面，抽壳厚度为"1"，点选备选厚度，再点选底面，抽壳厚度为"2"，鼠标左键点击"确定"完成 φ50 |
| | | 设计特征-圆柱体 | 使用鼠标左键选草图原点为指定点，沿 ZC 轴放置，直径为"35"，高度为"5"，鼠标左键点击"确定"完成 |
| | | 偏置/缩放-抽壳 | 使用鼠标左键点选圆柱上面，抽壳厚度为"1"，点选备选厚度，再点选底面，抽壳厚度为"2"，鼠标左键点击"确定"完成 φ35 |
| 2. 12mm×12mm×15mm 矩形壳体 | | 设计特征-拉伸 | 使用鼠标左键点选 φ50 壳体内侧底面为基准面，绘制 12mm×12mm 矩形并向外偏置 0.5mm 的特征草图，沿 ZC 拉伸，距离为"15"，鼠标左键点击"应用"完成 |
| 3. 8-M2 螺纹孔 | | 设计特征-拉伸 | 使用鼠标左键点选 φ50 壳体内侧底面为基准面，绘制与 Y 轴成 35°的参考线及 φ3 圆特征曲线草图，沿 ZC 拉伸，距离为"2.5"，鼠标左键点击"确定"完成 |
| | | 设计特征-孔-螺纹孔 | 使用鼠标左键点选 φ3 圆心为孔指定点，选择 M2 螺纹，深度为"3"，其他默认，鼠标左键点击"确定"完成 |
| | | 关联复制-阵列特征 | 使用鼠标左键点选 M2 螺纹孔及外部特征，点选草图原点为中心，沿 ZC 轴旋转阵列，数量为"2"，节距角为"-20"，鼠标左键点击"确定"完成 |
| | | 关联复制-镜像特征 | 使用鼠标左键点选两个 M2 螺纹孔及外部特征，点选 YZ 面为中心线镜像应用；使用鼠标左键点选 4 个 M2 螺纹孔及外部特征，点选 XZ 面为中心线镜像应用 |
| 4. 4-R0.2 加强筋 | | 设计特征-三角加强筋★ | 使用鼠标左键点选 φ50 壳体侧壁内表面为第一组面，点选第二组面图标并点选底面，输入角度"45"、深度"2"、半径"0.2"，其他默认，鼠标左键点击"确定"完成 |
| | | 关联复制-阵列特征 | 使用鼠标左键点选 R0.2 加强筋，点选草图原点为中心，沿 ZC 轴旋转阵列，数量为"4"，跨距为"360"，方法选择"简单孔"，鼠标左键点击"确定"完成 |
| 5. 4-R2 筋板 | | 设计特征-筋板★ | 使用鼠标左键点选 φ50 壳体内侧底面为基准面，绘制 R2 筋板特征草图，沿 ZC 拉伸，距离为"1"，不合并，鼠标左键点击"确定"完成 |
| | | 关联复制-阵列特征 | 使用鼠标左键点选 R2 筋板，点选草图原点为中心，沿 ZC 轴旋转阵列，数量为"4"，跨距为"360"，方法选择"简单孔"，鼠标左键点击"确定"完成 |
| 6. φ50、φ35 圆柱壳体合并 | | 组合-合并 | 使用鼠标左键分别点选 φ35、φ50 圆柱壳体作为目标体、工具体，鼠标左键点击"确定"完成（如果第一步用方法 1，此步骤可省略）|

续表

| 步 骤 | 命 令 | 操作（零件图27——端盖与筋板） |
|---|---|---|
| 7. 矩形底面贯穿 | 修剪-修剪体★ | 使用鼠标左键点选合并后的壳体为目标体，12mm×12mm 矩形壳体外面为工具面，保留外侧，鼠标左键点击"确定"完成 |
| 8. 交图 | | 点击"完成草图"，选择"保存"中的"另存为"（以"姓名＋零件图27"命名），保存到桌面，并将保存好的零件图发送到教师机 |

## 活动三 齿 轮 轴

### 学习目标

1. 掌握圆柱体、倒斜角、齿轮命令的使用。
2. 熟练设置命令参数。
3. 能够正确分析建模零件图。

### 建议学时

2学时

### 学习重难点

重点：1. 圆柱体、倒斜角、齿轮命令的使用。
　　　2. 选用、设置建模参数。
难点：1. 正确分析图纸，选择合理的建模方法。
　　　2. 合理选用、设置建模参数。

### 学习过程

**一、教学准备**

请准备教材、任务单、计算机、软件。

**二、前课回顾**

端盖与钣金造型命令有哪些？

**三、新课引导——齿轮模数系列（表2-11）**

表2-11　　　　　　　　齿轮模数系列

| 系列 | 渐开线圆柱齿轮模数（GB 1375—1987） |||||||| 锥齿轮模数（GB 12368—1990） ||||||||
|---|---|---|---|---|---|---|---|---|---|---|---|---|---|---|---|---|
| 第一系列 | 0.1 | 0.12 | 0.15 | 0.2 | 0.25 | 0.3 | 0.4 | 0.5 | 0.4 | 0.5 | 0.6 | 0.7 | 0.8 | 0.9 | 1 | 1.125 |
| | 0.6 | 0.8 | 1 | 1.25 | 1.5 | 2 | 2.5 | 3 | 1.25 | 1.375 | 1.5 | 1.75 | 2 | 2.25 | 2.5 | 2.75 |
| | 4 | 5 | 6 | 8 | 10 | 12 | 16 | 20 | 3 | 3.25 | 3.5 | 3.75 | 4 | 4.5 | 5 | 5.5 |
| | 25 | 32 | 40 | 50 | | | | | 6 | 6.5 | 7 | 8 | 9 | 10 | 11 | 12 |

续表

| 系列 | 渐开线圆柱齿轮模数（GB 1375—1987） |  |  |  |  |  | 锥齿轮模数（GB 12368—1990） |  |  |  |  |  |  |
|---|---|---|---|---|---|---|---|---|---|---|---|---|---|
| 第二系列 | 0.35 | 0.7 | 0.9 | 1.75 | 2.25 | 2.75 | (3.25) | 14 | 16 | 18 | 20 | 22 | 25 | 28 | 30 |
|  | 3.5 | (3.75) | 4.5 | 5.5 | (6.5) | 7 | 9 | 32 | 36 | 40 | 45 | 50 |  |  |  |
|  | (11) | 14 | 18 | 22 | 28 | 30 | 36 |  |  |  |  |  |  |  |  |
|  | 45 |  |  |  |  |  |  |  |  |  |  |  |  |  |  |

齿顶高直径＝$(Z+2)$m。

### 四、新课内容——完成齿轮轴零件图建模

根据分析，绘制图2-16，绘图步骤见表2-12。

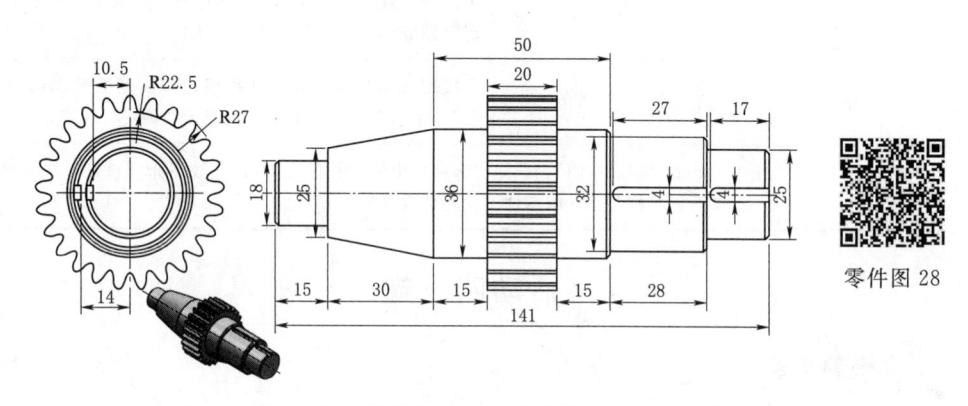

图2-16 零件图28——齿轮轴

表2-12　　　　　　　　零件图28——齿轮轴的绘图步骤

| 步　骤 | 命　令 |  | 操作（零件图28——齿轮轴） |  |
|---|---|---|---|---|
| 1. φ18、φ36、φ32、φ25 圆柱体、φ25-36 圆锥体 | 方法1 | 设计特征-旋转 | 使用鼠标左键点选XY平面为基准面，绘制视图中回转体的轮廓曲线草图，完成草图，沿X轴旋转360°，鼠标左键点击"确定"完成 |  |
|  | 方法2 | 设计特征-圆柱体 | 使用鼠标左键点选草图原点为指定点，沿XC轴放置，直径为"18"，高度为"15"，鼠标左键点击"确定"完成 | φ18 |
|  |  | 设计特征-锥体 | 使用鼠标左键点选φ18原点为指定点，沿XC轴放置，顶径为"25"，底径为"36"，高度为"30"，鼠标左键点击"确定"完成 | 锥体 |
|  |  | 设计特征-圆柱体 | 使用鼠标左键点选φ25锥体原点为指定点，沿ZC轴放置，直径为"36"，高度为"50"，鼠标左键点击"应用"完成 | φ36 |
|  |  | 设计特征-圆柱体 | 使用鼠标左键点选φ36原点为指定点，沿XC轴放置，直径为"32"，高度为"28"，鼠标左键点击"应用"完成 | φ32 |
|  |  | 设计特征-圆柱体 | 使用鼠标左键点选φ32原点为指定点，沿XC轴放置，直径为"25"，高度为"17"，鼠标左键点击"确定"完成 | φ25 |

续表

| 步　骤 | 命　令 | 操作（零件图28——齿轮轴） |
|---|---|---|
| 2. R27齿轮 | 齿轮-GC工具箱★ | 使用鼠标左键点选柱齿轮，选择创建齿轮、直齿、外啮合齿轮、滚齿，点击"确定"，名称输入"齿轮1"，模数为"2"，牙数为"25"，宽为"20"，压力角为"20"，点击"确定"，沿XC轴放置，放置点为（60，0，0），鼠标左键点击"确定"完成 |
| 3. 27mm×4mm键槽 | 设计特征-拉伸 | 使用鼠标左键点选XY面为基准面，绘制27mm×4mm键槽特征曲线草图，沿ZC轴拉伸，限制里选择开始距离为"14"，结束选择"直至下一个"，布尔运算"求差"，鼠标左键点击"应用"完成 |
| 4. 17mm×4mm键槽 | 设计特征-拉伸 | 使用鼠标左键点选XY面为基准面，绘制17mm×4mm键槽特征曲线草图，沿ZC轴拉伸，限制里选择开始距离为"10.5"，结束选择"直至下一个"，布尔运算"求差"，鼠标左键点击"确定"完成 |
| 5. 1mm倒角 | 细节特征-倒斜角 | 使用鼠标左键点选圆柱体棱边，偏置横截面选择"对称倒斜角"，距离为"1"，鼠标左键点击"确定"完成 |
| 6. 交图 | | 点击"完成草图"，选择"保存"中的"另存为"（以"姓名＋零件图28"命名），保存到桌面，并将保存好的零件图发送到教师机 |

# 活动四　螺　纹

## 学习目标

1. 掌握圆柱体、倒斜角、螺纹命令的使用。
2. 熟练设置命令参数。
3. 能够正确分析建模零件图。

## 建议学时

2学时

## 学习重难点

重点：1. 圆柱体、倒斜角、螺纹命令的使用。
　　　2. 选用、设置建模参数。
难点：1. 正确分析图纸，选择合理的建模方法。
　　　2. 合理选用、设置建模参数。

## 学习过程

### 一、教学准备

请准备教材、任务单、计算机、软件。

## 二、前课回顾
齿轮轴建模造型命令有哪些？

## 三、新课引导
1. 大径（D、d）

大径是指与外螺纹牙顶或内螺纹牙底相切的假想圆柱的直径。普通螺纹的公称直径是大径，用代号 D、d 表示。

2. 小径（$D_1$、$d_1$）

小径是指与外螺纹牙底或内螺纹牙顶相切的假想圆柱的直径。内螺纹小径用代号 $D_1$ 表示，外螺纹小径用代号 $d_1$ 表示。

3. 中径（$D_2$、$d_2$）

一个假想圆柱的直径，该圆柱的素线通过牙型上沟槽和凸起宽度相等的地方，所假想的圆柱称为中径圆柱。内螺纹的中径用代号 $D_2$ 表示，外螺纹的中径用代号 $d_2$ 表示。

4. 螺距（P）与导程（$P_h$）

螺距（P）指相邻两牙在中径线上对应两点间的轴向距离。

导程（$P_h$）指同一条螺旋线上的相邻两牙在中径线上对应两点间的轴向距离。

## 四、新课内容——完成螺纹轴零件图建模
根据分析，绘制图 2-17，绘图步骤见表 2-13。

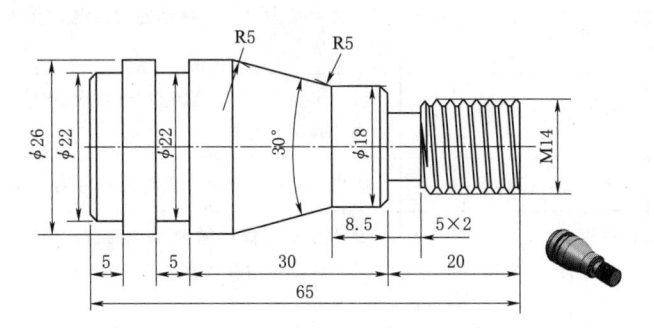

图 2-17 零件图 29——螺纹轴

零件图 29

表 2-13　　　　　　　　　　　零件图 29——螺纹轴的绘图步骤

| 步　骤 | 命　令 | | 操作（零件图 29——螺纹轴） | |
|---|---|---|---|---|
| 1. ϕ22、ϕ26、ϕ18、ϕ14 圆柱 | 方法 1 | 设计特征-旋转 | 使用鼠标左键点选 XY 平面为基准面，绘制视图中回转体的轮廓曲线草图，完成草图，沿 X 轴旋转 360°，鼠标左键点击"确定"完成 | |
| | 方法 2 | 设计特征-圆柱体 | 使用鼠标左键点选草图原点为指定点，沿 XC 轴放置，直径为"22"，高度为"5"，鼠标左键点击"应用"完成 | ϕ22 |
| | | 设计特征-圆柱体 | 使用鼠标左键点选 ϕ22 上表面圆心点为指定点，沿 XC 轴放置，直径为"26"，高度为"5"，鼠标左键点击"应用"完成 | ϕ26 |
| | | 设计特征-圆柱体 | 使用鼠标左键点选 ϕ26 上表面圆心点为指定点，沿 ZC 轴放置，直径为"22"，高度为"5"，鼠标左键点击"应用"完成 | ϕ22 |

续表

| 步　骤 | 命　令 | | 操作（零件图29——螺纹轴） | |
|---|---|---|---|---|
| 1. φ22、φ26、φ18、φ14圆柱 | 方法2 | 设计特征-圆柱体 | 使用鼠标左键点选φ22上表面圆心点为指定点，沿XC轴放置，直径为"26"，高度为"21.5"，鼠标左键点击"应用"完成 | φ26 |
| | | 设计特征-圆柱体 | 使用鼠标左键点选φ26上表面圆心点为指定点，沿XC轴放置，直径为"18"，高度为"8.5"，鼠标左键点击"应用"完成 | φ18 |
| | | 设计特征-圆柱体 | 使用鼠标左键点选φ18上表面圆心点为指定点，沿XC轴放置，直径为"14"，高度为"20"，鼠标左键点击"确定"完成 | φ14 |
| 2. 圆锥体 | 细节特征-倒斜角 | | 距离为"4"，角度为"75"，鼠标左键点选φ26右端面棱边，点击"确定"完成 | 方法1省略 |
| 3. 5mm×2mm槽 | 设计特征-矩形槽★ | | 使用鼠标左键点选矩形，点选φ14圆柱面为放置面，槽直径为"10"，宽度为"5"，点选φ18右端面棱边、φ14左端面棱边，输入距离为"0"，鼠标左键点击"确定"完成 | |
| 4. 1mm×45°斜角 | 细节特征-对称倒斜角 | | 距离为"1"，鼠标左键依次点选φ22、φ18、φ14端面棱边，点击"确定"完成 | |
| 5. R5圆角 | 细节特征-边倒圆 | | 圆角半径为"5"，鼠标左键点选圆锥左端面棱边，点击"确定"完成 | |
| | 细节特征-两面倒圆★ | | 圆角半径为"5"，鼠标左键依次点选圆锥端面、φ18圆柱面，点击"确定"完成 | |
| 6. 参考面 | 基准/点-距离面 | | 距离为"4"，鼠标左键点选M14右端面为参考面 | |
| 7. M14螺纹 | 设计特征-螺纹 | | 螺纹类型选择"详细"，鼠标左键点选φ14圆柱面，长度为"20"，选择起始参考面"螺纹反向"，选择"应用"，点击"确定"完成 | |
| 8. 交图 | | | 点击选择"保存"中的"另存为"（以"姓名＋零件图29"命名），保存到桌面，并将保存好的零件图发送到教师机 | |

# 任务三　典型零件建模

## 活动一　阀体类零件

### 学习目标

1. 掌握阀体类特征零件的建模命令。
2. 能正确分析典型零件的几何特征，能用多种方法建模。
3. 针对相似特征零件能够熟练建模。

## 建议学时

2 学时

## 学习重难点

重点：1. 阀体类特征零件建模命令与参数的使用。
　　　2. 灵活运用建模命令完成建模任务。
难点：1. 正确分析图纸，选择合理的建模方法。
　　　2. 合理设定建模参数。

## 学习过程

### 一、教学准备
请准备教材、任务单、计算机。

### 二、课前回顾
1. 设计特征-拉伸、旋转、矩形槽及阵列特征、镜像特征应用。
2. 细节特征-两面倒圆应用。

### 三、引导问题
分析图 2-18，简单归纳什么是阀体类零件。

图 2-18　阀体

"阀体"是在流体系统中用来控制流体的方向、压力、流量的装置。阀门是使配管和设备内的介质（液体、气体、粉末）流动或停止并能控制其流量的装置。阀体是阀门中的一个主要零部件。根据压力等级有不同的机械制造方法，例如铸造、锻造等。常用的材质有铸铁、铸钢、不锈钢、碳钢、塑料、铜等。

### 四、新课内容——完成阀体零件图建模
根据分析，绘制图 2-19，绘图步骤见表 2-14。

零件图 30

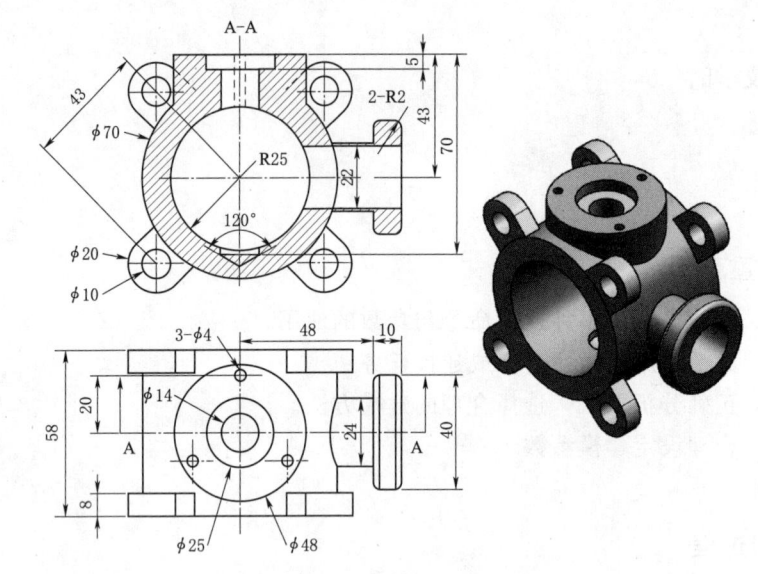

图 2-19 零件图 30——阀体

表 2-14　　　　　　　　　　　　　零件图 30——阀体的绘图步骤

| 步　　骤 | 命　　令 | 操作（零件图 30——阀体） |
| --- | --- | --- |
| 1. φ50、φ70 圆柱体 | 设计特征-拉伸 | 使用鼠标左键点击 XZ 面为参考面，绘制 φ50、φ70 圆特征曲线草图，沿 YC 对称拉伸 29mm |
| 2. φ10、φ20 "耳朵" | 设计特征-拉伸 | 使用鼠标左键点击 XZ 面为参考面，绘制 φ10、φ20 耳朵特征曲线草图，点选 YC 轴作为矢量拉伸，起始值为 "21"，拉伸结束值为 "29"，布尔运算选择 "无" |
|  | 关联复制-镜像特征 | 使用鼠标左键点选 4 个 φ10、φ20 "耳朵"，鼠标点选 XZ 面为参考面，镜像 |
| 3. φ48 圆柱 | 设计特征-圆柱体 | 使用鼠标左键点击，沿 ZC 轴插入 φ48 圆柱，插入点（0，0，43），高度为 "40"（超过实体即可），布尔运算选择 "无" |
| 4. 修剪多余圆柱 | 修剪-修剪体 | 用圆柱壳体内壁将 φ48 圆柱体多余部分修剪掉 |
| 5. 组合 | 组合-合并 | 将 8 个 "耳朵"、圆柱体及圆柱壳体合并成一体 |
| 6. φ14 沉头孔 | 设计特征-孔 | 使用鼠标左键点选 ZC 为矢量，鼠标左键点选 φ48 圆柱上面圆心为插入点，孔的形状选择 "埋头孔"，埋头直径为 "25"，深度为 "5"，孔径为 "14"，长度为 "70"，顶锥角为 "120"，布尔运算 "求差" |
| 7. 3-φ4 | 设计特征-孔 | 使用鼠标左键点击 φ48 圆柱上表面为参考面，绘制 3-φ4 孔点草图，鼠标左键点选 ZC 轴为矢量，点选 φ48 圆柱上面圆心为插入点，孔径为 "4"，深度为 "直至选定" |
|  | 关联复制-阵列特征 | 使用鼠标左键点选 φ4 孔，指定矢量选择 ZC 轴，指定点选择 φ48 圆心，间距选择 "数量和跨距"，数量为 "3"，跨距为 "360"，鼠标左键点击 "确定" |
| 8. φ24 圆柱体 | 设计特征-圆柱体 | 使用鼠标左键点击 XC 轴为矢量，点选草图原点为插入点，高度为 "48"，布尔运算 "求和" |
|  | 修剪-修剪体 | 使用鼠标左键点选圆柱壳体内壁为工具体，φ24 圆柱体多余部分为修剪体 |

续表

| 步 骤 | 命 令 | 操作（零件图 30——阀体） |
|---|---|---|
| 9. φ40 圆柱体 | 设计特征-圆柱体 | 使用鼠标左键点击 XC 轴为矢量，点选 φ24 圆柱原点为插入点，高度为"10"，布尔运算"求和" |
| 10. φ22 圆柱体 | 设计特征-圆柱体 | 使用鼠标左键点击 XC 轴为矢量，点选 φ40 圆柱原点为插入点，拉伸长度由"0"至"－50"，布尔运算"求差" |
| 11. 交图 | | 选择"保存"中的"另存为"（以"姓名＋零件图 30"命名），保存到桌面，并将保存好的零件图发送到教师机 |

## 活动二 轴套类零件

### 学习目标

1. 掌握轴套类特征零件的建模命令。
2. 能正确分析典型零件的几何特征，能用多种方法建模。
3. 针对相似特征零件能够熟练建模。

### 建议学时

2 学时

### 学习重难点

重点：1. 轴套类特征零件的建模命令与参数的使用。
　　　2. 灵活运用建模命令完成建模任务。
难点：1. 正确分析图纸，选择合理的建模方法。
　　　2. 合理设定建模参数。

### 学习过程

**一、教学准备**
请准备教材、任务单、计算机。
**二、课前回顾**
阀体的结构特征和造型命令。
**三、引导问题**
分析图 2-20，简单归纳什么是轴套类零件。
　　轴套类零件大多数由位于同一轴线上数段直径不同的回转体组成，其轴向尺寸一般比径向尺寸大。这类零件一般有轴、衬套等，如图 2-20 所示。零件上常有键槽、销孔、螺纹、退刀槽、越程槽、顶尖孔（中心孔）、油槽、倒角、圆角、锥度等结构。

(a) 转轴　　　　　　　(b) 衬套　　　　　　　(c) 铣刀刀柄

图 2-20　轴套类零件

### 四、新课内容——完成销轴零件图建模

根据分析，绘制图 2-21，绘图步骤见表 2-15。

零件图 31

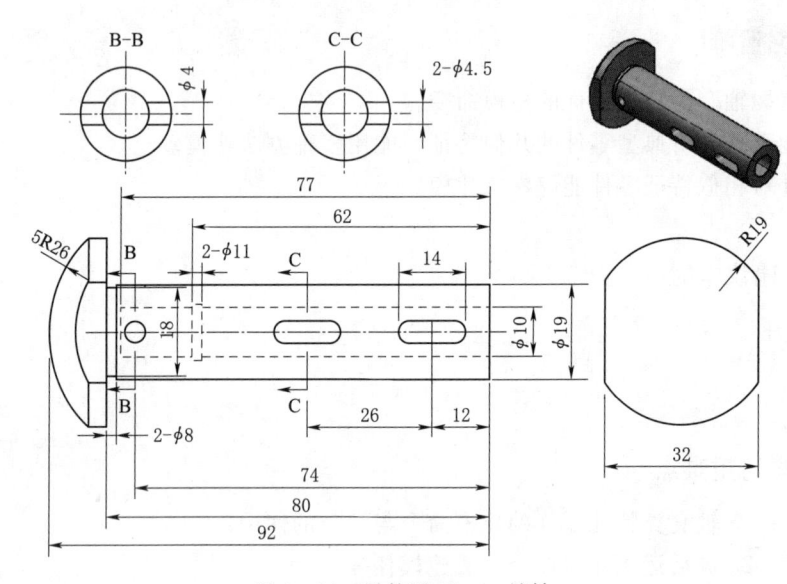

图 2-21　零件图 31——销轴

表 2-15　　　　　　　　　　零件图 31——销轴的绘图步骤

| 步　骤 | 命　令 | 操作（零件图 31——销轴） |
| --- | --- | --- |
| 1. 销轴外轮廓主体 | 设计特征-旋转 | 在 XZ 平面上，绘制轴主视图的外部轮廓特征曲线，沿 XC 轴旋转 360° |
| 2. 销轴内轮廓主体 | 设计特征-旋转 | 在 XZ 平面上，绘制轴的内部轮廓特征曲线，沿 XC 轴旋转 360°，布尔运算"求差" |
| 3. $\phi 4$ 孔 | 设计特征-拉伸 | 在 XZ 平面上，绘制 $\phi 4$ 圆，沿 YC 轴对称拉伸、贯穿，布尔运算"求差" |
| 4. 2-$\phi 4$ 键槽 | 设计特征-拉伸 | 在 XZ 平面上，绘制 2-$\phi 4$ 键槽，沿 YC 轴对称拉伸、贯穿，布尔运算"求差" |
| 5. SR26 球体 | 修剪-修剪体 | 以 XZ 平面为基准面，修剪 SR26 球体，距离为 ±16mm |
| 6. 交图 | | 选择"保存"中的"另存为"（以"姓名+零件图 31"命名），保存到桌面，并将保存好的零件图发送到教师机 |

## 活动三 轮盘类零件

**学习目标**

1. 掌握轮盘类特征零件的建模命令。
2. 能正确分析典型零件的几何特征,能用多种方法建模。
3. 针对相似特征零件能够熟练建模。

**建议学时**

2学时

**学习重难点**

重点:1. 轮盘类特征零件的建模命令与参数的使用。
　　　2. 灵活运用建模命令完成建模任务。
难点:1. 正确分析图纸,选择合理的建模方法。
　　　2. 合理设定建模参数。

**学习过程**

**一、教学准备**

请准备教材、任务单、计算机。

**二、课前回顾**

销轴的结构体征和造型命令。

**三、引导问题**

分析图2-22,简单归纳什么是轮盘类零件。

(a) 手轮　　　　　(b) 带轮齿轮　　　　　(c) 端盖

图2-22 轮盘类零件

轮盘类零件一般通过键、销和轴联接来传递扭矩。盘类零件可起到支撑、定位、密封和传递扭矩等作用,如图2-22所示。轮盘类零件通常由不同直径的同心圆柱面组成,其轴向长度相对于直径要短得多,呈盘状、短粗状,周边常均布一些支撑、槽、轮辐、凸耳、凹坑等。轮盘类零件的制造方法主要是车削、磨削加工。

### 四、新课内容——完成简易轮毂零件图建模

根据分析，绘制图 2-23，绘图步骤见表 2-16。

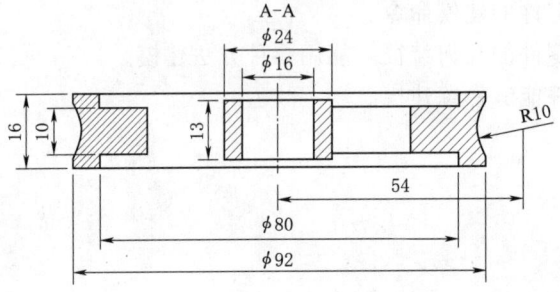

零件图 32

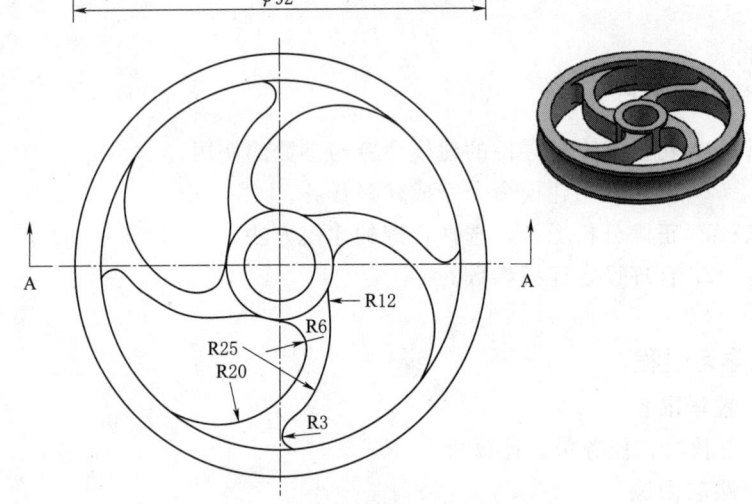

图 2-23 零件图 32——简易轮毂

**表 2-16** 零件图 32——简易轮毂的绘图步骤

| 步 骤 | 命 令 | 操作（零件图 32——简易轮毂） |
|---|---|---|
| 1. $\phi80$、$\phi90$ 圆环；$\phi24$、$\phi16$ 圆环；支撑 | 设计特征-旋转 | 在 XZ 平面上，绘制轮盘主视图上的主要轮廓特征曲线，沿 XC 轴旋转 360° |
| 2. R6、R25、R20、R12、R3 圆弧 | 设计特征-拉伸 | 在 XY 平面上，绘制轮盘俯视图上的主要轮廓特征曲线，沿 ZC 轴对称拉伸 5mm，布尔运算"求差" |
| 3. 交图 | | 选择"保存"中的"另存为"（以"姓名+零件图 32"命名），保存到桌面，并将保存好的零件图发送到教师机 |

注 草图绘制中注意约束和曲线相切。

## 活动四 盖 板 类 零 件

**学习目标**

1. 掌握盖板类特征零件的建模命令。

2. 能正确分析典型零件的几何特征，能用多种方法建模。
3. 针对相似特征零件能够熟练建模。

### 建议学时

2学时

### 学习重难点

**重点**：1. 盖板类特征零件的建模命令与参数的使用。
2. 灵活运用建模命令完成建模任务。

**难点**：1. 正确分析图纸，选择合理的建模方法。
2. 合理设定建模参数。

### 学习过程

#### 一、教学准备
请准备教材、任务单、计算机。

#### 二、课前回顾
轮毂的几何特征和造型命令。

#### 三、引导问题
分析图2-24，简单归纳什么是盖板类零件。

盖板类零件是机械加工中的常见零件，如图2-24所示。主要加工面有平面和孔，通常需经铣平面、槽、钻孔、扩孔、铰孔、镗孔及攻螺纹等多个工作步骤加工。

图2-24 盖板类零件

#### 四、新课内容——完成盖板零件图建模
根据分析，绘制图2-25，绘图步骤见表2-17。

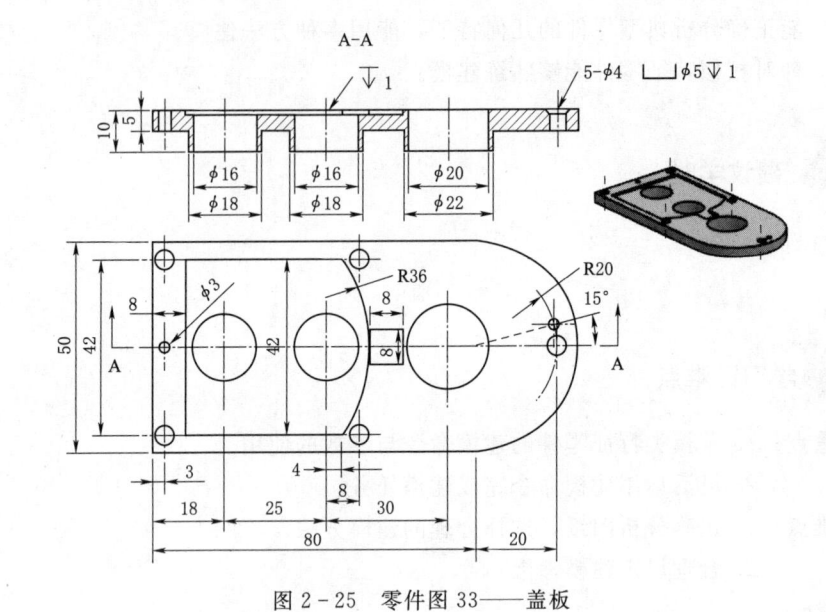

图 2-25 零件图 33——盖板

表 2-17　　　　　　　　　零件图 33——盖板绘图步骤

| 步　骤 | 命　令 | 操作（零件图 33——盖板） |
|---|---|---|
| 1. 外轮廓 | 设计特征-拉伸 | 在 XY 平面上，绘制俯视图上 50mm×80mm 的矩形及相割圆弧轮廓特征曲线，沿－ZC 轴拉伸 5mm，鼠标左键点击"应用"，生成实体 |
| 2. 2-φ18、φ22 凸台 | 设计特征-拉伸 | 在拉伸实体下平面上，绘制 2-φ18、φ22 圆特征曲线，沿－ZC 轴拉伸 5mm，布尔运算"求和"，鼠标左键点击"确定"，生成实体 |
| 3. 2-φ16、φ20 孔 | 设计特征-孔 | 分别拾取三个圆的圆心，依次插入 2-φ16、φ20 孔，深度选择"贯通体"，布尔运算"求差"，鼠标左键点击"确定"，生成实体 |
| 4. 不规则凹槽 | 设计特征-拉伸 | 在拉伸实体上平面上，绘制槽特征曲线，沿－ZC 轴拉伸 1mm，布尔运算"求差"，鼠标左键点击"确定"，生成实体 |
| 5. 注"1" | 设计特征-孔 | 在拉伸实体上平面上，绘制 5-φ4 定位点，依次注"1"，深度选择"贯通体"，布尔运算"求差"，鼠标左键点击"应用"，生成实体 |
| 6. 2-φ3 孔 | 设计特征-孔 | 在拉伸实体上平面上，绘制 2-φ3 定位点，依次插入 2-φ3 孔，深度选择"贯通体"，布尔运算"求差"，鼠标左键点击"确定"，生成实体 |
| 7. R1 边倒圆 | 细节特征-边倒圆 | 使用鼠标左键依次点选零件图上未注边倒圆，半径为"1" |
| 8. 交图 | | 选择"保存"中的"另存为"（以"姓名＋零件图 33"命名），保存到桌面，并将保存好的零件图发送到教师机 |

## 活动五　泵体类零件

### 学习目标

1. 掌握泵体类特征零件的建模命令。

2. 能正确分析典型零件的几何特征，能用多种方法建模。
3. 针对相似特征零件能够熟练建模。

### 建议学时

2学时

### 学习重难点

**重点**：1. 泵体类特征零件的建模命令与参数的使用。
   2. 灵活运用建模命令完成建模任务。
**难点**：1. 正确分析图纸，选择合理的建模方法。
   2. 合理设定建模参数。

### 学习过程

#### 一、教学准备
请准备教材、任务单、计算机。

#### 二、课前回顾
盖板的几何特征和造型命令

#### 三、引导问题
分析图2-26，简单归纳什么是泵体零件。

泵是输送流体或使流体增压的机械。泵通常可按工作原理分为容积式泵、动力式泵和其他类型泵三类。泵体是泵的重要组成部分。泵的功能不同决定了泵体的特征不同，如图2-26所示。泵体由铸铁或铸钢等材料制造，其内表面要求光滑，以减小水力损失。

（a）水泵　　　　　（b）动力式泵　　　　　（c）黄油泵

图2-26 泵体零件

#### 四、新课内容——完成泵体零件图建模
根据分析，绘制图2-27，绘图步骤见表2-18。

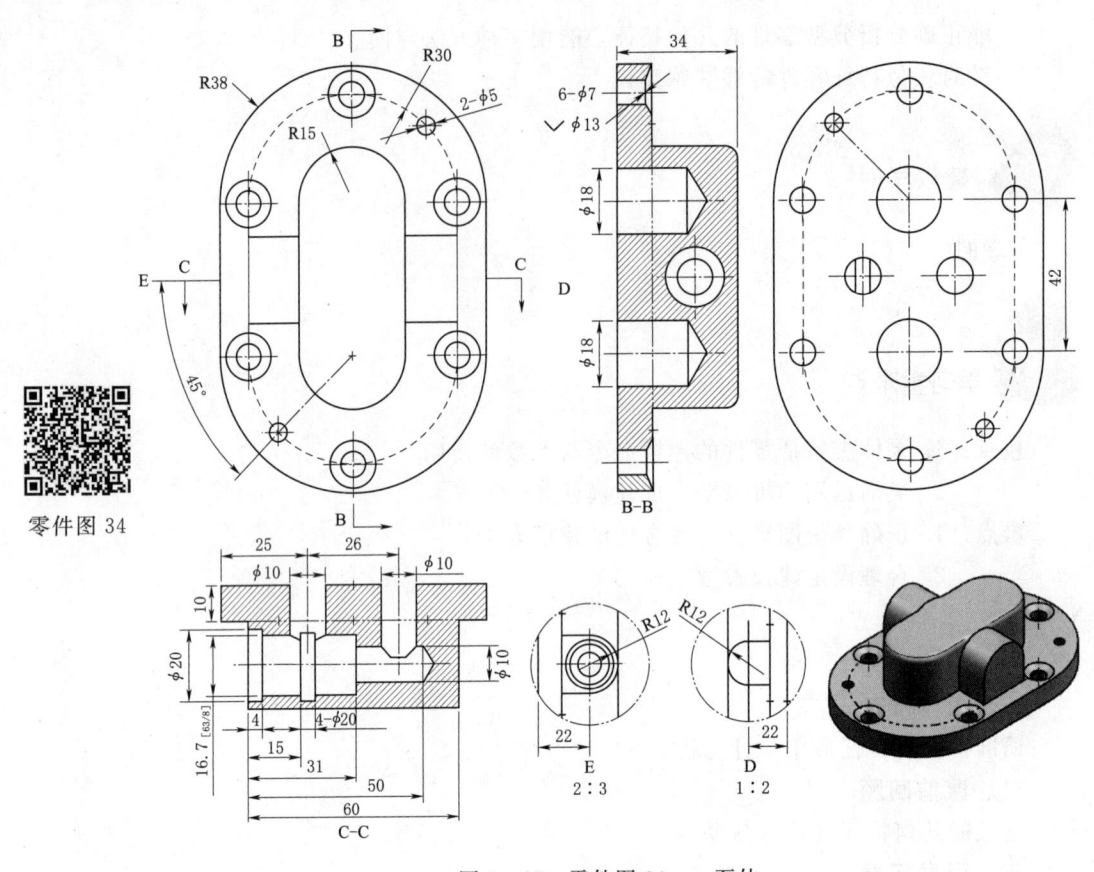

图 2-27 零件图 34——泵体

表 2-18　　　　　　　　　　零件图 34——泵体的绘图步骤

| 步　骤 | 命　令 | 操作（零件图 34——泵体） |
|---|---|---|
| 1. R38 底座 | 设计特征-拉伸 | 在 XY 平面上，绘制底座的半圆+矩形特征，沿 ZC 轴拉伸 10mm，鼠标左键点击"应用"，生成实体 |
| 2. R15 底座 | 设计特征-拉伸 | 在已有底座实体上表面，绘制半圆+矩形特征，沿 ZC 轴拉伸 24mm，布尔运算"求和"，鼠标左键点击"应用"，生成实体 |
| 3. R12 拱形特征 | 设计特征-拉伸 | 在 ZY 平面上，绘制 E/D 向圆弧特征，沿 XC 轴双向拉伸 30mm，布尔运算"求和"，鼠标左键点击"确定"，生成实体 |
| 4. 6-$\phi$7、2-$\phi$5 孔 | 设计特征-孔 | 在已有底座实体上表面，绘制孔位置草图，插入 6-$\phi$7 锪孔，角度为"118"，深度为"10"，插入 2-$\phi$5 通孔，布尔运算"求差"，鼠标左键点击"应用"，生成实体 |
| 5. 2-$\phi$18、2-$\phi$10 孔 | 设计特征-孔 | 在已有底座实体下表面，绘制孔位置草图，插入 2-$\phi$18 孔，深度为"20"，插入 2-$\phi$10 孔，深度为"12"，布尔运算"求差"，鼠标左键点击"应用"，生成实体 |
| 6. $\phi$20、$\phi$16.7、$\phi$20、$\phi$10 | NX5.0 以前的孔 | 在 E 向圆弧特征表面依次插入 $\phi$20×4mm、$\phi$16.7×11mm、$\phi$20×4mm、$\phi$16.7×12mm、$\phi$10×19mm 5 个孔，布尔运算"求差"，鼠标左键点击"确定"，生成实体 |
| 7. 交图 | | 选择"保存"中的"另存为"（以"姓名+零件图 34"命名），保存到桌面，并将保存好的零件图发送到教师机 |

## 活动六 叉架类零件

### 学习目标

1. 掌握叉架类特征零件的建模命令。
2. 能正确分析典型零件的几何特征,能用多种方法建模。
3. 针对相似特征零件能够熟练建模。

### 建议学时

2学时

### 学习重难点

**重点:** 1. 叉架类特征零件的建模命令与参数的使用。
　　　 2. 灵活运用建模命令完成建模任务。

**难点:** 1. 正确分析图纸,选择合理的建模方法。
　　　 2. 合理设定建模参数。

### 学习过程

**一、教学准备**

请准备教材、任务单、计算机。

**二、课前回顾**

泵体的几何特征和造型命令。

**三、引导问题**

分析图2-28,简单归纳什么是叉架类零件。

叉架类零件是机器上操纵机构的零件,常见的有拨叉、连杆、轴承座等。其功能是通过它们的摆动或移动,实现机构的各种不同的动作,如离合器的开合、快慢档速度的变换、气门的开关等。叉架类零件种类繁多,如图2-28所示,主要特点是结构形状复杂而不规则。一般叉架类零件的装配基准为孔,其加工精度要求较高;工作表面杆身细长,刚性较差易变形。毛坯多为铸件,经多道工序加工而成。叉架类零件平面加工方法有刨、铣、拉、磨等,刨削和铣削常用平面的粗加工和半精加工,而磨削作为精加工。

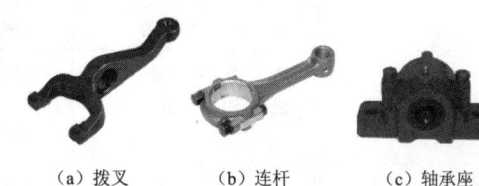

(a) 拨叉　　(b) 连杆　　(c) 轴承座

图2-28　叉架类零件

**四、新课内容——完成叉架零件图建模**

根据分析,绘制图2-29,绘图步骤见表2-19。

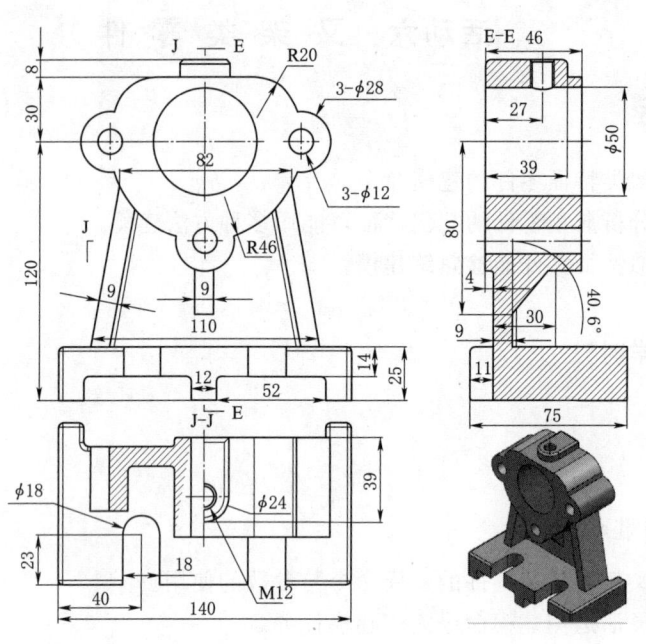

图 2-29　零件图 35——叉架

表 2-19　　　　　　　　　　零件图 35——叉架的绘图步骤

| 步　骤 | 命　令 | 操作（零件图 35——叉架） |
|---|---|---|
| 1. 腔形底座 | 设计特征-拉伸 | 鼠标左键点选 XZ 平面为基准面，绘制底座的矩形特征，沿 YC 轴拉伸，起始值为"-11"，终止值为"64"，鼠标左键点击"应用" |
| 2. R20、$\phi$50、$\phi$12、R46、$\phi$28 特征 | 设计特征-拉伸 | 鼠标左键点选 XZ 平面为基准面，绘制上部的 R46、$\phi$12、$\phi$28、$\phi$50 特征，沿 YC 轴拉伸，起始距离为"-4"，终止距离为"42"，鼠标左键点击"应用" |
| 3. 39mm×24mm×8mm 凸起 | 设计特征-拉伸 | 鼠标左键点选 YZ 面为基准面，$\phi$50 圆心为起点，长度为"38"，绘制竖直直线，绘制 39mm×8mm 的矩形，对称偏置 12mm，布尔运算"求和" |
|  | 细节特征-面倒圆 | 鼠标左键依次选取顶部突出的长方体的三个面进行面倒圆 |
| 4. 背板 | 设计特征-拉伸 | 鼠标左键点选 XZ 面为基准面，绘制叉架的梯形特征，沿 YC 轴拉伸，起始距离为"0"，终止距离为"9"，鼠标左键点击"确定" |
| 5. 组合成整体 | 组合-合并 | 鼠标左键点选任意实体为基准体，框选其他实体，鼠标左键点击"确定" |
| 6. 9mm×30mm 宽筋板 | 设计特征-拉伸 | 鼠标左键点击叉架实体，左侧棱边沿 YC 轴拉伸，两侧距离为"-9"，拉伸 30mm，鼠标左键点击"应用"，点选右侧棱边，沿 YC 轴拉伸，两侧距离为"9"，拉伸 30mm，鼠标左键点击"应用" |
| 7. 9mm 筋板 | 设计特征-拉伸 | 鼠标左键点选 YZ 平面为基准面，绘制 80mm、40.6°斜线草图，沿 XC 轴对称拉伸 4.5mm，布尔运算"求和"，起始值为"0"，终止值为"直至延伸部分" |

续表

| 步 骤 | 命 令 | 操作（零件图35——叉架） |
|---|---|---|
| 8. M12 螺纹孔 | 设计特征-螺纹孔 | 鼠标左键点击 39mm×24mm×8mm 凸起的圆弧中心，插入螺纹孔特征，孔直径"12"，其他参数默认，布尔运算"求差"，鼠标左键点击"确定" |
| 9. 46mm×18mm×25mm 键槽 | 设计特征-键槽 | 鼠标左键点选底座上表面为放置面，插入 46mm×18mm×25mm 矩形槽，定位为"线在线上" |
|  | 关联复制-镜像特征 | 鼠标左键点击 46mm×18mm×25mm 键槽，点选 ZY 平面为参考面，鼠标左键点击"确定"，完成镜像 |
| 10. 底座多余实体修剪 | 修剪-拆分体 | 鼠标左键依次点选底座、XZ基准面，点击"应用"，点选拆分开的底座、实体侧壁基准面，点击"应用"，依次将实体分为三部分 |
|  | 修剪-删除体 | 鼠标左键点选删除多余实体 |
|  | 组合-合并 | 鼠标左键点选任意实体为基准体，框选其他实体，鼠标左键点击"确定" |
| 11. 未注倒角 | 细节特征-边倒圆 | 鼠标左键依次点击需倒钝棱边，半径 R1，鼠标左键点击"确定" |
| 12. 交图 | 选择"保存"中的"另存为"（以"姓名＋零件图35"命名），保存到桌面，并将保存好的零件图发送到教师机 |

# 活动七　箱壳类零件

## 学习目标

1. 掌握箱壳类特征零件的建模命令。
2. 能正确分析典型零件的几何特征，能用多种方法建模。
3. 针对相似特征零件能够熟练建模。

## 建议学时

2 学时

## 学习重难点

重点：1. 箱壳类特征零件建模命令与参数的使用。
　　　2. 灵活运用建模命令完成建模任务。
难点：1. 正确分析图纸，选择合理的建模方法。
　　　2. 合理设定建模参数。

## 学习过程

### 一、教学准备

请准备教材、任务单、计算机。

## 二、课前回顾

叉架的几何特征和造型命令

## 三、引导问题

分析图 2-30，简单归纳什么是箱壳类零件？

减速器与变速箱壳体为典型的箱壳类零件，如图 2-30 所示。本节主要加工平面和孔系。在加工过程中要保证孔的尺寸精度和位置精度，处理好孔和平面之间的相互关系。应遵循先面后孔的原则，即先加工箱体上的基准平面，再以基准平面定位加工其他平面，然后再加工孔系。因为平面的面积大，用其定位可确保定位可靠，夹紧牢固，从而容易保证孔的加工精度。其次，切去铸件表面的凸凹不平，为提高孔的加工精度创造条件，便于对刀和调整，

图 2-30 减速器

有利于保护刀具。加工工艺还应遵循粗精加工分开的原则。

## 四、新课内容——完成减速器上盖零件图建模

根据分析，绘制图 2-31，绘图步骤见表 2-20。

零件图 36

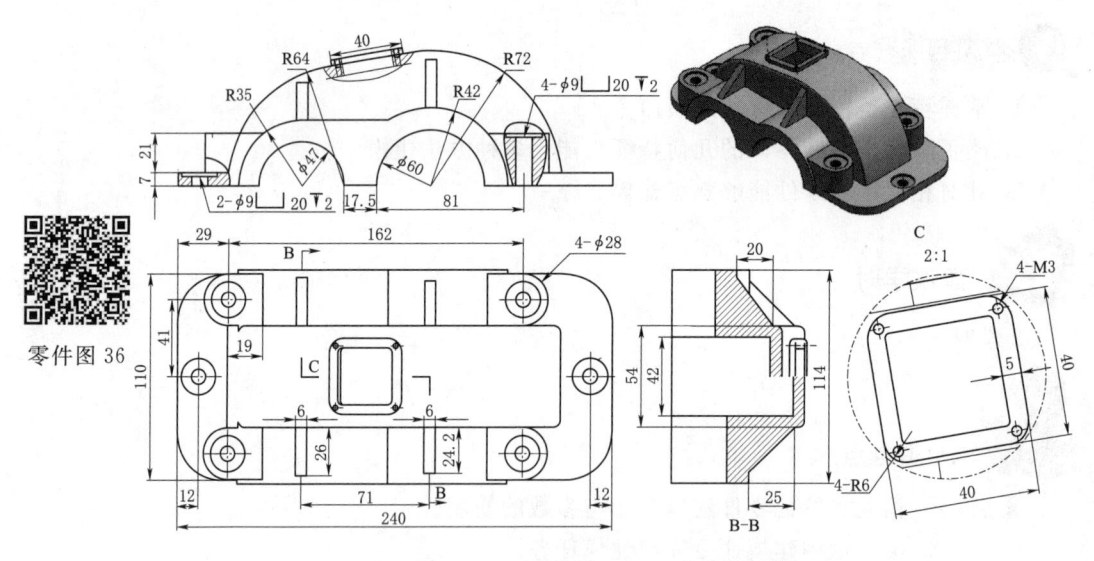

图 2-31 零件图 36——减速器上盖

表 2-20　　　　　零件图 36——减速器上盖的绘图步骤

| 步　骤 | 命　令 | 操作（零件图 36——减速器上盖） |
|---|---|---|
| 1. 240mm×110mm×7mm 长方体 | 设计特征-拉伸 | 鼠标左键点击 XY 面为参考面，绘制 240mm×110mm 矩形特征曲线草图，沿 ZC 轴拉伸 7mm |

续表

| 步　骤 | 命　令 | 操作（零件图36——减速器上盖） |
|---|---|---|
| 2. R64、R72凸起 | 设计特征-拉伸 | 鼠标左键点选XZ面为参考面，绘制R64、R72圆弧及相关直线特征草图，点选YC轴作为矢量对称拉伸27mm，布尔运算"求和" |
| 3. R35、R42凸起 | 设计特征-拉伸 | 鼠标左键点选XZ面为参考面，绘制R35、R42圆弧及相关直线特征草图，点选YC轴作为矢量对称拉伸57mm，与长方体布尔运算"求和" |
| 4. 42mm宽槽 | 设计特征-拉伸 | 鼠标左键点选XZ面为参考面，R64、R72圆弧向内侧偏置6mm，直线连接首末端，作为特征草图，点选YC轴作为矢量对称拉伸21mm，布尔运算"求差" |
| 5. $\phi$47、$\phi$60圆柱 | 设计特征-圆柱体 | 鼠标左键点击R35圆心为指定点，点击-YC轴，插入$\phi$47圆柱，高度为"120"，布尔运算"求差"；鼠标左键点选R42圆心为指定点，点击-YC轴，插入$\phi$60圆柱，高度为"120"，布尔运算"求差" |
| 6. 28mm基准面 | 基准/点-距离面 | 鼠标左键点选XY面为参考面，距离为"28"，沿ZC轴设置基准面 |
| 7. 4-$\phi$28凸起 | 设计特征-拉伸 | 鼠标左键点选28mm基准面为参考面，绘制4个$\phi$28圆弧、22mm直线特征曲线草图，沿-ZC轴拉伸，直至下一个，鼠标左键点击"确定" |
| 8. 4-$\phi$9沉头孔 | 设计特征-孔 | 鼠标左键点选-ZC轴为矢量，依次点选$\phi$28凸起圆心为插入点，沉头直径为"20"，深度为"1"，孔径为"9"，长度为"28"，顶锥角为"0"，布尔运算"求差" |
| 9. 2-$\phi$9沉头孔 | 设计特征-孔 | 鼠标左键点选-ZC轴为矢量，点选长方体上面为基准绘制孔插入点，沉头直径为"20"，深度为"1"，孔径为"9"，长度为"8"（穿透壳体即可），顶锥角为"0"，布尔运算"求差" |
| 10. -71mm基准面 | 基准/点-距离面 | 鼠标左键点选YZ面为参考面，距离为"-71"，沿-XC设置基准面 |
| 11. 小三角筋 | 设计特征-拉伸 | 鼠标左键点选-71mm基准面为参考面，绘制两个小三角筋特征曲线草图，沿XC轴对称拉伸3mm，鼠标左键点击"应用" |
| 12. 大三角筋 | 设计特征-拉伸 | 鼠标左键点选YZ基准面为参考面，绘制两个大三角筋特征曲线草图，沿XC轴对称拉伸3mm，鼠标左键点击"应用" |
| 13. 40mm×40mm×3mm长方体 | 设计特征-拉伸 | 鼠标左键点选凸起上面为参考面，绘制40mm×40mm矩形特征曲线草图，指定矢量选择"沿面/平面法向轴"，拉伸3mm，鼠标左键点击"应用" |
| 14. 30mm×30mm长方体 | 设计特征-拉伸 | 鼠标左键点选40mm×40mm长方体上面为参考面，绘制30mm×30mm矩形特征曲线草图，指定矢量选择"沿面/平面法向轴"，拉伸，深度选择"贯通"，鼠标左键点击"确定" |
| 15. 4-M3螺纹孔 | 设计特征-孔-螺纹孔 | 鼠标左键点选凸起上面为参考面，绘制4个螺纹孔指定点特征草图，孔方向选择"沿垂直于面"，深度类型选择"全长"，鼠标左键点击"确定" |
| 16. 交图 | | 选择"保存"中的"另存为"（以"姓名+零件图36"命名），保存到桌面，并将保存好的零件图发送到教师机 |

## 活动八　训练拓展与考核评价

**学习目标**

1. 综合使用建模等命令完成考核内容。
2. 不同层次的学生选取不同难度的习题完成绘制，实现分层考核。
3. 根据任务三整体完成情况与课堂表现，给出客观的综合评价。
4. 引导学生摆正学习心态，逐步形成学习习惯。

**建议学时**

4 学时

**学习重难点**

重点：1. 建模命令的使用。
　　　2. 根据实际情况，给出客观的综合评价。
难点：1. 正确分析图纸，选择合理的建模方法。
　　　2. 引导学生摆正学习心态，逐步形成学习习惯。

**学习过程**

一、教学准备
请准备教材、任务单、计算机、软件。
二、课前回顾
学生回顾前课案例，陈述 1～2 处自己出现的问题及其解决方法。
三、引导问题
1. 前课我们共同学习了几张零件图？有几个新的命令？（学生回答，教师总结）
2. 你完成了几张零件图的建模任务？（学生回答，教师总结）
四、新课内容——完成考核零件图建模
1. 零件图 37——测试题 4
根据分析，绘制图 2-32，绘图步骤见表 2-21。

表 2-21　　　　　　零件图 37——测试题 4 的绘图步骤

| 步　骤 | 命　令 | 操作（零件图 37——测试题 4） |
| --- | --- | --- |
| 1. 115mm×115mm×15mm 长方体 | 设计特征-拉伸 | 鼠标左键点选 XY 面为参考面，绘制 115mm×115mm 矩形及 R33 圆弧草图，沿着 Z 轴正方向拉伸 15mm |
| 2. $\phi 60 \times 36$mm 凸台 | 设计特征-凸台 | 以实体上表面为基准面，沿着 Z 轴正方向插入 $\phi 60 \times 36$mm 凸台，定位方式为"点落在线上"，鼠标左键分别点击 X 轴和 Y 轴，完成定位 |

续表

| 步 骤 | 命 令 | 操作（零件图 37——测试题 4） |
|---|---|---|
| 3. φ75×7mm 凸台 | 设计特征-凸台 | 以实体上表面为基准面，沿 Z 轴负方向插入 φ75×7mm 凸台，定位方式为"点落在线上"，鼠标左键分别点击 X 轴和 Y 轴，完成定位 |
| 4. φ14×9mm 沉头孔 | 设计特征-孔 | 在实体上表面绘制 4 个沉头孔草图，沉头尺寸 φ14×9mm，直径"9"，孔的深度设置为"贯通" |
| 5. φ25 和 φ30 孔 | 设计特征-NX5 版本之前的孔 | 鼠标左键选择 φ60 圆柱上表面为定位平面，插入 φ25×10mm 孔，点击"点在点上"图标作为定位方式，完成定位；依次选定前一孔底面作为定位平面，重复 φ25×10mm 孔的定位操作，完成 φ30×38mm 和 φ25×10mm 孔的造型 |
| 6. φ10、φ4 孔 | 设计特征-孔 | 在 ZY 平面上绘制 φ10、φ4 孔特征曲线草图，鼠标左键点击 X 轴负方向作为矢量，布尔运算"求差"，完成孔的造型 |
| 7. 3mm×3mm 环形槽 | 设计特征-旋转 | 在 ZY 平面上绘制 3mm 曲线草图，旋转 360°，体类型选择"实体"，偏置参数中，开始设置为"0"，结束设置为"3"（第一种方法） |
|  | 设计特征-槽 | 在 φ75 圆柱面上插入 U 形槽，直径为"69"，宽度"3"（第二种方法） |
| 8. R27.5 圆角 | 细节特征-边倒圆 | 倒圆角半径设置为"27.5"，鼠标左键分别选取矩形实体四条竖直棱边，完成 R27.5 的倒圆角 |
| 9. 未注倒角 C1 | 细节特征-倒斜角 | 倒斜角边长设置为"1"，角度设置为"45"，分别点击各棱边，完成未注倒角 |
| 10. R2 圆角 | 细节特征-边倒圆 | 倒圆角半径设置为"2"，鼠标左键选取 15mm 实体上下两条棱边、φ30 孔两棱边，完成 R2 的倒圆角 |
| 11. 交图 |  | 选择"保存"中的"另存为"（以"姓名＋零件图 37"命名），保存到桌面，并将保存好的零件图发送到教师机 |

**注** 孔截面特征要求绘制 φ110 圆与 45°直线，并转为参考，在交点处插入点，镜像或阵列为 4 个。

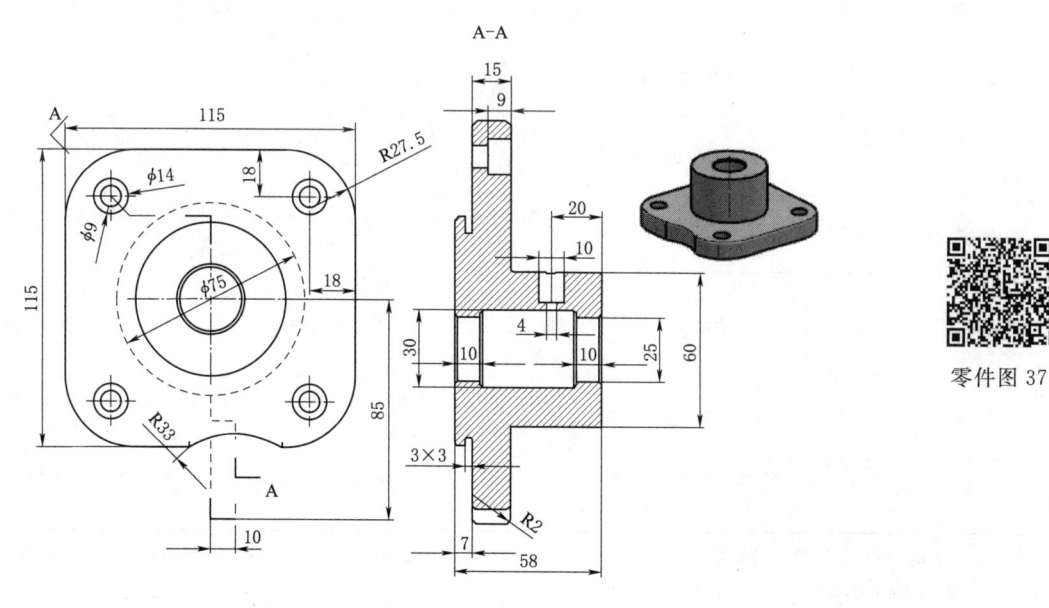

图 2-32 零件图 37——测试题 4

## 2. 零件图 38——测试题 5

根据分析，绘制图 2-33，绘图步骤见表 2-22。

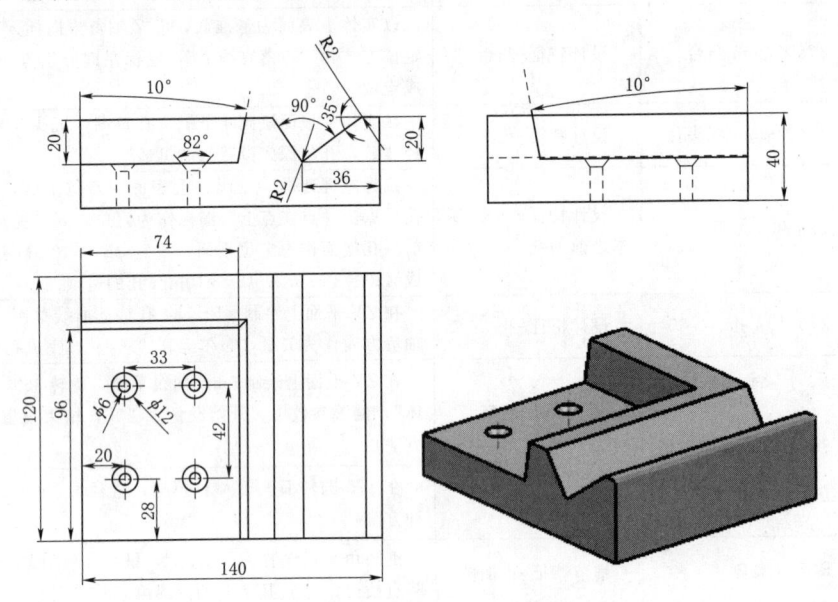

图 2-33 零件图 38——测试题 5

表 2-22　　　　　　　　　　　零件图 38——测试题 5 的绘图步骤

| 步　骤 | 命　令 | 操作（零件图 38——测试题 5） |
| --- | --- | --- |
| 1. 140mm×120mm×40mm 长方体 | 设计特征-块 | 在 XY 平面上插入 140mm×120mm×40mm 长方体，插入点（-70，-60，0） |
| 2. 35°和 90°斜面 | 设计特征-拉伸 | 以 140mm×120mm×40mm 长方体前面为基准面，绘制 35°、90°斜线，封闭拉伸 130mm，布尔运算"求差" |
| 3. 新建基准面 | 基准/点-基准平面 | 以 140mm×120mm×40mm 长方体上面为基准面，新建距离为 -20mm 的基准平面 |
| 4. 74mm×96mm 矩形槽 | 设计特征-拉伸 | 在新建基准平面上绘制 74mm×96mm 矩形，沿 ZC 轴拉伸 20mm，拔模斜度为"-10" |
| 5. 隐藏新建基准面 | | 在部件导航器中，鼠标左键点击新建基准面前面的方框，去掉"√"，隐藏新建基准平面，以便于后续建模 |
| 6. φ12 埋头孔 | 设计特征-孔 | 在 140mm×120mm×40mm 长方体凹面绘制 4 个埋头孔定位点草图，埋头直径为"12"，锥角为"82"，孔直径为"6"，孔的深度设置为"贯通" |
| 7. R2 圆角 | 细节特征-边倒圆 | 倒圆角半径设置为"2"，鼠标左键分别选取图纸中标注有"R2"的两条棱边，完成 R2 圆角 |
| 8. 交图 | | 选择"保存"中的"另存为"（以"姓名＋零件图 38"命名），保存到桌面，并将保存好的零件图发送到教师机 |

注　1. 74mm×96mm 矩形拔模斜度必须设置为"-10"，且一定是绘制在距 140mm×120mm×40mm 长方体上面 -20mm 的新建平面上，才能达到图纸效果。
　　2. 绘制 4 个埋头孔时注意线性阵列的方向与节距。

## 3. 零件图 39——测试题 6

根据分析，绘制图 2-34，绘图步骤见表 2-23。

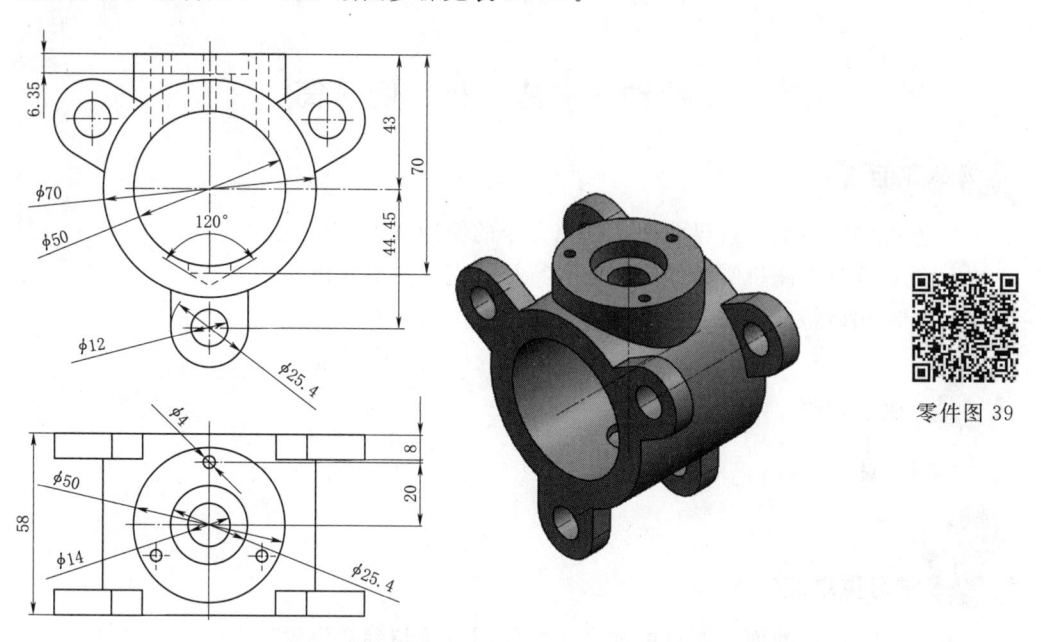

图 2-34　零件图 39——测试题 6

**表 2-23　　　　　　　　零件图 39——测试题 6 的绘图步骤**

| 步　骤 | 命　令 | 操作（零件图 39——测试题 6） |
| --- | --- | --- |
| 1. 外径 $\phi 70$、内径 $\phi 50$ 的圆柱体 | 设计特征-拉伸 | 在 XZ 平面上绘制 $\phi 50$、$\phi 70$ 圆，沿 YC 轴对称拉伸 29mm |
| 2. 外径 $\phi 25.4$、内径 $\phi 12$ 的"耳朵" | 设计特征-拉伸 | 在 XZ 平面上绘制 $\phi 12$、$\phi 25.4$ "耳朵"，沿 YC 轴拉伸，起始距离设置为 "21"，结束距离设置为 "29"，布尔运算选择 "无" |
|  | 关联复制-镜像特征 | 鼠标左键依次选取三个 $\phi 12$、$\phi 25.4$ "耳朵" 实体，以 XZ 平面为基准面进行镜像 |
| 3. 俯视图中 $\phi 50$ 圆柱体 | 设计特征-圆柱体 | 沿 ZC 轴插入 $\phi 50$ 圆柱，插入点 (0, 0, 43)，高度为 "40"（超过实体即可），布尔运算选择 "无" |
| 4. 修剪俯视图中 $\phi 50$ 圆柱体 | 修剪-修剪体 | 用圆柱壳体内壁将圆柱体多余部分修剪掉 |
| 5. 整体组合 | 组合-组合体 | 鼠标左键依次选取 6 个 "耳朵"、圆柱体及圆柱壳体，保证各独立个体合并成一体 |
| 6. $\phi 14$ 沉头孔 | 设计特征-孔 | 沿 ZC 轴插入 $\phi 14$ 沉头孔，插入点 (0, 0, 43)，沉头直径为 "25.4"，深度为 "6.35"，孔径为 "14"，长度为 "70"，顶锥角为 "120"，布尔运算 "求差" |
| 7. $\phi 4$ 简单孔 | 设计特征-孔 | 沿 ZC 轴负方向插入 $\phi 4$ 简单孔，插入点 (0, 20, 43)，孔径为 "4"，孔的深度设置为 "直至选定"，鼠标左键选取主视图中 $\phi 50$ 圆柱表面作为 $\phi 4$ 简单孔 "直至选定" 的参考面，完成 $\phi 4$ 简单孔造型 |
| 8. 交图 | | 选择 "保存" 中的 "另存为"（以 "姓名＋零件图 39" 命名），保存到桌面，并将保存好的零件图发送到教师机 |

注　1. 绘制 "耳朵" 特征曲线时使用阵列命令。
　　2. 绘制 $\phi 4$ 孔位置点时选取已有实体上表面，并使用阵列命名。

## 任务四 曲面建模

## 活动一 座机听筒

### 学习目标

1. 掌握网络曲面、边界曲面、扫掠命令的使用方法。
2. 能正确分析座机听筒零件的几何特征,完成曲面建模。
3. 针对相似特征零件能够独立建模。

### 建议学时

2 学时

### 学习重难点

**重点**:1. 网络曲面、四点曲面命令的使用方法与参数设置。
2. 灵活运用曲面命令完成建模任务。

**难点**:1. 正确分析图纸,选择合理的曲面命令。
2. 合理设定曲面参数。

### 学习过程

**一、教学准备**

请准备教材、任务单、计算机。

**二、课前回顾**

1. 阀体、箱体、叉架等类零件的几何特征。
2. 建模命令与参数的使用。

**三、新课引导**

电话的发明人是贝尔,他是 1876 年 2 月 14 日在美国专利局申请电话专利权的。其实,就在他提出申请两小时之后,一个名叫 E·格雷的人也申请了电话专利权。

古今中外,多少人曾经为了更快更好地传递信息而努力,在电信发展的一百多年时间里,人们尝试了各种通信方式:最初的电报采用了类似"数字"的表达方式传送信息;其后以模拟信号传输信息的电话出现了;随着技术的进步,数字方式以其明显的优越性再次得到重视,数字程控交换机、数字移动电话、光纤数字传输……历史的车轮还在前进。

**四、新课内容——完成零件图建模**

1. 零件图 40——座机听筒

根据分析,绘制图 2-35,绘图步骤见表 2-24。

图 2-35　零件图 40——座机听筒

表 2-24　　　　　　　　　　零件图 40——座机听筒的绘图步骤

| 步　骤 | 命　令 | 操作（零件图 40——座机听筒） |
|---|---|---|
| 1. 重置 U 形曲线 | 曲线长度 | 鼠标左键选取 U 形线 1，在设置中将"关联"前面方框中的"√"去掉，并在下拉菜单中选择"删除"选项，在"限制"中的"开始"处输入数据"-1"，鼠标左键点击"应用"，使曲线缩短 1mm，同时达到删除原曲线的效果；U 形线 2 和 U 形线 3 的缩短操作与 U 形线 1 相同 |
|  | 桥接曲线 | 使用鼠标左键依次选取缩短后的线段 1 和线段 2，并点击"应用"，桥接线段 1 和线段 2；使用鼠标左键依次选取缩短后的线段 2 和线段 3，并点击"应用"，桥接线段 2 和线段 3，最终形成一条连续的 U 形线 1 |
| 2. 生成主体曲面 | 网格曲面 | 以 V 形线 1 和 V 形线 2 作为网格曲面主曲线，用鼠标中键或左键"新添加集"确认选取 |
|  |  | 鼠标左键依次选取电话相框内的 5 条 U 形线作为网格曲面的交叉曲线，用鼠标中键或左键"新添加集"确认选取，达到生成网格曲面的效果 |
| 3. 靠近耳端的曲面 | 网格曲面 | 以圆形线 1 和圆形线 2 作为网格曲面的主曲线，用鼠标中键或左键"新添加集"确认选取 |
|  |  | 鼠标左键依次选取竖线 1、竖线 2、竖线 3 作为网格曲面的交叉曲线，用鼠标中键或左键"新添加集"确认选取，达到生成网格曲面的效果 |
|  |  | 网格曲面的两条交叉曲线与已有曲面 G1 相切 |
| 4. 生成样条曲线 | 样条曲线 | 分别在左右两侧"电话听筒与手柄连接处"选取已有三点，绘制样条曲线 |
| 5. 修剪网格曲面 | 修剪片体 | 点选保留片体，以样条曲线为修剪边界修剪（两侧做法相同） |
| 6. 靠近口端的曲面 | 网格曲面 | 鼠标左键依次选取 U 形线 2、U 形线 3、U 形线 4 作为网格曲面主曲线，用鼠标中键或左键"新添加集"确认选取（两侧） |
|  |  | 以 V 形线 2 和 V 形线 3 作为网格曲面的交叉曲线，保证曲线与已有曲面 G1 相切 |
| 7. 完善曲面 | 填充曲面 | 鼠标左键依次点选"电话话筒部分"的曲线填充曲面，与 G1 相切 |
| 8. 平面 | 有界曲面 | 平面填充 |
| 9. 生成样条曲线 | 样条曲线 | "电话上面话筒处"选取已有三点，绘制样条曲线 |
| 10. 底部曲面 | 扫掠 | 以两条样条曲线为截面、脊线为引导线，进行扫掠 |
| 11. 完善曲面 | 填充曲面 | 依次点选"电话话筒上面"与"电话听筒上面"的曲线填充曲面，与 G1 相切 |
| 12. 交图 |  | 选择"保存"中的"另存为"（以"姓名+零件图 40"命名），保存到桌面，并将保存好的零件图发送到教师机 |

## 活动二　花　　朵

### 学习目标

1. 掌握修剪面、管道等扫掠命令。
2. 能正确分析花朵类零件的几何特征曲面建模。
3. 针对相似特征零件能够独立建模。

### 建议学时

2 学时

### 学习重难点

重点：1. 花朵类特征零件的曲面建模命令与参数的使用。
　　　2. 灵活运用曲面命令完成建模任务。
难点：1. 正确分析图纸，选择合理的曲面建模方法。
　　　2. 合理设定曲面命令参数。

### 学习过程

**一、教学准备**

请准备教材、任务单、计算机。

**二、课前回顾**

1. 网格曲面的参数设置。
2. 填充曲面的参数设置。

**三、引导问题——图纸造型**

（一）造型分析

1. 在正确识图的基础上将产品分解成单个曲面或面组。
2. 确定每个曲面的类型和生成方法，如直纹面、拔模面或扫掠面等。
3. 确定各曲面之间的联接关系（如倒角、裁剪等）和联接次序。

（二）建模造型

1. 根据图纸在 UG 软件中画出必要的二维视图轮廓线。
2. 运用曲面命令完成各曲面的造型。
3. 进行倒角、裁剪等细节处理。
4. 封闭填充，完成实体造型。

造型分析是整个造型工作的核心，它决定了建模造型的操作方法。可以说，在UG软件上画第一条线之前，已经在头脑中完成了整个产品的造型。在一般情况下，曲面造型只要遵守几个基本步骤，再结合具体的造型命令，即可解决大多数产品的造型问题。

### 四、新课内容——完成零件图建模

1. 零件图41——花朵

根据分析，绘制图2-36，绘图步骤见表2-25。

图2-36 零件图41——花朵

表2-25　　　　　　　　　零件图41——花朵的绘图步骤

| 步　骤 | 命　令 | 操作（零件图41——花朵） |
| --- | --- | --- |
| 1. 补充曲线 | 基本曲线 | 在花瓣中心依次通过点1、2、3、4、5、6、7、8绘制图中所示的蓝色圆弧曲线 |
| 2. 桥接曲线 | 桥接曲线 | 分别将两条相对脊线进行桥接 |
| 3. 生成花瓣 | 扫掠 | 以样条曲线1为截面线，以花瓣的3条边线为导线，进行扫掠 |
| | 扫掠 | 以样条曲线2为截面线，以花瓣的3条边线为导线，进行扫掠 |
| | 扫掠 | 以样条曲线3为截面线，以花瓣的3条边线为导线，进行扫掠 |
| | 扫掠 | 以样条曲线4为截面线，以花瓣的3条边线为导线，进行扫掠 |
| 4. 花瓣中心曲面 | 网格曲面 | 以花瓣内的3条V形线（蓝色竖线）作为网格曲面边界，用鼠标中键或"新添加集"确认选取 |
| | | 以花瓣内的3条U形线（蓝色横线）作为网格交叉曲线，用鼠标中键或"新添加集"确认选取 |
| | | 主曲线1、3，交叉曲线1、3，分别与已有对应面G1相切 |
| 5. 交图 | | 选择"保存"中的"另存为"（以"姓名+零件图41"命名），保存到桌面，并将保存好的零件图发送到教师机 |

## 学 生 评 价 自 评 表

| 班级 | | 姓名 | | 学号 | | 日期 | | | |
|---|---|---|---|---|---|---|---|---|---|
| 评价指标 | 评 价 要 素 | | | | 权重 | 等级评定 | | | |
| 信息检索 | 是否能有效利用网络资源、工作手册查找有效信息；是否能用自己的语言有条理地去解释、表述所学知识；是否能将查找到的信息有效转换到工作中 | | | | 10% | | | | |
| 感知工作 | 是否熟悉你的工作岗位，认同工作价值；在工作中是否获得满足感 | | | | 10% | | | | |
| 参与状态 | 与教师、同学之间是否相互尊重、理解、平等；与教师、同学之间是否能够保持多向、丰富、适宜的信息交流 | | | | 10% | | | | |
| | 探究学习，自主学习不流于形式，处理好合作学习和独立思考的关系，做到有效学习；能提出有意义的问题或能发表个人见解；能按要求正确操作；能够倾听、协作分享 | | | | 10% | | | | |
| 学习方法 | 工作计划、操作技能是否符合规范要求；是否获得了进一步发展的能力 | | | | 10% | | | | |
| 工作过程 | 遵守管理规程，操作过程符合现场管理要求；平时上课的出勤情况和每天完成工作任务情况；善于多角度思考问题，能主动发现、提出有价值的问题 | | | | 15% | | | | |
| 思维状态 | 是否能发现问题、提出问题、分析问题、解决问题 | | | | 10% | | | | |
| 自评反馈 | 按时按质完成工作任务；较好地掌握了专业知识点；具有较强的信息分析能力和理解能力；具有较为全面严谨的思维能力并能条理明晰地表述成文 | | | | 25% | | | | |
| 自评等级 | | | | | | | | | |
| 有益的经验和做法 | | | | | | | | | |
| 总结反思建议 | | | | | | | | | |

等级评定：A：好；B：较好；C：一般；D：有待提高。

**学生评价互评表——学习任务完成情况评分**

| 班级 | | 姓名 | | 学号 | | 日期 | 年　月　日 | | | |
|---|---|---|---|---|---|---|---|---|---|---|
| 零件图 | | | | 评价要素 | | 分数 | 等级评定 | | | |
| | | | | | | | A | B | C | D |
| | | | | | | | | | | |
| | | | | | | | | | | |
| | | | | | | | | | | |
| | | | | | | | | | | |
| | | | | | | | | | | |
| | | | | | | | | | | |
| | | | | | | | | | | |
| | | | | | 其他（注明扣分项） | | | | | | |
| | | | | | | | | | | |
| | | | | | | | | | | |
| | | | | | | | | | | |
| | | | | | | | | | | |
| | | | | | | | | | | |
| | | | | | | | | | | |
| | | | | | 其他（注明扣分项） | | | | | | |
| 互评等级 | | | | | | | | | | |
| 简要评述 | | | | | | | | | | |

等级评定：A：好；B：较好；C：一般；D：有待提高。

## 学生评价互评表——工艺安排评分

| 班级 | | 姓名 | | 学号 | | 日期 | 年 月 日 |
|---|---|---|---|---|---|---|---|

| 评价指标 | 评价要素 | | 权重 | 等级评定 | | | |
|---|---|---|---|---|---|---|---|
| | | | | A | B | C | D |
| 工序工步 | 工序安排合理 | | 5% | | | | |
| | 工步安排合理 | | 5% | | | | |
| 刀具 | 刀具选择合理 | | 5% | | | | |
| | 刀具装夹合理 | | 5% | | | | |
| 量具 | 会正确使用量具 | | 5% | | | | |
| | 测量读数准确 | | 5% | | | | |
| 走刀次数 | 走刀次数安排合理 | 具体数值在合理范围内即可 | 5% | | | | |
| | 没有多余空走刀 | | 5% | | | | |
| 切削深度 | 会计算切削深度 | | 5% | | | | |
| | 切削深度设置合理 | | 5% | | | | |
| 进给量 | 会计算进给量 | | 5% | | | | |
| | 进给量设置合理 | | 5% | | | | |
| 主轴转速 | 会计算主轴转速 | | 5% | | | | |
| | 主轴转速设置合理 | | 5% | | | | |
| 切削速度 | 会计算切削速度 | | 10% | | | | |
| | 切削速度设置合理 | | 20% | | | | |
| | 互评等级 | | | | | | |
| 简要评述 | | | | | | | |

等级评定：A：好；B：较好；C：一般；D：有待提高。

## 学生评价互评表——学习过程评分

| 班级 | | 姓名 | | 学号 | | 日期 | | 年 月 日 | | |
|---|---|---|---|---|---|---|---|---|---|---|
| 评价指标 | 评 价 要 素 | | | | 权重 | 等级评定 | | | | |
| | | | | | | A | B | C | D | |
| 信息检索 | 他是否能有效利用网络资源、工作手册查找有效信息 | | | | 5% | | | | | |
| | 他是否能用自己的语言有条理地去解释、表述所学知识 | | | | 5% | | | | | |
| | 他是否能将查找到的信息有效转换到工作中 | | | | 5% | | | | | |
| 感知工作 | 他是否熟悉自己的工作岗位，认同工作价值 | | | | 5% | | | | | |
| | 他在工作中是否获得满足感 | | | | 5% | | | | | |
| 参与状态 | 他与教师、同学之间是否相互尊重、理解、平等 | | | | 5% | | | | | |
| | 他与教师、同学之间是否能够保持多向、丰富、适宜的信息交流 | | | | 5% | | | | | |
| | 他是否能处理好合作学习和独立思考的关系，做到有效学习 | | | | 5% | | | | | |
| | 他是否能提出有意义的问题或发表个人见解；是否能按要求正确操作；是否能够倾听、协作分享 | | | | 5% | | | | | |
| | 他是否能积极参与，在产品加工过程中不断学习，综合运用信息技术的能力提高很大 | | | | 5% | | | | | |
| 学习方法 | 他的工作计划、操作技能是否符合规范要求 | | | | 5% | | | | | |
| | 他是否获得了进一步发展的能力 | | | | 5% | | | | | |
| 工作过程 | 他是否遵守管理规程，操作过程是否符合现场管理要求 | | | | 5% | | | | | |
| | 他平时上课的出勤情况和每天完成工作任务情况 | | | | 5% | | | | | |
| | 他是否善于多角度思考问题，主动发现、提出有价值的问题 | | | | 5% | | | | | |
| 思维状态 | 他是否能发现问题、提出问题、分析问题、解决问题 | | | | 5% | | | | | |
| 自评反馈 | 他是否能严肃认真地对待自评，并能独立完成自测试题 | | | | 20% | | | | | |
| 互评等级 | | | | | | | | | | |
| 简要评述 | | | | | | | | | | |

等级评定：A：好；B：较好；C：一般；D：有待提高。

## 活动过程教师评价量化表

| 班级 | | | 姓名 | | 权重 | 评价 | | |
|---|---|---|---|---|---|---|---|---|
| | | | | | | 1 | 2 | 3 |
| 知识策略 | 知识吸收 | 能设法记住要学习的东西 | | | 3% | | | |
| | | 使用多样化手段,通过网络、查阅文献等方式收集到很多有效信息 | | | 3% | | | |
| | 知识构建 | 自觉寻求不同工作任务之间的内在联系 | | | 3% | | | |
| | 知识应用 | 将学习到的知识应用于解决实际问题 | | | 3% | | | |
| 工作策略 | 兴趣取向 | 对课程本身感兴趣,熟悉自己的工作岗位,认同工作价值 | | | 3% | | | |
| | 成就取向 | 学习的目的是获得高水平的技能 | | | 3% | | | |
| | 批判性思考 | 谈到或听到一个推论或结论时,他会考虑到其他可能的答案 | | | 3% | | | |
| 管理策略 | 自我管理 | 若他不能很好地理解学习内容,会设法找到该任务相关的其他资讯 | | | 3% | | | |
| | 过程管理 | 能正确回答材料中和教师提出的问题 | | | 3% | | | |
| | | 能根据提供的材料、工作页和教师指导进行有效学习 | | | 3% | | | |
| | | 针对工作任务,能反复查找资料、反复研讨,编制有效的工作计划 | | | 3% | | | |
| | | 工作过程留有研讨记录 | | | 3% | | | |
| | | 团队合作中主动承担任务 | | | 3% | | | |
| | 时间管理 | 有效组织学习时间和按时按质完成工作任务 | | | 3% | | | |
| | 结果管理 | 在学习过程中有满足、成功与喜悦等体验,对后续学习更有信心 | | | 3% | | | |
| | | 根据研讨内容,对讨论知识、步骤、方法进行合理的修改和应用 | | | 3% | | | |
| | | 课后能积极有效地进行学习和自我反思,总结学习的长短处 | | | 3% | | | |
| | | 规范撰写工作小结,能进行经验交流与工作反馈 | | | 3% | | | |
| 过程状态 | 交往状态 | 与教师、同学之间交流语言得体、彬彬有礼 | | | 3% | | | |
| | | 与教师、同学之间保持多向、丰富、适宜的信息交流和合作 | | | 3% | | | |
| | 思维状态 | 学生能用自己的语言有条理地去解释、表述所学知识 | | | 3% | | | |
| | | 学生善于多角度思考问题,能主动提出有价值的问题 | | | 3% | | | |
| | 情绪状态 | 能自我调控好学习情绪,随着教学进程而产生不同的情绪变化 | | | 3% | | | |
| | 生成状态 | 学生能总结当堂学习所得,或提出深层次的问题 | | | 3% | | | |
| | 组内合作过程 | 分工及任务目标明确,并能积极组织或参与小组工作 | | | 3% | | | |
| | | 积极参与小组讨论并能充分地表达自己的思想或意见 | | | 3% | | | |
| | 组际总结过程 | 能采取多种形式展示本小组的工作成果,并进行交流反馈 | | | 3% | | | |
| | | 对其他组学生所提出的疑问能做出积极有效的解释 | | | 3% | | | |
| | | 认真听取同学发言,能大胆地质疑或提出不同意见或更深层次的问题 | | | 3% | | | |
| | 工作总结 | 规范撰写工作总结 | | | 3% | | | |
| 自评 | 综合评价 | 严肃按照《活动过程评价自评表》认真地对待自评 | | | 5% | | | |
| 互评 | 综合评价 | 严肃按照《活动过程评价互评表》认真地对待互评 | | | 5% | | | |
| 总评等级 | | | | | | | | |
| 建议 | | | | | | 评定人:(签名) | | |

**注** 除"自评、互评"权重为5%外,其他均为3%。

# 项目三

# UG 编程前的准备工作

## 任务一 加 工 界 面

### 一、进入加工界面

单击 应用模块 → 加工 进入加工界面,当新建一个文件或打开一个已存文件或导入一个文件,且这个文件是首次进入加工界面时,系统就会弹出"加工环境"对话框,如图3-1所示。

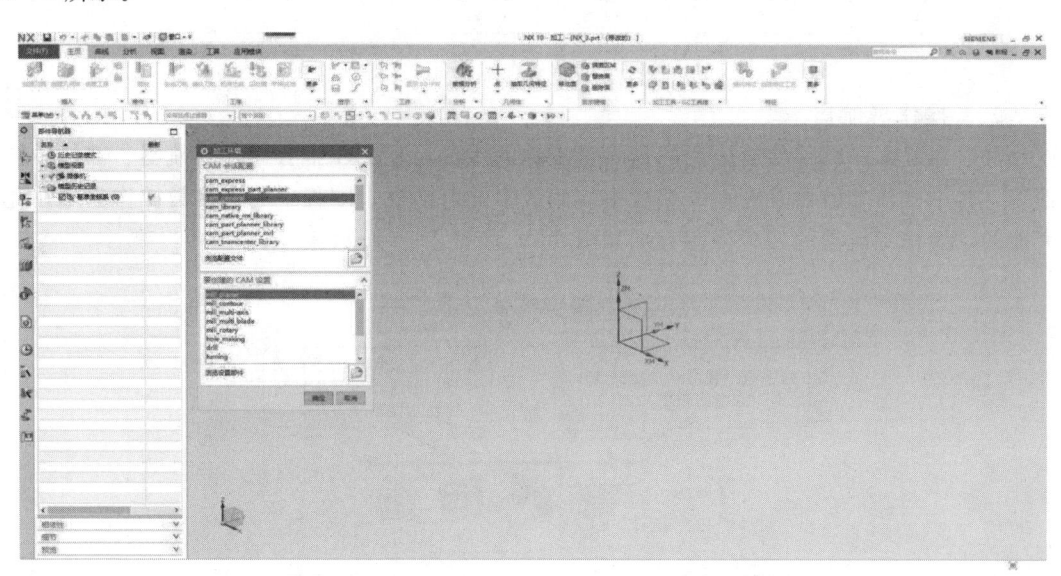

图 3-1

cam_general 加工环境是一个基本的加工环境,包括所有的铣加工功能、车加工功能以及线切割电火花功能。对于一般的编程人员,cam_general 加工环境基本上就可以满足要求。所以在进行加工环境选择时,只要选择 cam_general 加工环境就可以了。

选择 cam_general 加工环境后,相应的 CAM Setup 列表显示的就是这个加工环境中的所有操作模板类型,此时必须在此指定一种操作模板类型。不过在进入加工环境后,在

"操作"对话框中可以随时改选此环境中的其他模板类型。

直接点击 确定 按钮,进入如图 3-2 所示的加工界面。

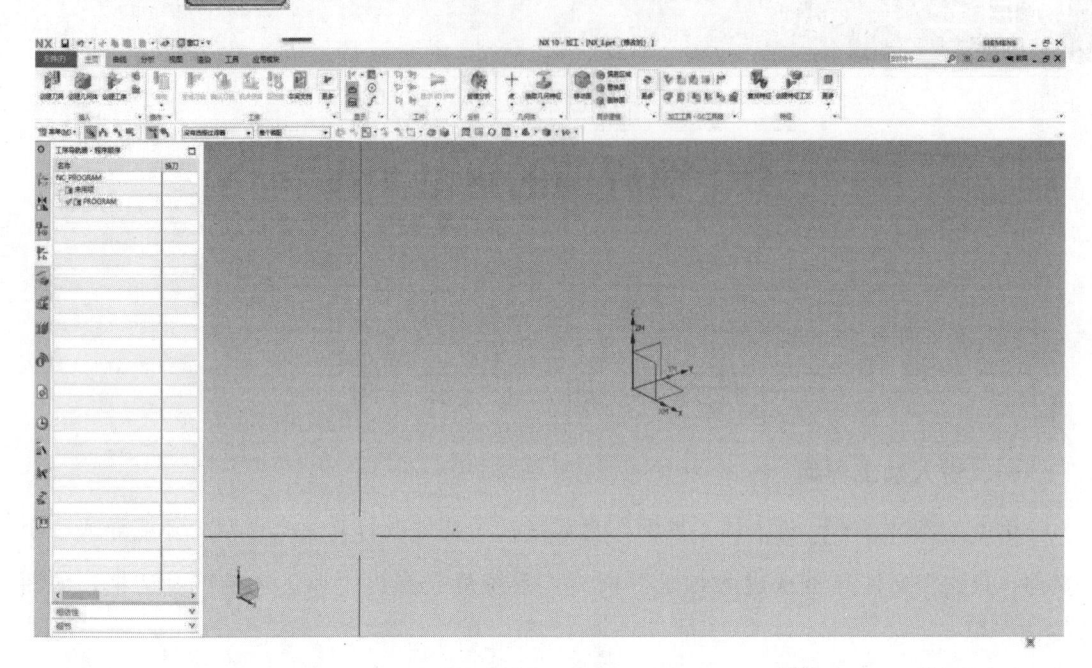

图 3-2

## 二、操作导航器

导航器是 UG 软件快捷应用的最具代表性的工具,在 UG 中有操作导航器、部件导航器等,其中操作导航器是在 UG 编程中应用最多的对话框,编程中的大多数操作都是在此完成的。操作导航器的四个视图分别如图 3-3 和图 3-4 所示。

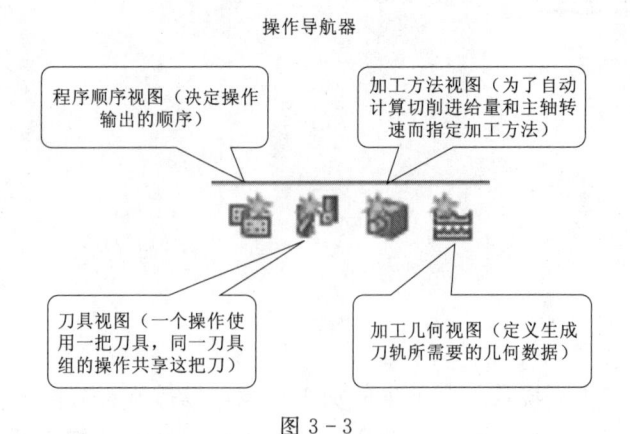

操作导航器

程序顺序视图(决定操作输出的顺序)

加工方法视图(为了自动计算切削进给量和主轴转速而指定加工方法)

刀具视图(一个操作使用一把刀具,同一刀具组的操作共享这把刀)

加工几何视图(定义生成刀轨所需要的几何数据)

图 3-3

## 三、UG 操作过程

### 1. 操作过程准备

UG 编程要加工一个工件,就必须做到以下内容:

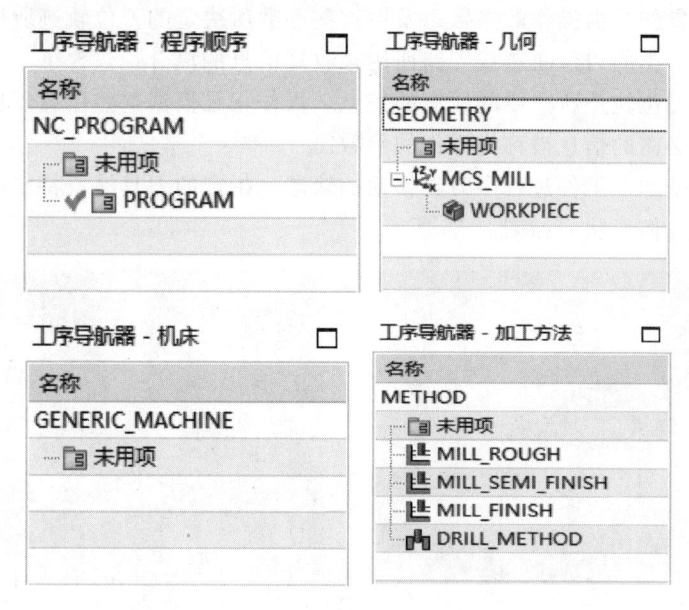

图 3-4

（1）指定一个要加工的工件，或者工件的某些部分区域。
（2）指定刀具来加工。
（3）指定加工的方法，选择粗加工、半精加工或者是精加工。
（4）操作程序的排列顺序。

2. UG 铣加工的原理

UG 铣加工的原理过程如图 3-5 所示。

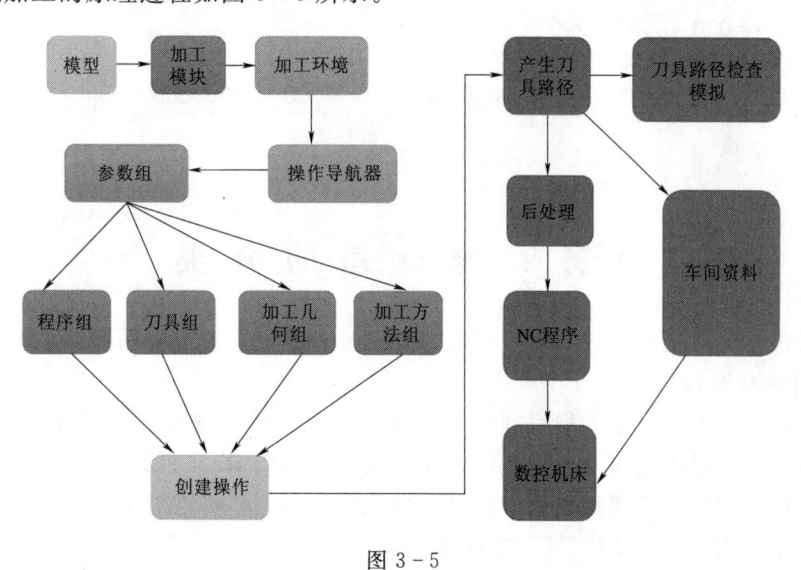

图 3-5

3. 操作

操作的主要类型有固定轴类和变轴类两种，其中固定轴类包括平面铣、型腔铣、轮廓铣、点位加工。操作是由操作的参数以及由这些参数所决定的刀位轨迹所构成的。操作就是UG为创建某一类的刀位轨迹或刀路而用来收集信息的集合,包含了一个单一的刀位轨迹以及生产这个刀位轨迹所需要的所有的信息。操作正是根据这些信息创建出刀位轨迹或刀路的,而这些必需的信息被称为操作的参数。

刀位轨迹就是加工工件过程中刀具移动的轨迹,指定的刀具沿着特定的轨迹移动就能够加工出特定的几何形状,如图3-6所示。

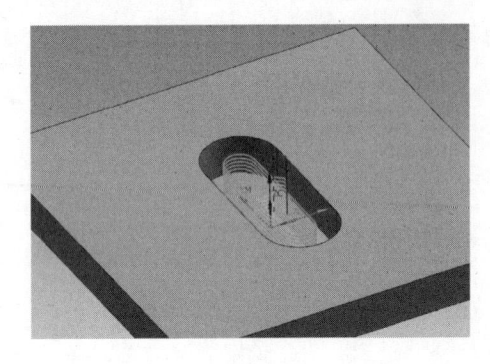

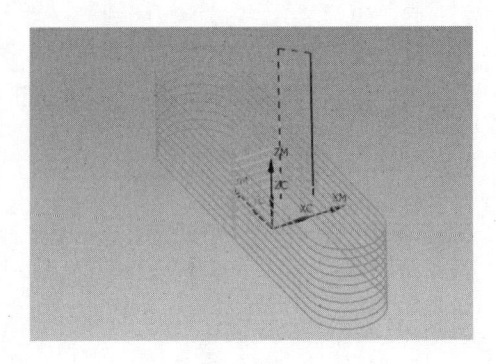

图3-6　　　　　　　　　图3-7

刀位轨迹在图形中显示为一系列轨迹线,如图3-7所示,刀位轨迹在NC文件中表现为一系列点的坐标值,如图3-8所示。整个编程工作的主要目的就是创建合理的刀位轨迹或刀路。

```
GOTO/3.323,-2.227,20.000
GOTO/3.323,-2.227,13.000
CIRCLE/-0.000,-0.000,9.000,-0.0000000,-0.0000000,-1.0000000,4.000,0.160,0.00
GOTO/-4.000,-0.000,9.000
GOTO/-4.000,-15.000,9.000
CIRCLE/-0.000,-15.000,9.000,0.0000000,0.0000000,-1.0000000,4.000,0.160,0.00
```

图3-8

## 任务二　坐标系的分类

坐标系包括绝对坐标系、工作坐标系、加工坐标系、参考坐标系和已存坐标系。

1. 绝对坐标系

绝对坐标系在电脑屏幕的模型空间中(无限大),是固定的、不可见的,往往用于大装配零件的参考,以确定每个零件之间的相对关系,如图3-9所示。

绝对坐标系的概念是模型空间中的概念性位置和方向。将绝对坐标系原点视为X=0,Y=0,Z=0。它是不可见的,且不能移动。

2. 工作坐标系(标示为WCS)

工作坐标系是在建模、加工中都应用较多的坐标系。工作坐标系在模型空间中是可见的,如图3-10所示,其中XC、YC、ZC是工作坐标系,XM、YM、ZM是加工坐标系。

图 3-9

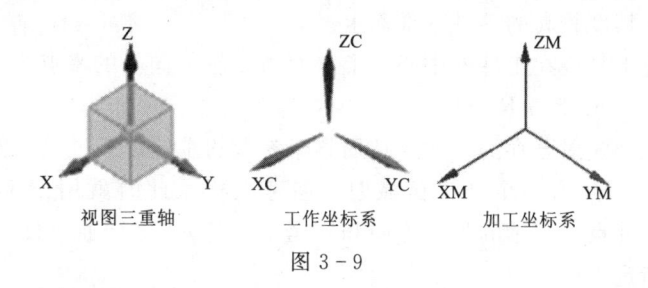

工作坐标系是可以被移动和旋转的。

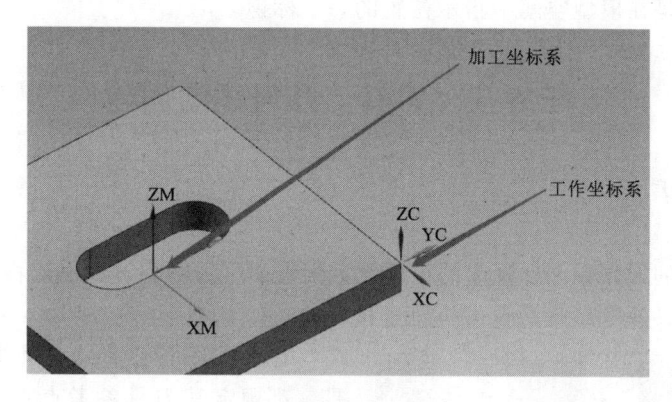

图 3-10

在工作坐标系上使用鼠标左键双击,转换为动态的坐标系,如图 3-11 所示;此时左键点住原点处可以移动位置,如图 3-12 所示;点击旋转点可以旋转任意角度,如图 3-13 所示。

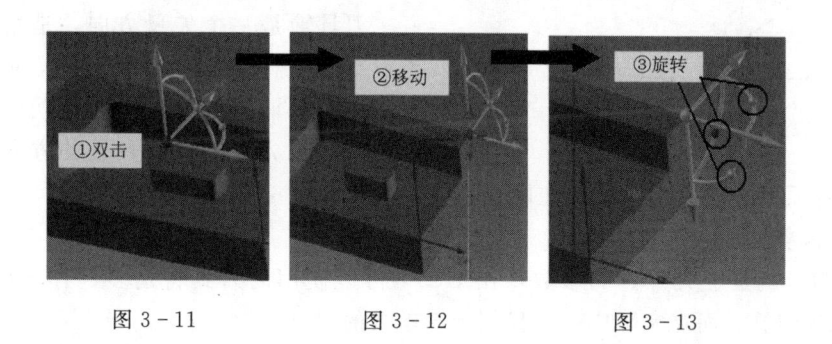

图 3-11　　　　图 3-12　　　　图 3-13

3. 加工坐标系（MCS）

UG 编程在加工环境中,要对一个工件进行加工程序的编制,需要定义加工的基准,而这个基准就是加工坐标系。在刀位轨迹中,所有坐标点的坐标值都与加工坐标系直接关联。

在 UG 编程软件中,零件上的任意一点都可以定义加工坐标系,但在实际中,为了加工的方便与精确,加工坐标系的定义一般需要遵循以下原则:

(1) 建立在易于操机者装夹找正和检验的位置。

（2）尽量选在精度较高的零件基准面上。

（3）一般情况下是设在工件的中心，上表面为 Z 轴方向上的零点。

4．参考坐标系（标示为 RCS）

它是通过抽取和映射已存的参数，从而省略参数的重新定义过程。例如：当加工区域从零件的一部分转移到另一个加工区域时，参考坐标系此时就用于定位非模型几何参数（如起刀点、返回点、刀轴的矢量方向和安全平面等），这样通过使用参考坐标系从而减少参数的重新指定工作。

5．已存坐标系

已存坐标系是在模型空间中指示位置的一个标识。

# 任务三　刀具、几何体的创建

## 一、创建刀具

1．刀具参考点

数控铣床上的刀具在 NC 程序的控制下，沿着 NC 程序的刀位轨迹移动，从而实现对零件的切削，刀具参考点是沿着刀位轨迹移动的。

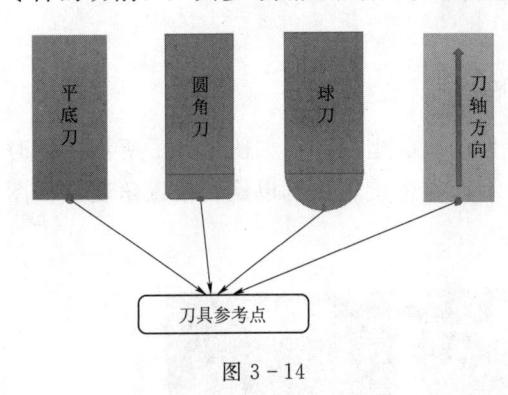

在 UG 编程软件中，不管什么样式的刀具，都规定其刀具参考点在刀具底部的中心位置处。使用 UG CAM 生成的刀位轨迹就是刀具上这一点的运动轨迹。刀具参考点如图 3-14 所示。

2．刀具轴

刀具轴是一个矢量方向，是指从刀具参考点指向刀柄的方向。UG 编程在固定轴铣加工中，刀具轴的方向一般就是默认的加工坐标系的 Z 轴方向。但刀具轴的方向并非必须是加工坐标系的 Z 轴方向，它仅在固定轴中是这样，在变轴铣中并不是这样。

图 3-14

3．刀具参数

定义刀具就是定义刀具的参数，在 UG 中可以使用的刀具特别多，有 5 参数、7 参数、10 参数刀具。而在实际中一般只用到 5 参数的刀具。

4．创建刀具

单击　图标进入"创建刀具"对话框，如图 3-15 所示，单击刀具子类型中第一个图标，在名称中输入"d10r0"，如图 3-16 所示，单击"确定"之后进入 5 参数铣刀参数设置对话框，如图 3-17 所示，修改相应参数如图 3-18 所示。在操作导航器中，机床页面会出现所创建的刀具，如图 3-19 所示。

## 二、创建几何体

加工几何体的创建较为复杂，它包括加工坐标系、安全平面、零件几何体、毛坯几何

刀具、几何体的创建 **任务三**

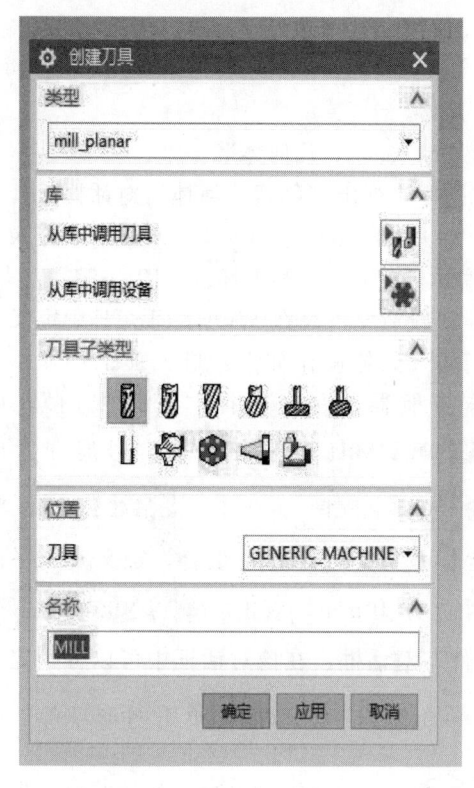

图 3-15

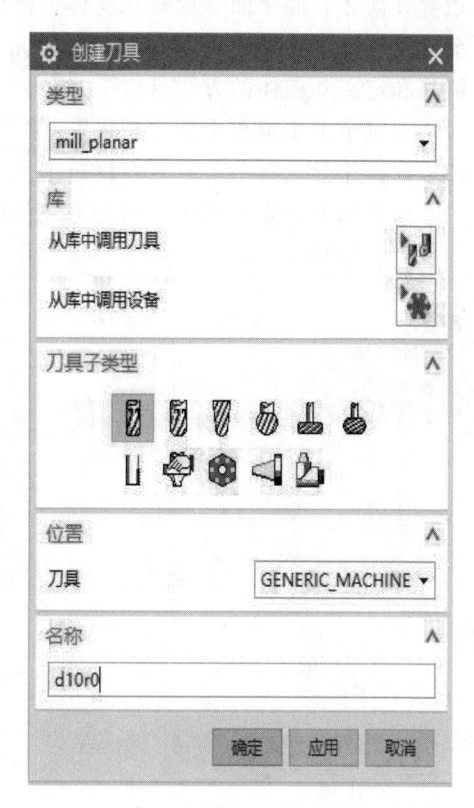

图 3-16

图 3-17

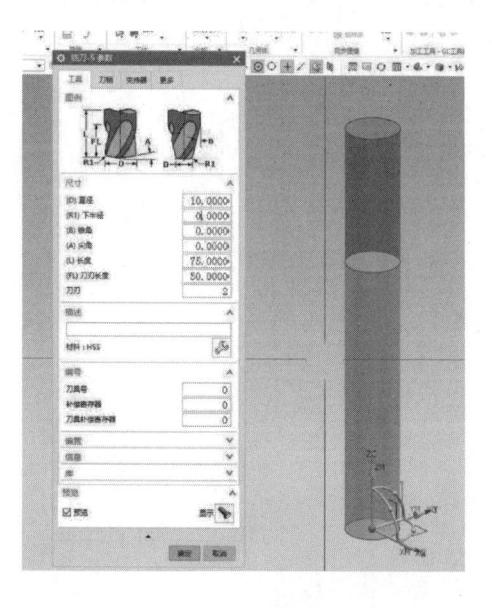

图 3-18

101

体、边界几何体、底平面、检查几何体、修剪几何体等。而且根据不同的操作类型（平面铣、型腔铣、固定轴曲面铣等），需要定义的几何体也不相同。

创建和定义几何体的方法有以下几种：

（1）左键单击主菜单中的"插入"-"几何体"。

（2）在操作导航器中节点上右键单击弹出"插入"-"几何体"。

（3）单击加工创建工具条中的创建几何体图标，弹出"创建几何体"对话框。

（4）鼠标双击"WORKPIECE"，进入工件对话框，指定部件和毛坯。

一般情况下是在 WORKPIECE 中定义加工几何体，具体操作如下：进入加工环境，打开操作导航器，右键选择"几何视图"，单击 MCS_MILL 前面的"＋"号展开后出现 WORKPIECE。双击 MCS_MILL 将加工坐标系与工件坐标系重合，定义安全平面在工件上方 10mm。双击 WORKPIECE 进入"工件"对话框，在该对话框中可以分别定义部件和毛坯，单击 指定部件 弹出"部件几何体"对话框，单击图形零件，单击"确定"按钮回到工件对话框，单击 指定毛坯 弹出"毛坯几何体"对话框，选择自动块，单击"确定"两次，完成工件的创建。

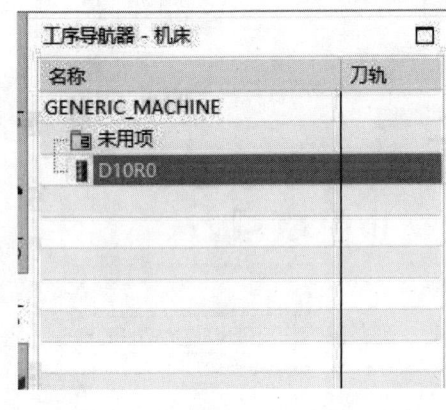

图 3-19

## 学 生 评 价 自 评 表

| 班级 | | 姓名 | | 学号 | | 日期 | | | | |
|---|---|---|---|---|---|---|---|---|---|---|
| 评价指标 | 评 价 要 素 | | | | | 权重 | 等级评定 | | | |
| 信息检索 | 是否能有效利用网络资源、工作手册查找有效信息；是否能用自己的语言有条理地去解释、表述所学知识；是否能将查找到的信息有效转换到工作中 | | | | | 10% | | | | |
| 感知工作 | 是否熟悉你的工作岗位，认同工作价值；在工作中是否获得满足感 | | | | | 10% | | | | |
| 参与状态 | 与教师、同学之间是否相互尊重、理解、平等；与教师、同学之间是否能够保持多向、丰富、适宜的信息交流 | | | | | 10% | | | | |
| | 探究学习，自主学习不流于形式，处理好合作学习和独立思考的关系，做到有效学习；能提出有意义的问题或能发表个人见解；能按要求正确操作；能够倾听、协作分享 | | | | | 10% | | | | |
| 学习方法 | 工作计划、操作技能是否符合规范要求；是否获得了进一步发展的能力 | | | | | 10% | | | | |
| 工作过程 | 遵守管理规程，操作过程符合现场管理要求；平时上课的出勤情况和每天完成工作任务情况；善于多角度思考问题，能主动发现、提出有价值的问题 | | | | | 15% | | | | |
| 思维状态 | 是否能发现问题、提出问题、分析问题、解决问题 | | | | | 10% | | | | |
| 自评反馈 | 按时按质完成工作任务；较好地掌握了专业知识点；具有较强的信息分析能力和理解能力；具有较为全面严谨的思维能力并能条理明晰地表述成文 | | | | | 25% | | | | |
| | 自评等级 | | | | | | | | | |
| 有益的经验和做法 | | | | | | | | | | |
| 总结反思建议 | | | | | | | | | | |

等级评定：A：好；B：较好；C：一般；D：有待提高。

**学生评价互评表——学习任务完成情况评分**

| 班级 | | 姓名 | | 学号 | | 日期 | 年　月　日 | | | |
|---|---|---|---|---|---|---|---|---|---|---|
| 零件图 | | | 评价要素 | | 分数 | 等级评定 | | | | |
| | | | | | | A | B | C | D | |
| | | | | | | | | | | |
| | | | | | | | | | | |
| | | | | | | | | | | |
| | | | | | | | | | | |
| | | | | | | | | | | |
| | | | | | | | | | | |
| | | | 其他（注明扣分项） | | | | | | | |
| | | | | | | | | | | |
| | | | | | | | | | | |
| | | | | | | | | | | |
| | | | | | | | | | | |
| | | | | | | | | | | |
| | | | | | | | | | | |
| | | | 其他（注明扣分项） | | | | | | | |
| 互评等级 | | | | | | | | | | |
| 简要评述 | | | | | | | | | | |

等级评定：A：好；B：较好；C：一般；D：有待提高。

## 学生评价互评表——工艺安排评分

| 班级 | | 姓名 | | 学号 | | 日期 | 年 月 日 | | | |
|---|---|---|---|---|---|---|---|---|---|---|
| 评价指标 | 评价要素 | | | | 权重 | 等级评定 | | | | |
| | | | | | | A | B | C | D | |
| 工序工步 | 工序安排合理 | | | | 5% | | | | | |
| | 工步安排合理 | | | | 5% | | | | | |
| 刀具 | 刀具选择合理 | | | | 5% | | | | | |
| | 刀具装夹合理 | | | | 5% | | | | | |
| 量具 | 会正确使用量具 | | | | 5% | | | | | |
| | 测量读数准确 | | | | 5% | | | | | |
| 走刀次数 | 走刀次数安排合理 | | | | 5% | | | | | |
| | 没有多余空走刀 | 具体数值在合理范围内即可 | | | 5% | | | | | |
| 切削深度 | 会计算切削深度 | | | | 5% | | | | | |
| | 切削深度设置合理 | | | | 5% | | | | | |
| 进给量 | 会计算进给量 | | | | 5% | | | | | |
| | 进给量设置合理 | | | | 5% | | | | | |
| 主轴转速 | 会计算主轴转速 | | | | 5% | | | | | |
| | 主轴转速设置合理 | | | | 5% | | | | | |
| 切削速度 | 会计算切削速度 | | | | 10% | | | | | |
| | 切削速度设置合理 | | | | 20% | | | | | |
| 互评等级 | | | | | | | | | | |
| 简要评述 | | | | | | | | | | |

等级评定：A：好；B：较好；C：一般；D：有待提高。

## 学生评价互评表——学习过程评分

| 班级 | | 姓名 | | 学号 | | 日期 | | 年 月 日 | |
|---|---|---|---|---|---|---|---|---|---|
| 评价指标 | 评 价 要 素 | | | | 权重 | 等级评定 | | | |
| | | | | | | A | B | C | D |
| 信息检索 | 他是否能有效利用网络资源、工作手册查找有效信息 | | | | 5% | | | | |
| | 他是否能用自己的语言有条理地去解释、表述所学知识 | | | | 5% | | | | |
| | 他是否能将查找到的信息有效转换到工作中 | | | | 5% | | | | |
| 感知工作 | 他是否熟悉自己的工作岗位,认同工作价值 | | | | 5% | | | | |
| | 他在工作中是否获得满足感 | | | | 5% | | | | |
| 参与状态 | 他与教师、同学之间是否相互尊重、理解、平等 | | | | 5% | | | | |
| | 他与教师、同学之间是否能够保持多向、丰富、适宜的信息交流 | | | | 5% | | | | |
| | 他是否能处理好合作学习和独立思考的关系,做到有效学习 | | | | 5% | | | | |
| | 他是否能提出有意义的问题或发表个人见解;是否能按要求正确操作;是否能够倾听、协作分享 | | | | 5% | | | | |
| | 他是否能积极参与,在产品加工过程中不断学习,综合运用信息技术的能力提高很大 | | | | 5% | | | | |
| 学习方法 | 他的工作计划、操作技能是否符合规范要求 | | | | 5% | | | | |
| | 他是否获得了进一步发展的能力 | | | | 5% | | | | |
| 工作过程 | 他是否遵守管理规程,操作过程是否符合现场管理要求 | | | | 5% | | | | |
| | 他平时上课的出勤情况和每天完成工作任务情况 | | | | 5% | | | | |
| | 他是否善于多角度思考问题,主动发现、提出有价值的问题 | | | | 5% | | | | |
| 思维状态 | 他是否能发现问题、提出问题、分析问题、解决问题 | | | | 5% | | | | |
| 自评反馈 | 他是否能严肃认真地对待自评,并能独立完成自测试题 | | | | 20% | | | | |
| 互评等级 | | | | | | | | | |
| 简要评述 | | | | | | | | | |

等级评定：A：好；B：较好；C：一般；D：有待提高。

## 活动过程教师评价量化表

| 班级 | | | 姓名 | | 权重 | 评价 | | |
|---|---|---|---|---|---|---|---|---|
| | | | | | | 1 | 2 | 3 |
| 知识策略 | 知识吸收 | 能设法记住要学习的东西 | | | 3% | | | |
| | | 使用多样化手段，通过网络、查阅文献等方式收集到很多有效信息 | | | 3% | | | |
| | 知识构建 | 自觉寻求不同工作任务之间的内在联系 | | | 3% | | | |
| | 知识应用 | 将学习到的知识应用于解决实际问题 | | | 3% | | | |
| 工作策略 | 兴趣取向 | 对课程本身感兴趣，熟悉自己的工作岗位，认同工作价值 | | | 3% | | | |
| | 成就取向 | 学习的目的是获得高水平的技能 | | | 3% | | | |
| | 批判性思考 | 谈到或听到一个推论或结论时，他会考虑到其他可能的答案 | | | 3% | | | |
| 管理策略 | 自我管理 | 若他不能很好地理解学习内容，会设法找到该任务相关的其他资讯 | | | 3% | | | |
| | 过程管理 | 能正确回答材料中和教师提出的问题 | | | 3% | | | |
| | | 能根据提供的材料、工作页和教师指导进行有效学习 | | | 3% | | | |
| | | 针对工作任务，能反复查找资料、反复研讨，编制有效的工作计划 | | | 3% | | | |
| | | 工作过程留有研讨记录 | | | 3% | | | |
| | | 团队合作中主动承担任务 | | | 3% | | | |
| | 时间管理 | 有效组织学习时间和按时按质完成工作任务 | | | 3% | | | |
| | 结果管理 | 在学习过程中有满足、成功与喜悦等体验，对后续学习更有信心 | | | 3% | | | |
| | | 根据研讨内容，对讨论知识、步骤、方法进行合理的修改和应用 | | | 3% | | | |
| | | 课后能积极有效地进行学习和自我反思，总结学习的长短之处 | | | 3% | | | |
| | | 规范撰写工作小结，能进行经验交流与工作反馈 | | | 3% | | | |
| 过程状态 | 交往状态 | 与教师、同学之间交流语言得体、彬彬有礼 | | | 3% | | | |
| | | 与教师、同学之间保持多向、丰富、适宜的信息交流和合作 | | | 3% | | | |
| | 思维状态 | 学生能用自己的语言有条理地去解释、表述所学知识 | | | 3% | | | |
| | | 学生善于多角度思考问题，能主动提出有价值的问题 | | | 3% | | | |
| | 情绪状态 | 能自我调控好学习情绪，随着教学进程而产生不同的情绪变化 | | | 3% | | | |
| | 生成状态 | 学生能总结当堂学习所得，或提出深层次的问题 | | | 3% | | | |
| | 组内合作过程 | 分工及任务目标明确，并能积极组织或参与小组工作 | | | 3% | | | |
| | | 积极参与小组讨论并能充分地表达自己的思想或意见 | | | 3% | | | |
| | 组际总结过程 | 能采取多种形式展示本小组的工作成果，并进行交流反馈 | | | 3% | | | |
| | | 对其他组学生所提出的疑问能做出积极有效的解释 | | | 3% | | | |
| | | 认真听取同学发言，能大胆地质疑或提出不同意见或更深层次的问题 | | | 3% | | | |
| | 工作总结 | 规范撰写工作总结 | | | 3% | | | |
| 自评 | 综合评价 | 严肃按照《活动过程评价自评表》认真地对待自评 | | | 5% | | | |
| 互评 | 综合评价 | 严肃按照《活动过程评价互评表》认真地对待互评 | | | 5% | | | |
| 总评等级 | | | | | | | | |
| 建议 | | | | | | 评定人：(签名) | | |

注 除"自评、互评"权重为5%外，其他均为3%。

# 项目四

## 平面类零件加工实例

平面类零件加工

加工模型文件下载

### 任务一 确定加工坐标系

在进入加工环境之前，需要确定好工件坐标系。确定工件坐标系应遵循设计基准与定位基准重合原则，按照图纸设计意图和尺寸标注特点来确定。确定好工件坐标系后，进入加工环境。

进入加工环境后首先要确定加工坐标系，一般原则是使加工坐标系与工件坐标系重合即可。

进入加工环境后在工序导航器中右键点选几何视图，如图4-1所示。

双击"MCS_MILL"打开MCS铣削对话框，如图4-2所示。

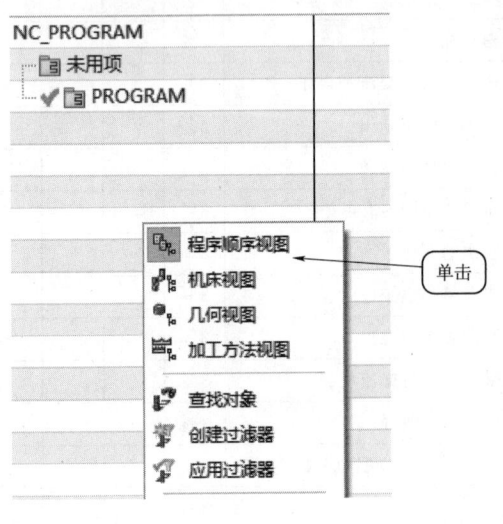

图4-1

图4-2

单击CSYS按钮，如图4-3所示。

进入"CSYS"对话框，选择"参考CSYS"中的"WCS"后单击"确定"，如图4-4所示。

确定好加工坐标系后,需要确定一个安全平面。在"MCS 铣削"对话框"安全设置选项"中选择"刨",如图 4-5 所示。

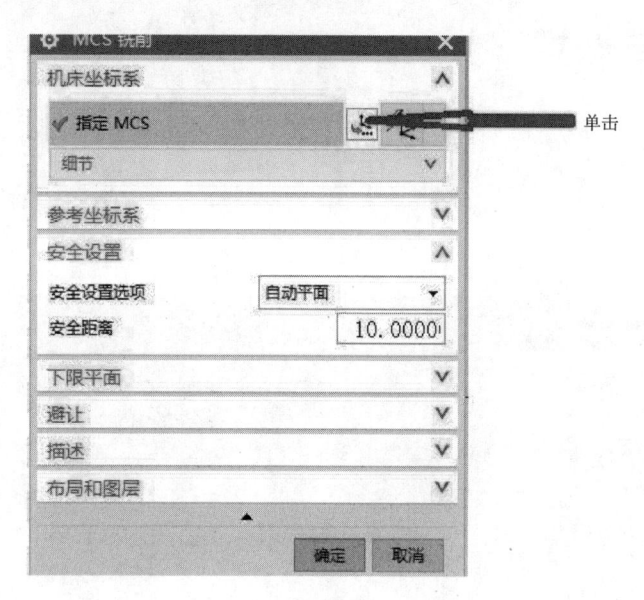

图 4-3

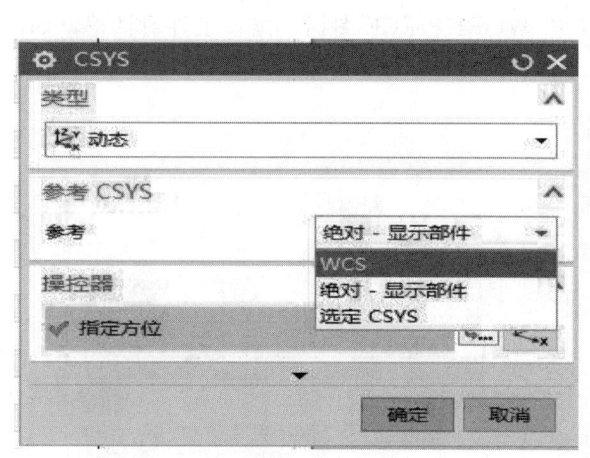

图 4-4

图 4-5

然后选择零件表面最高处,如图 4-6 所示。

输入距离"10",如图 4-7 所示,一般在没有特殊要求的情况下可以输入"10",其他数据要根据零件的特点来确定具体数值。

单击"确定"按钮,零件的加工坐标系和安全距离就设置完成。

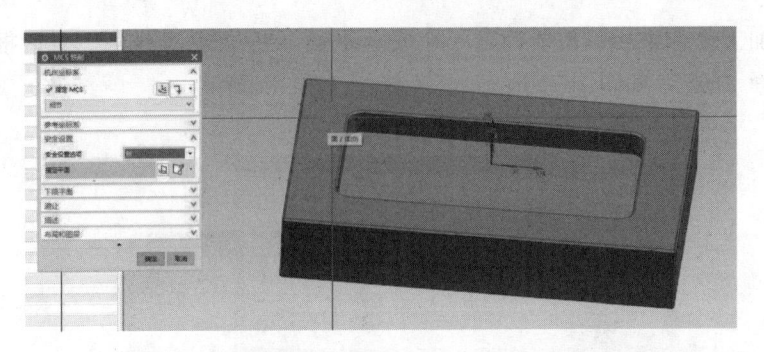

图 4-6

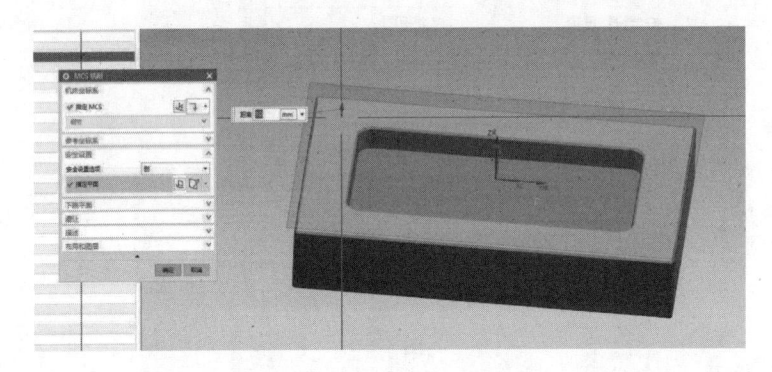

图 4-7

## 任务二　确定零件及毛坯

点击"MCS_MILL"的"+"号，双击 WORKPIECE 图标，出现工件对话框，如图 4-8 所示。

图 4-8

图 4-9

单击"指定部件"按钮，选择要加工的零件，如图 4-9 所示。

单击要加工的零件后，单击"确定"按钮。

单击"指定毛坯"按钮，如图 4-10 所示。

在"类型"下拉框中选择"包容块"，如图 4-11 所示。

图 4-10　　　　　　　　　　图 4-11

单击"确定"按钮，在单击"确定"按钮后，零件及毛坯就设置了。需要注意的是，不是所有的毛坯都用包容块来确定，要根据实际加工的零件特征来确定毛坯的形式，必要时自己通过建模来构建所需要的毛坯。

## 任务三　创 建 工 序

零件的坐标系和毛坯已经设置完毕，开始创建工序前还需要创建一把 $\phi 20$ 的立铣刀。

### 工序一　粗　加　工

单击创建工序图标进入"创建工序"对话框，类型选择"mill_contour"，工序子类型中选择第一个图标型腔铣（cavity_mill）。在位置选项中，程序选择"PROGRAM"，刀具选择"D20R0"立铣刀，几何体选择"WORKPIECE"，方法选择粗加工"MILL_ROUGH"，如图 4-12 所示。

单击"确定"进入"型腔铣"对话框，如图 4-13 所示。

1. 指定切削区域

指定要加工的零件上的区域，它可以是零件上的一部分或全部区域。点击图标就会弹出相应的定义对话框。

2. 切削模式

**跟随部件**：跟随部件创建的刀具路径，是由零件几何体的偏置得到的，与跟随周边走刀不同。跟随部件走刀从部件几何体所定义的所有的外围（岛屿和内腔）进行偏置来创建刀具轨迹。系统会按照切削的零件几何体来决定型腔的切削方向。型腔的步进方向是向外的，岛屿的切削方向是向内的。

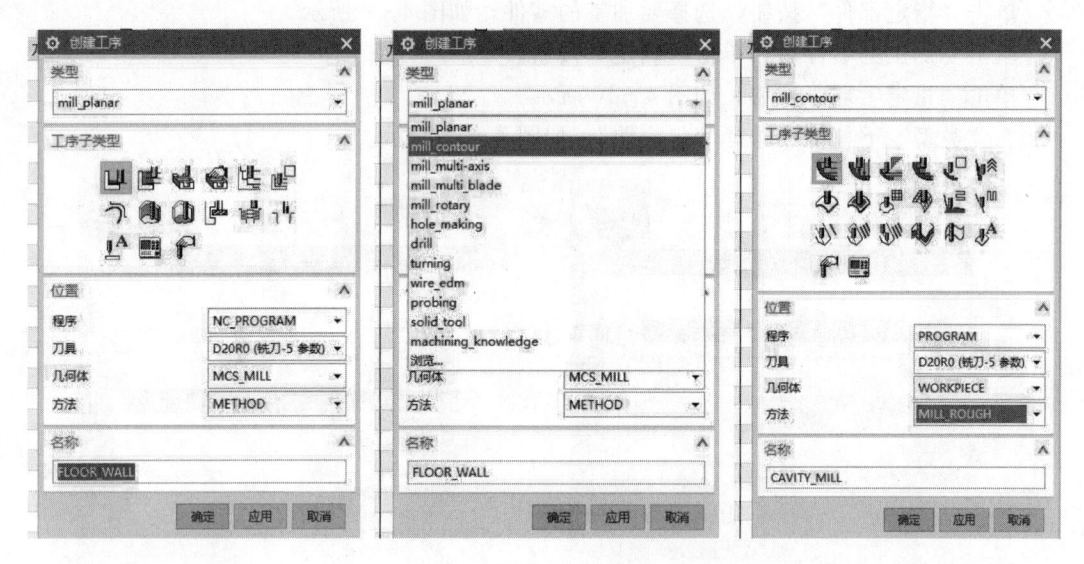

图 4-12

该切削方式特别适合加工有凸台和岛屿的零件，可以较好地保证凸台和岛屿加工的精度。跟随部件走刀，当部件几何体存在时，毛坯边界不会影响刀具路径的形状，切削层中只有毛坯几何体时，生成的刀具路径是由毛坯几何体偏置产生的。

**跟随周边**：跟随周边走刀创建的刀具路径是沿着轮廓顺序的同心轨迹，是由切削区域的轮廓偏置得到的。如果偏置的刀具路径与切削区域有重叠，会合并成一条轨迹后再重新偏置来生成下一条刀具路径，生成的所有的刀具路径都是封闭的。该切削方式通常用于带有岛屿和内腔里的粗加工。

**轮廓**：轮廓走刀用于创建一条或指定数量的刀具路径来完成零件的侧壁或轮廓的切削，其切削的路径和切削区域的轮廓有关。该切削方式通常用于零件的侧壁或外型轮廓的精加工或半精加工。

**摆线**：摆线走刀是一种特殊的加工方式，它会产生一个小的回转圆圈。此模式采用回环控制嵌入的刀具，从而避免了切削时发生全刀切入材料使刀具断裂的现象。该切削方式要求高速加工中刀具载荷相对均匀，适用于加工岛屿、内部锐角和狭窄的区域。在选择摆线走刀方式时，步进的距离不能过大，如果

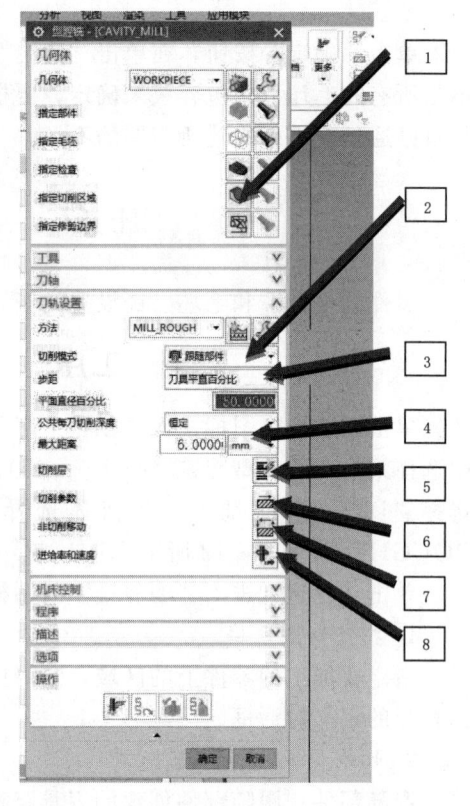

图 4-13

太大，系统将会提示操作参数错误，一般摆线走刀方式的步进距离不大于刀具直径的50%。

**单向**：单向走刀创建的刀具路径是一系列线型平行且单向的轨迹，该切削方式通常用于岛屿上表面的精加工和一些不适合往复走刀的情况。

**往复**：往复走刀在切削时刀具形成连续平行的往复式刀具路径。刀具在步距运动间保持连续进给，在同一切削层不退刀。往复走刀的刀具路径是顺铣和逆铣交替形成的，刀具的切削效率高，可以大量去除材料，常用于粗加工。往复走刀时刀具在步距宽度内，刀具路径可以沿切削区域的轮廓进行切削运动。

**单向轮廓**：单向轮廓走刀用于创建平行的、单向的、沿轮廓的刀具轨迹。单向轮廓走刀与单向走刀的方式类似，只是在横向进给的时候，刀具沿区域的轮廓进行切削。该切削方式对轮廓周边进行切削，不留残余的材料，通常用于粗加工后要求余量均匀的零件加工，如侧壁要求高的零件或薄壁零件。该加工方法在加工时切削比较平稳，对刀具冲击力小。

3. 步距

步距就是切削的间距，即两个刀轨之间的距离。在步距下拉列表框中有四个选项，分别是"刀具平直百分比""恒定""残余高度""多个"。

**刀具平直百分比**：设置步距大小为刀具有效直径的百分比，它是系统默认的设置步距大小的方式。在"平面直径百分比"栏内输入数值，即可指定步距大小为刀具有效直径的百分比。

**恒定**：指定相邻的刀具轨迹间隔为固定的距离。当恒定的常数值作为步进时，需要在最大距离栏输入其相隔的距离数值，这种方法设置直观明了。如果指定的步距不能平均分割所在区域，系统将减少这个刀路间距以保持恒定的步进。

**残余高度**：根据在指定的间隔刀具轨迹之间，刀具在工件上造成的残料高度来计算刀具轨迹的间隔距离。该方法需要在"最大残余高度"栏输入允许的最大残余波峰高度值。这种方法可以设置由系统自动计算为达到某一表面粗糙度值而采用的步进，特别适用于使用球头铣刀进行加工时步进的计算。

**多个**：使用手动方式设定多段变化的刀具轨迹间隔，对每段间隔指定此种间隔的走刀次数。对于不同的切削方法，变量值字段的输入方法也不同。

使用可变步距进行平行切削时，系统会在设定的范围内计算出合适的行距与最少的走刀次数，且保证刀具沿着外形切削而不会留下残料。

在进行外形轮廓的精加工时，通常会因为切削阻力的关系而有切削不完全及精度未达到要求的公差范围内的情况。因此，一般外形精加工选用很小的加工余量，或者是做两次重复的切削加工。此时使用可变步距方式，搭配环状走刀，进行重复切削的精加工。

步距的选择要根据实际加工的材料、刀具、机床的大小及刚性来确定。一般粗加工时选择65%~85%的刀具直径，精加工时选择30%~50%的刀具直径。

4. 切削深度

在确定切削深度的时候要综合考虑刀具、工件材料和机床。一般原则是工件硬度越高，吃刀深度越小。

**5. 切削层**

切削层由切削深度范围和每层深度来定义。一个范围由两个垂直于刀轴矢量的小平面来定义，同时可以定义多个切削范围。每个切削范围可以根据部件几何体的形状确定切削层的切削深度，各个切削范围都可以独立地设定各自的均匀深度。一般部件表面区域如果比较平坦，则设置较小的切削层深度；如果比较陡峭，则设置较大的切削层深度。

（1）范围类型。

**自动**：指系统在部件几何体和毛坯几何体的最高点和最低点之间确定总切削深度，并当作一个范围。用平面符号表示切削层，在两个大三角形平面符号之间构成一个范围，大三角形平面符号表示一个范围的顶和底，小三角形平面表示范围的切削层，每两个小三角形平面之间表示范围内的切削深度。

**用户定义**：允许通过定义每个新范围的底面来创建范围。

**单个**：将根据部件和毛坯几何体设置一个切削范围。

**恒定**：在一个切削范围内每层切削深度相同。

**仅在范围底部**：系统仅在部件上垂直于刀轴矢量的平面上创建切削层，切削深度不可用。

每刀的公共深度有恒定和残余高度两个选项。

**最大距**：用于定义一个切削范围内的最大切削深度。

（2）切削范围的调整。

1）插入切削范围。通过鼠标单击选择一个点、一个面，可以添加多个切削范围。

a）选择（添加新集）范围。

b）选择一个点、一个面，或输入范围深度值来定义新范围的底面。

c）如有必要，在列表框内选择一个范围，在每个深度栏输入不同的值来定义每个范围内局部的每刀深度。

d）量开始位置有"顶层""当前范围顶部""当前范围底部""WCS 原点" 4 个选项。

**顶层**：从第一个切削范围的顶部开始测量范围深度值。

**当前范围顶部**：从当前突出显示的范围的顶部开始测量范围深度值。

**当前范围底部**：从当前突出显示的范围的底部开始测量范围深度值，也可使用滑尺来修改范围底部的位置。

**WCS 原点**：从工作坐标系原点处开始测量范围深度值。

注意事项：所创建的范围将从该平面向上延伸至上一个范围的底面，如果新创建的范围之上没有其他范围，该范围将延伸至顶层。如果选定了一个面，系统将使用该面上的最高点来定位新范围的底面。该范围将保持与该面的关联性。如果修改或删除了该面，将相应地调整或删除该范围。

2）编辑当前范围。通过鼠标单击可以编辑切削范围的位置。

3）更改范围类型。注意：如果所有切削层都是由系统生成的（例如最初由自动生成创建），那么从用户自定义进行更改时，系统不会发出警告。只有当用户至少定义或更改了一个切削层后，系统才会发出警告，如图 4-14 所示。

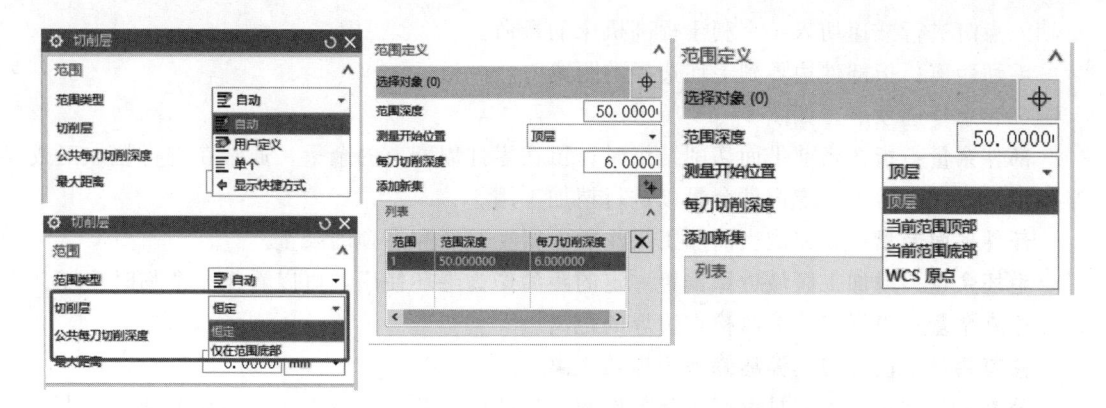

图 4-14

### 6. 切削参数

（1）切削方向。如图 4-15 所示，在数控铣床加工过程中，有顺铣和逆铣两种加工方式。

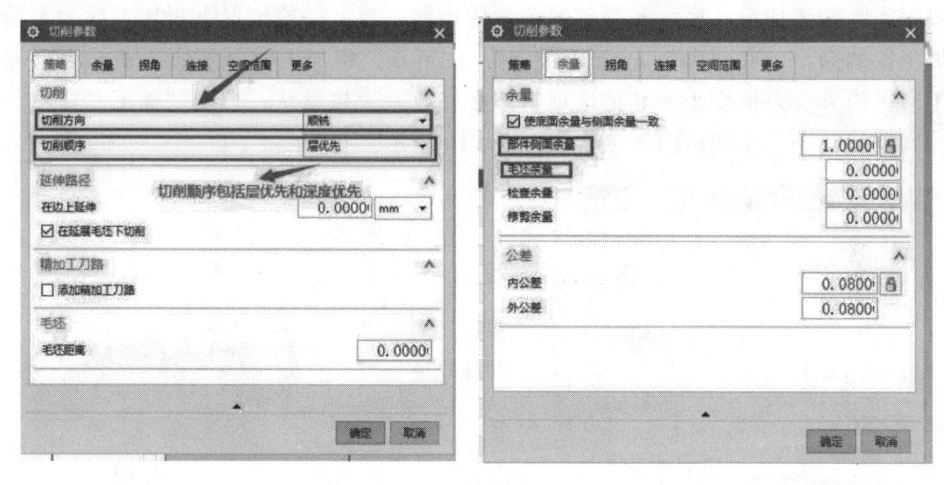

图 4-15

**顺铣**：主轴旋转方向是顺时针方向，当切削运动方向与主轴旋转方向一致时为顺铣。

**逆铣**：主轴旋转方向是顺时针方向，当切削运动方向与主轴旋转方向相反时为逆铣。

（2）切削顺序。如图 4-15 所示。切削顺序指定多个切削区域在切削层上的切削顺序，包括"层优先"与"深度优先"两个选项。

**层优先**：该切削顺序是逐层加工各切削区域，即加工同一切削层上的各区域后，再加工下一个切削层上的区域。

**深度优先**：该切削顺序是先加工一个区域到底部，再去加工另一个区域，直到所有区域加工完毕，可以减少抬刀现象。

切削顺序选择时要根据零件本身的特点来确定，优先选择"层优先"。选择"层优先"时，如跳刀情况较多，则改为"深度优先"。

**延伸刀轨**：延伸刀轨是为了避开刀轨直接切入部件，在此设置一段距离，使刀轨在到达切入点时进行减速切入，有利于提高机床的寿命。

**毛坯距离**：指部件边界到毛坯边界的距离。

（3）余量选项卡。如图 4-15 所示。

**部件余量**：指在当前平面切削结束时，留在零件周壁上的余量。通常在进行粗加工或半精加工时，会留下一定部件余量以进行精加工用。

**部件底面余量**：是完成当前加工操作后保留在腔底和岛顶的余量。

**毛坯余量**：以加工区域边缘偏置一定的距离作为毛坯使用，可以看作一个临时毛坯。

**检查余量**：设置刀具偏离检查边界的距离。

**修剪余量**：设置刀具偏离修剪边界的距离。

**公差**：公差定义了刀具偏离实际零件的允许范围，公差值越小，切削越准确，产生的轮廓越光顺。

**内公差**：设置刀具切入零件时的最大偏距，称为切入公差（或内公差）。

**外公差**：刀具在加工完成后允许留有残料的值，即设置刀具切削零件时离开零件的最大距离。

根据实际加工情况，底面和侧壁的余量值不能一致。一般情况下粗加工后为半精加工或精加工留的余量，底面为 0.2mm，侧壁为 0.3mm。粗加工时公差值不变，半精加工或精加工时，内外公差值变小。其他选项卡不必修改，直接默认，点击"确定"。

（4）空间范围。空间范围选项卡如图 4-16 所示。

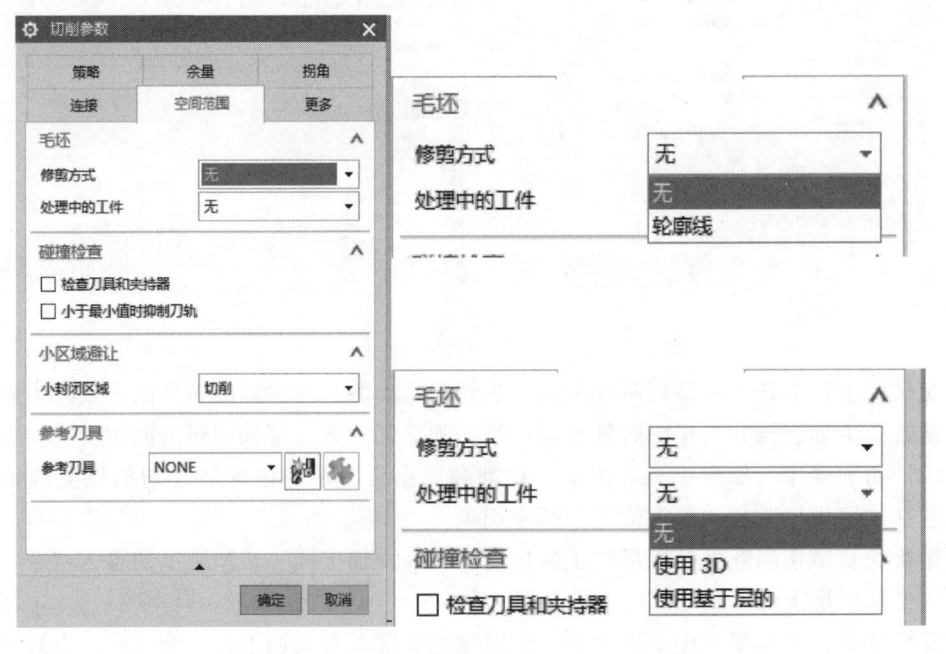

图 4-16

毛坯选项包括"修剪方式"和"处理中的工件"两个参数。

**修剪方式**：该选项要和更多选项卡中的"容错加工"选项结合使用。

**无**：按照几何节点中最大外形定义毛坯的情况下使用。

**轮廓线**：系统利用工件几何体最大轮廓线决定切削范围，刀具可以定位到从这个范围偏置一个刀具半径的位置。

**处理中的工件**：也称 IPW（In Process Workpiece 的缩写），指工序件。该选项主要用于二次开粗，是型腔铣削中非常重要的一个选项。处理中的工件（IPW）也就是操作完成后保留的材料。该选项可用的当前输出操作（IPW）的状态包括 3 个选项："无""使用 3D""使用基于层的"，如图 4-16 所示。

**无**：该选项是指在操作中不使用处理中的工件。也就是直接使用几何体父节点组中毛坯几何体作为毛坯来进行切削，不能使用当前操作加工后的剩余材料作为当前操作的毛坯几何体。

**使用 3D**：该选项使用小平面几何体来表示剩余材料。选择该选项，可以将前一操作加工后剩余的材料作为当前操作的毛坯几何体，避免再次切削已经切削过的区域。

**使用基于层的**：该选项和使用 3D 类似，也是使用先前操作后的剩余材料作为当前操作的毛坯几何体，并且使用先前操作的刀轴矢量，操作都必须位于同一几何父节点组内。使用该选项可以高效地切削先前操作中留下的弯角和阶梯面。

7. 非切削参数

非切削移动是刀具在不切削工件的情况下，把各个切削运动连接起来，构成一个完整的切削过程，包括切削之前、之后或中间，起着辅助切削的作用。设置好参数可以确保不过切，并安全、高效地切削材料。它有 6 个选项："进刀""退刀""起点/钻点""转移/快速""避让""更多"。

(1) 进刀。

1) 封闭区域。进刀类型下拉框中有 5 个选项，分别是"与开放区域相同""螺旋""沿形状斜进刀""插削""无"。

**与开放区域相同**：采用开放区域的进刀方式。

**螺旋**：进刀线是一种螺旋式下刀。

**直径**：直径不要过小，在直径栏中系统默认它的旋转直径为刀具的 90%，一般多采用其默认值，使刀具有 10% 的重叠，可以防止柱形残料而顶刀。

**斜坡角**：螺旋下刀时会慢慢随着螺旋的直径倾斜下刀，在"斜坡角"栏中设定倾斜的度数，其度数越小对刀具的撞击越小，所以一般都要把度数改小，钢材取 3°，铜取 5°。

**高度**：是从工件每一层的上表面开始下刀的距离。此距离过大，在下刀时较浪费时间，过小时会感到不安全。一般情况下取 0.5～1mm。

**高度起点**：有 3 个选项，"当前层""前一层""平面"。一般情况下选择"前一层"。

**最小安全距高**：进刀线离工件壁的安全距离。

**最小斜面长度**：控制进刀线的最小斜面长度。

**沿形状斜进刀**：进刀线是一种倾斜方式下刀。

**最大宽度**：指矩形进刀线的宽度，是沿形状斜进刀的独有参数。

**插削**：其进刀线平行于刀轴，用于加工较软的材料，或者必须用插铣的场合。

**无**：即没有进刀线，一般不采用。

2) 开放区域。

进刀型下拉框有9个选项，分别是"与封闭区域相同""线性""线性-相对于切削""圆弧""点""线性-沿矢量""角度平面""矢量平面""无"。

**与封闭区域相同**：采用封闭区域的进刀方式。

**线性**：刀具通近工件时，通过走直线到达进刀点。

**线性-相对于切削**：刀具逼近工件时，通过走直线到达进刀点，且与切削刀具轨迹相切。

**圆弧**：刀具逼近工件时，通过走圆弧运动切入工件。

**点**：从指定的点开始进给。

**线性-沿矢量**：通过矢量、长度和高度来指定进给运动的方向。

**角度平面**：通过两个角度和一个平面来指定进给运动，角度确定进给方向，平面确定进刀起始点。

**矢量平面**：通过矢量和平面来指定进给运动，矢量确定进给方向，平面确定进刀起始点。

**无**：即没有进刀线，一般不采用。

**长度**：为刀具中心到工件间的距离。

**旋转角度**：进刀线按所指定的角度进给。

**斜坡角**：是指刀具从所指定的高度起倾斜进给。

**高度**：用于控制指定点到刀具开始线性靠近工件起点的距离。

**最小安全高**：用于控制刀具开始线性靠近工件时的刀具中心和切入工件间的安全距离。

**半径**：为刀具中心轨迹的半径。

**圆弧角度**：为圆弧起点和圆弧终点间的夹角。

（2）退刀。

刀具切出工件的方式，参数与进刀参数相同。

封闭区域内部螺旋下刀空间范围较大。沿形状斜向进刀，只需要满足加工余量和刀具直径，就可以沿着形状轮廓进行斜向下刀。在实际加工过程中，选择"沿形状斜向进刀"方式较多。一般在加工有色金属材料时，斜向进刀的斜坡角度为5°，加工45号钢材料时斜坡角度为3°，加工一些超硬材料时角度会更小。工件的硬度越高，斜坡角度越小。最小斜面长度也是根据工件硬度来决定的，工件越硬，长度越长。

开放区域的进刀类型一般为圆弧形切入切出。选择半径为刀具直径的50%，角度是90°。高度的含义是刀具离工件表面1mm时开始下刀。在开放区选择圆弧形切入切出时，为避免在切入切出处留有接刀痕迹，在设置中应设置重叠距离，如图4-17所示。

8. 主轴转速和进给速度

（1）根据所选刀具材料，再根据切削速度计算公式，计算主轴相应的转速范围。

（2）根据所选刀具材料确定刀具每齿走刀量。根据进给速度计算公式，计算相应进给速度值，如图4-18所示。

设置好以上参数后，单击生成按钮（图4-19），生成如图4-20所示的刀具路径。此时粗加工路径已生成完毕。单击"确定"按钮进入仿真操作，对话框如图4-21所示。

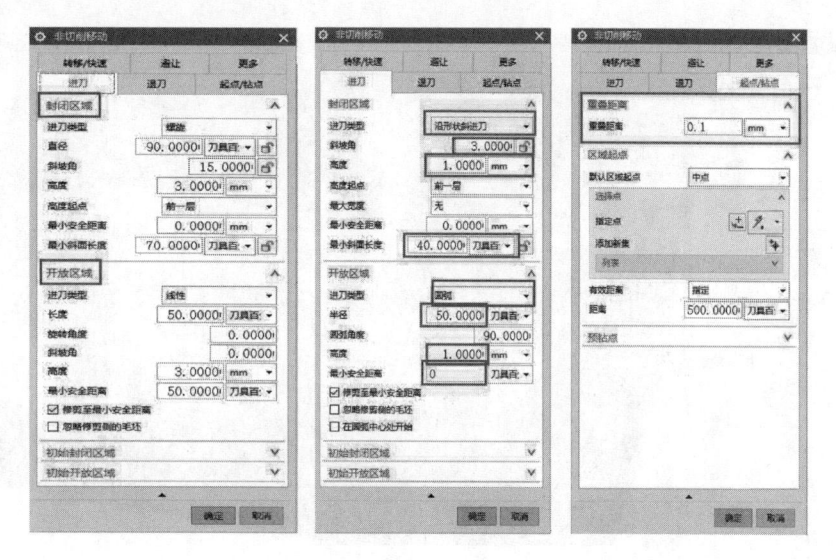

图 4-17

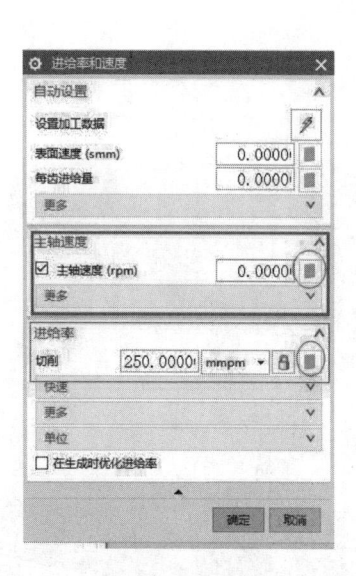

图 4-18

图 4-19

单击"2D 动态",如图 4-22 所示。

调整动画速度进度条,让仿真过程快速完成,如图 4-23 所示。

项目四 平面类零件加工实例

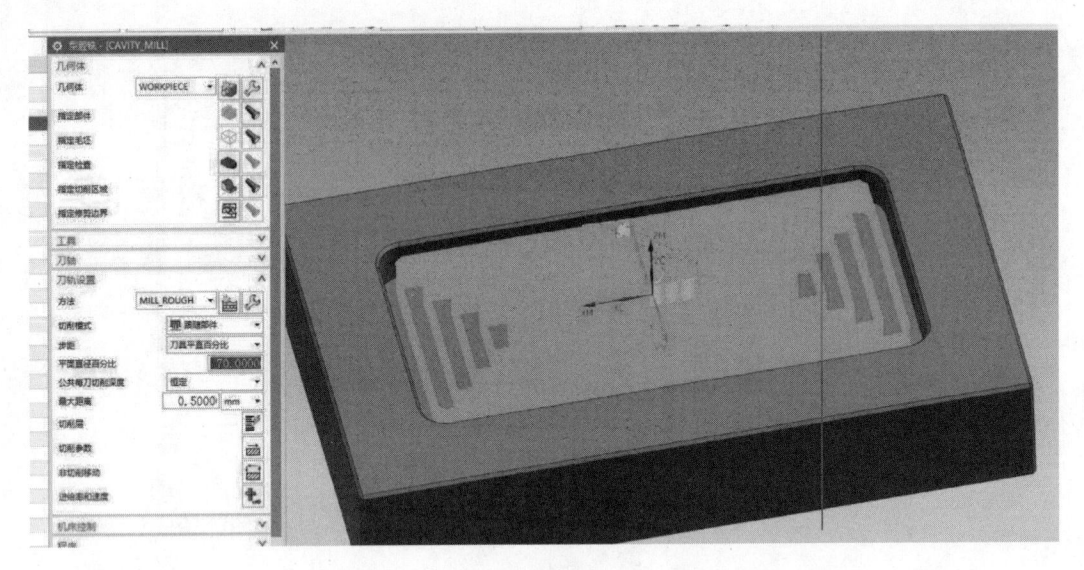

图 4-20

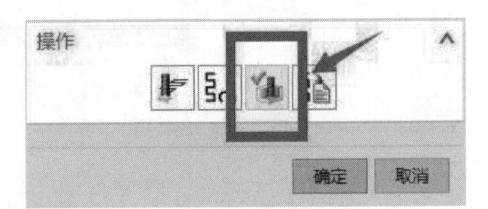

图 4-21

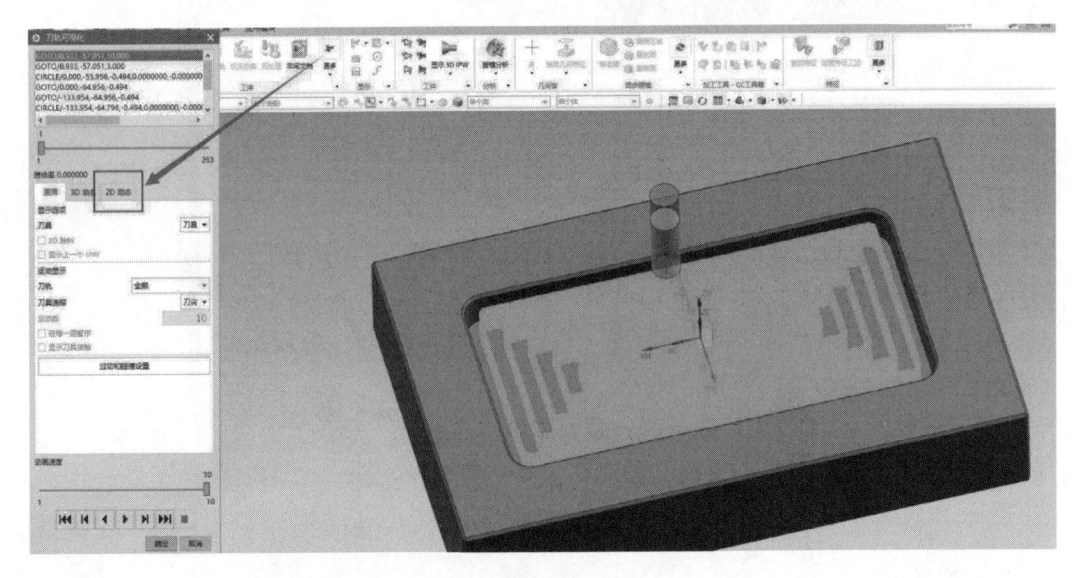

图 4-22

单击播放按钮，如图 4-24 所示。

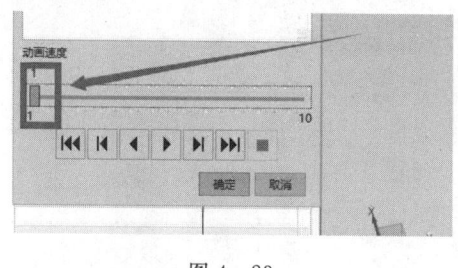

图 4-23

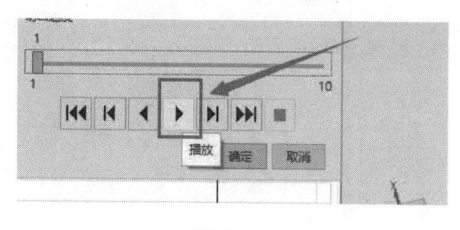

图 4-24

开始仿真，刀具按照生成的刀具路径开始模拟加工过程。注意观察刀具路径是否正确，如图 4-25 所示。

仿真结束，检查已经仿真加工好的零件有无过切、干涉等情况，如图 4-26 所示。

图 4-25

图 4-26

## 工 序 二 　 精 加 工 底 面

单击"创建工序"按钮，如图 4-27 所示。

类型对话框中选择"mill_planar"，工序子类型中选择第三个图标（选"Face_MILLING"）。位置选项中的选择与型腔铣中的一样，方法选择精加工。

单击"确定"按钮进入面铣页面，如图 4-28 所示。

1. 指定面边界

单击"指定面边界"按钮进入面边界对话框，如图 4-29 所示。

图 4-27

直接选择需要精加工的表面，如图 4-30 所示。单击添加新集按钮，继续点击需要加工的表面，依次进行，直至需要加工的表面选择结束，单击"确定"按钮。

2. 刀轨设置

在"平面直径百分比"中将刀轨修改成需要的数值，根据加工要求确定刀具直径百分比。这里输入 50%，其他参数不变，如图 4-31 所示。

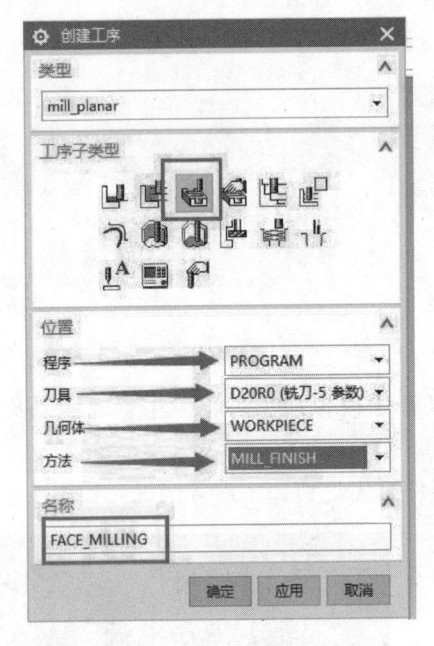

图 4-28

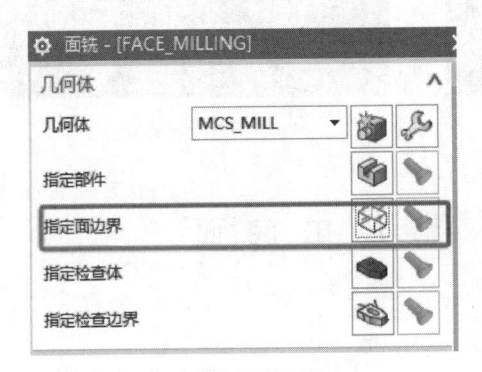

图 4-29

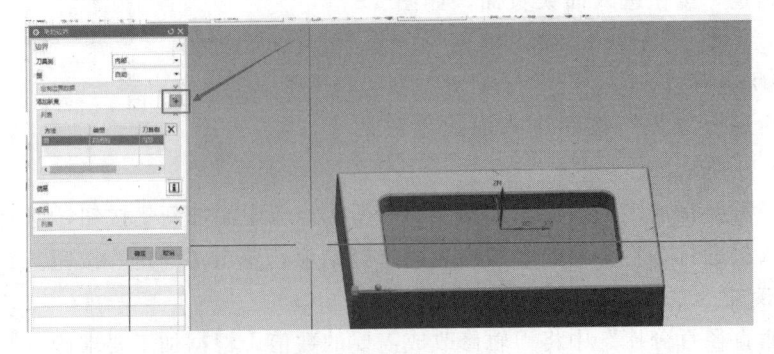

图 4-30

3. 切削参数

单击"切削参数"按钮进入对话框，如图 4-32 所示。

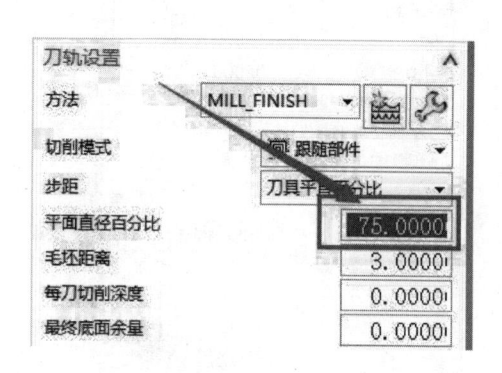

图 4-31

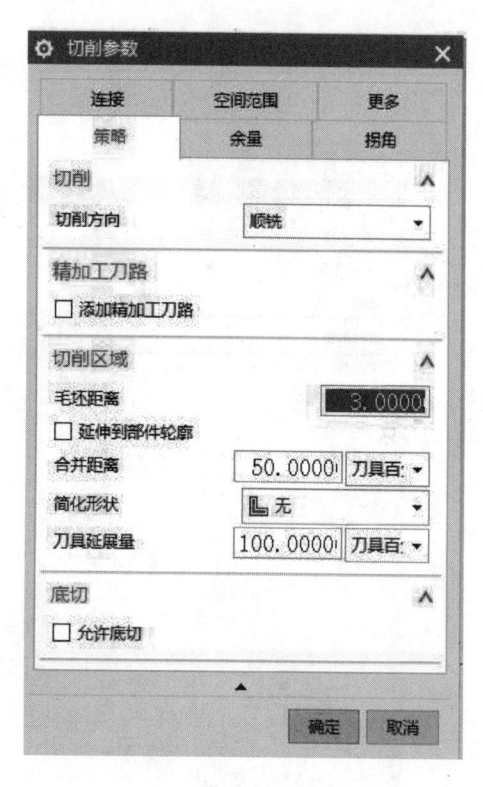

图 4-32

在"切削参数"对话框中只需要更改加工余量，如图 4-33 所示。将侧壁的加工余量改大，避免刀具在底面精加工时加工到侧壁。

4. 非切削参数

此处的设置与型腔铣中的设置一样，如图 4-34 所示。

5. 主轴转速与进给速度

此处的设置按照精加工的工艺安排确定切削三要素，要与实际加工的零件和所选用的刀具、机床相适应。设置好以上参数后，单击生成按钮，生成精加工底面刀路，如图 4-35 所示。

## 工序三　精加工侧壁

复制精加工底面的工序，粘贴到精加工底面工序下方，双击该工序进行修改，两处修改参数如图 4-36 所示。

将切削模式改成"轮廓"，将切削参数中的余量改成"0"，单击生成按钮，生成如图 4-37 所示的精加工侧壁的刀具。

图 4-33

图 4-34

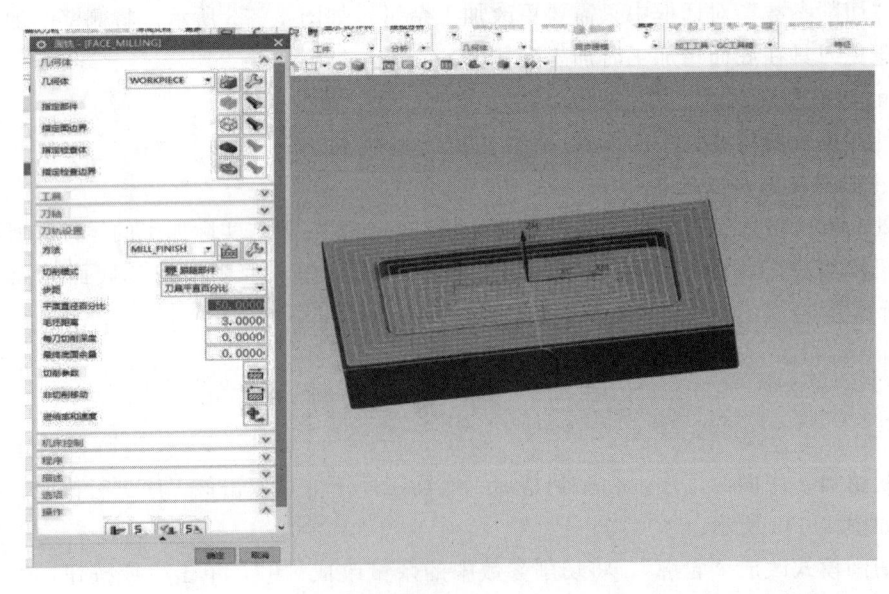

图 4-35

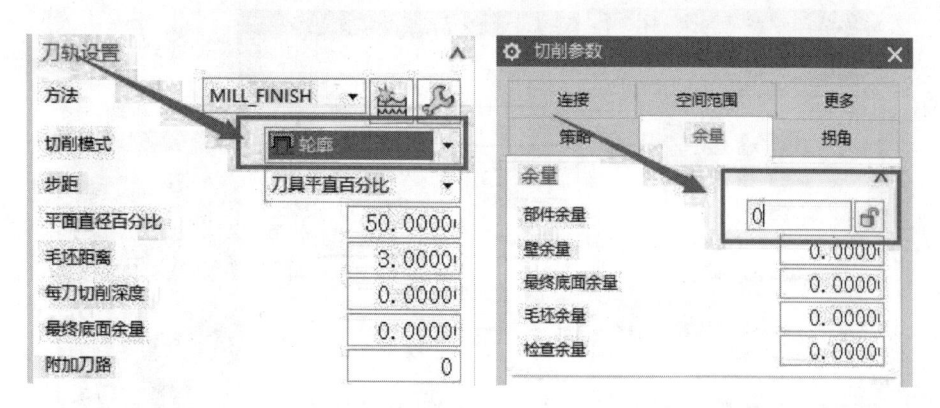

图 4-36

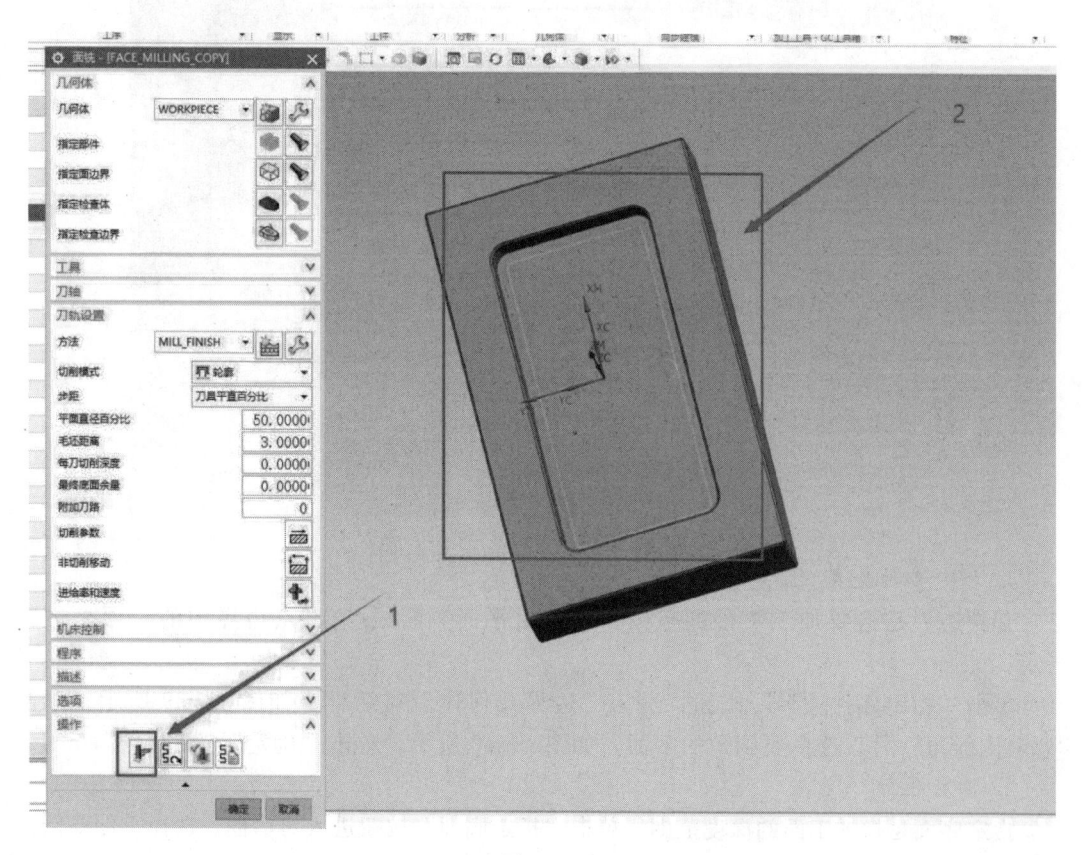

图 4-37

## 工序四 倒　　角

单击 选择"mill_planar"中的第五个图标（PLANAR_MILL），位置选项中的参数设置与工序二一样，点击"确定"按钮进入"平面铣"对话框，如图 4-38 所示。

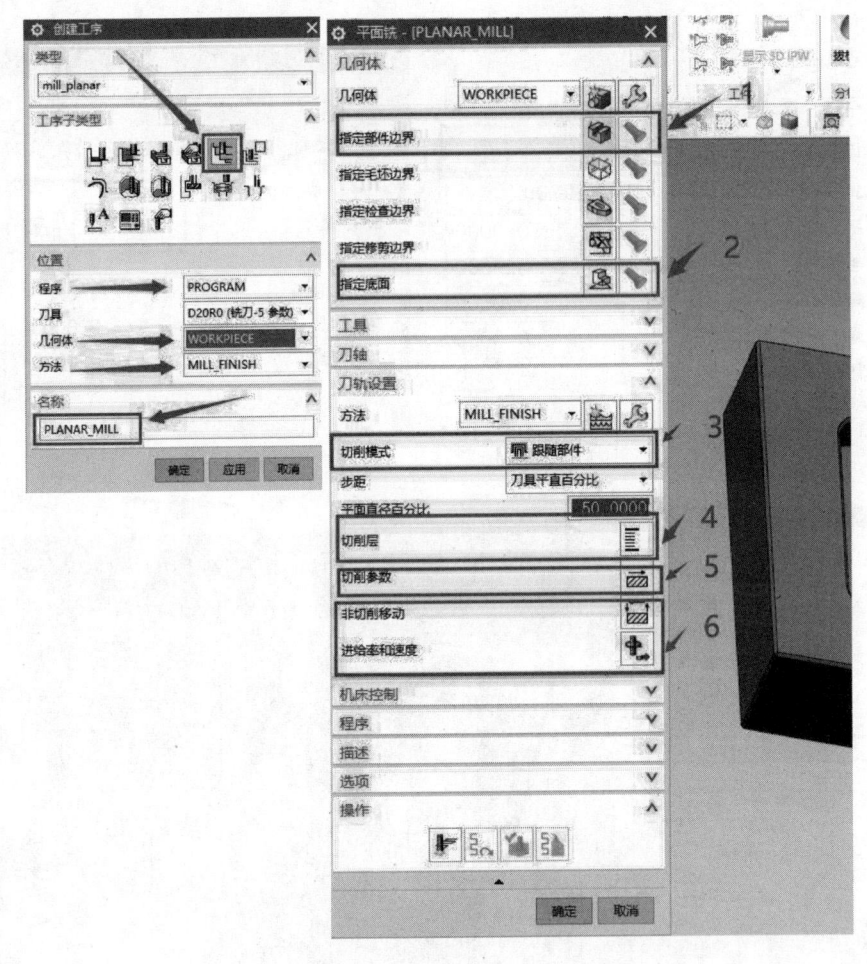

图 4-38

1. 指定部件边界

部件边界是指要加工零件的范围，通常由平面、曲线/边、点边界中的一项来进行指定。

单击"指定部件边界"按钮，进入"边界几何体"对话框，如图 4-39 所示。单击"忽略倒斜角"后，选择要倒角的平面，如图 4-40 所示，单击"确定"按钮。

2. 指定底面

指定底面是指加工面的深度范围，单击"指定底面"按钮进入对话框。选择工件要倒角的平面，倒角为 C2，在偏置选项中距离输入"-3"。单击"确定"按钮，如图 4-41 所示。

3. 切削模式

将切削模式更改为轮廓，如图 4-42 所示。

将步距更改成"多个"，刀路数为"2"，实际走 3 刀，每一刀的步距是 0.3mm，如图 4-43 所示。

4. 切削层

将切削层更改成"仅底面"，如图 4-44 所示。

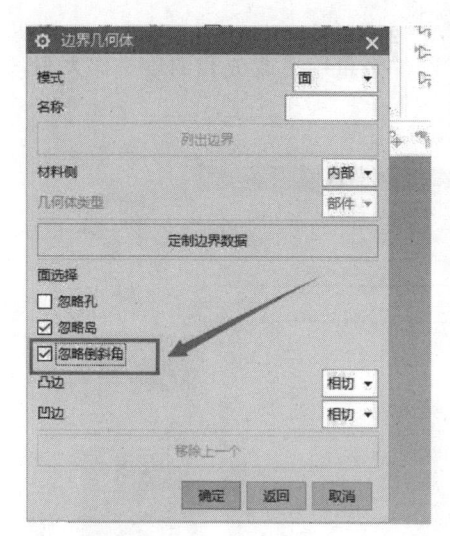

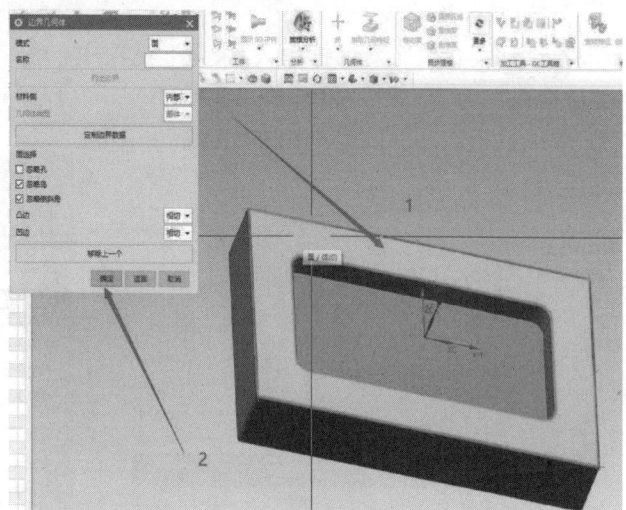

图 4-39

图 4-40

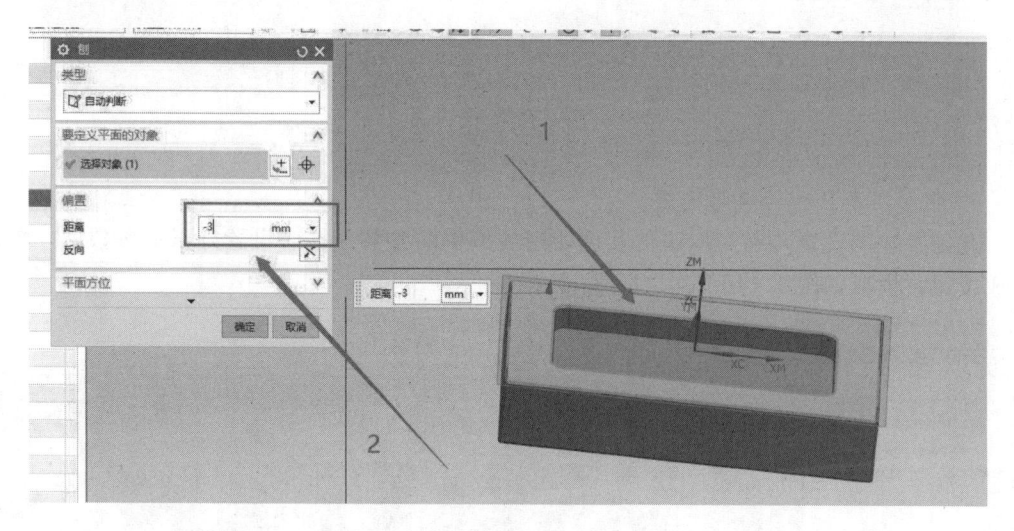

图 4-41

图 4-42

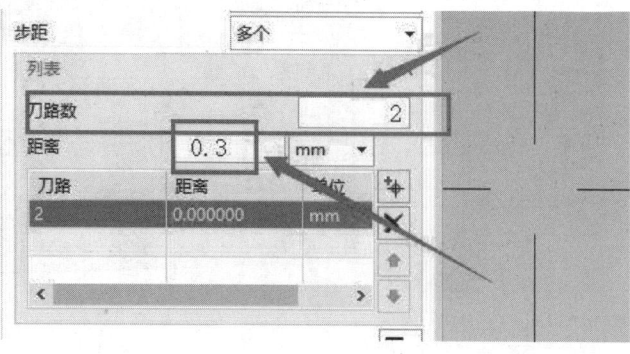

图 4-43

### 5. 切削参数

在"切削参数"对话框中,"余量"选项中,将"部件余量"更改成和倒角一样大小,"部件余量"为"－2",如图4-45所示。

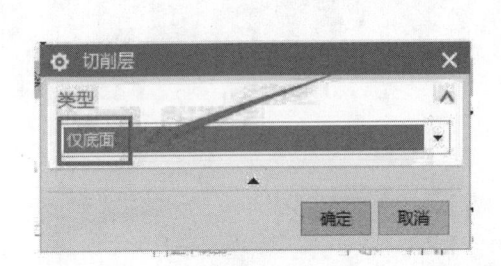

图4-44

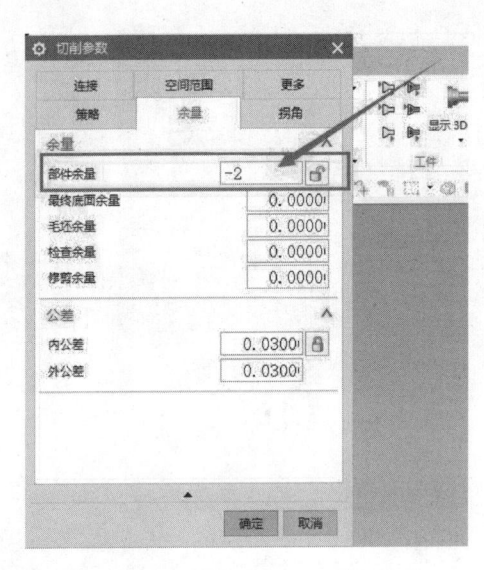

图4-45

### 6. 非切削参数和转速与进给

此处参数的设置与前面所讲的其他切削类型中的参数一样。设置好以上参数后,单击生成按钮,生成如图4-46所示的刀路。

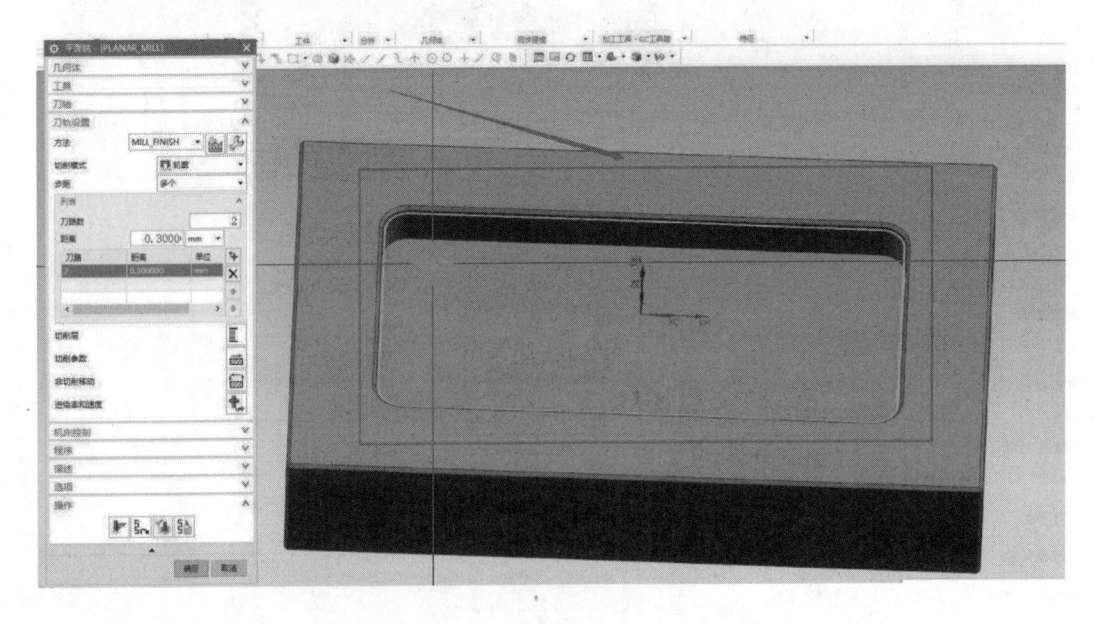

图4-46

创建工序 **任务三**

复制刀路，双击打开复制的"planar_mill"刀路，点选"指定部件边界"按钮，如图 4-47 所示。进入"编辑边界"对话框，点击"移除"按钮，点击两次，进入边界几何体对话框，如图 4-48 所示。

将"忽略孔"和"忽略倒斜角"勾选上，如图 4-49 所示。

选择要倒角的平面，如图 4-50 所示。

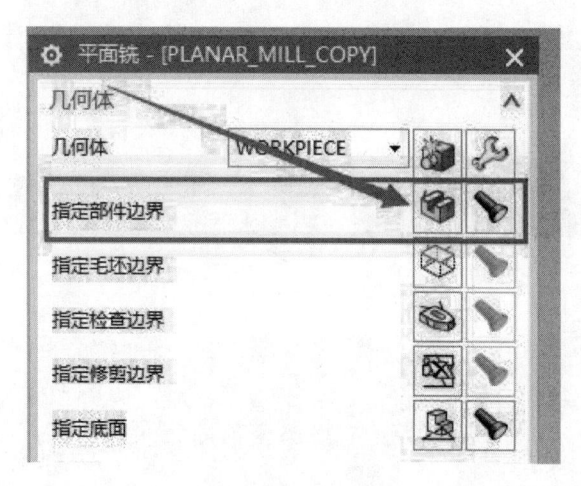

图 4-47    图 4-48

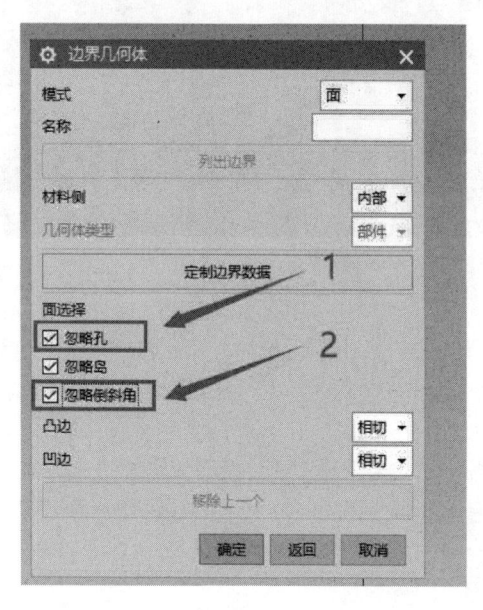

图 4-49

单击"确定"按钮，再次单击"确定"按钮，单击生成按钮，生成如图 4-51 所示的刀路。

129

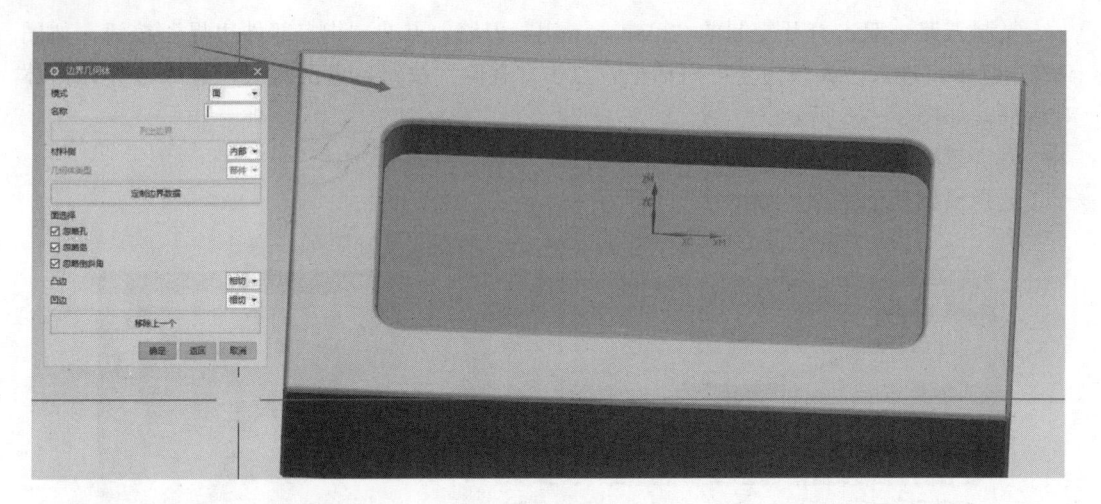

图 4-50

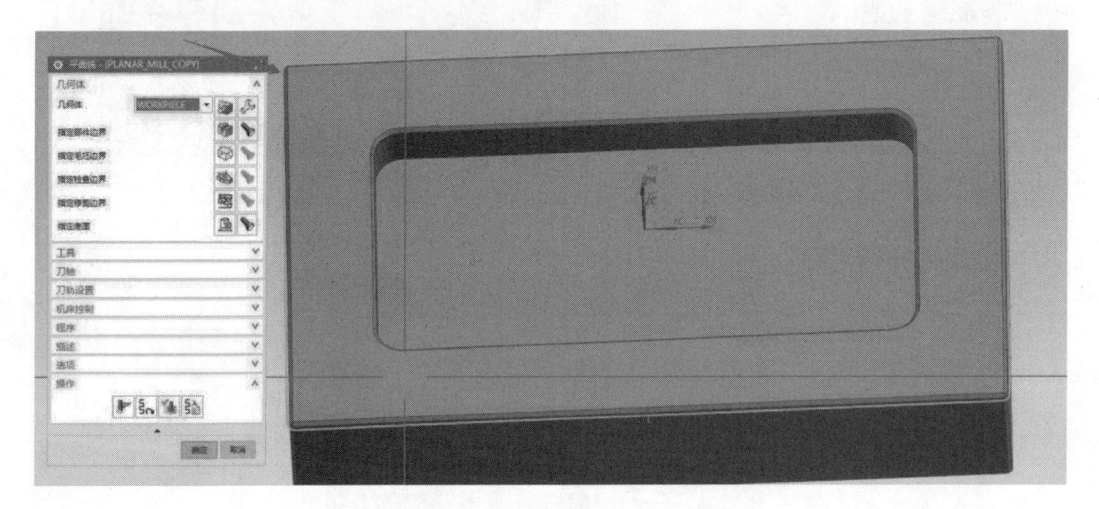

图 4-51

## 学 生 评 价 自 评 表

| 班级 | | 姓名 | | 学号 | | 日期 | | |
|---|---|---|---|---|---|---|---|---|
| 评价指标 | 评 价 要 素 | | | | 权重 | 等级评定 | | |
| 信息检索 | 是否能有效利用网络资源、工作手册查找有效信息；是否能用自己的语言有条理地去解释、表述所学知识；是否能将查找到的信息有效转换到工作中 | | | | 10% | | | |
| 感知工作 | 是否熟悉你的工作岗位，认同工作价值；在工作中是否获得满足感 | | | | 10% | | | |
| 参与状态 | 与教师、同学之间是否相互尊重、理解、平等；与教师、同学之间是否能够保持多向、丰富、适宜的信息交流 | | | | 10% | | | |
| | 探究学习，自主学习不流于形式，处理好合作学习和独立思考的关系，做到有效学习；能提出有意义的问题或能发表个人见解；能按要求正确操作；能够倾听、协作分享 | | | | 10% | | | |
| 学习方法 | 工作计划、操作技能是否符合规范要求；是否获得了进一步发展的能力 | | | | 10% | | | |
| 工作过程 | 遵守管理规程，操作过程符合现场管理要求；平时上课的出勤情况和每天完成工作任务情况；善于多角度思考问题，能主动发现、提出有价值的问题 | | | | 15% | | | |
| 思维状态 | 是否能发现问题、提出问题、分析问题、解决问题 | | | | 10% | | | |
| 自评反馈 | 按时按质完成工作任务；较好地掌握了专业知识点；具有较强的信息分析能力和理解能力；具有较为全面严谨的思维能力并能条理明晰地表述成文 | | | | 25% | | | |
| | 自评等级 | | | | | | | |
| 有益的经验和做法 | | | | | | | | |
| 总结反思建议 | | | | | | | | |

等级评定：A：好；B：较好；C：一般；D：有待提高。

**学生评价互评表——学习任务完成情况评分**

| 班级 | | 姓名 | | 学号 | | 日期 | 年 月 日 | | | |
|---|---|---|---|---|---|---|---|---|---|---|
| 零件图 | | 评价要素 | | 分数 | | 等级评定 | | | | |
| | | | | | | A | B | C | D | |
| | | | | | | | | | | |
| | | | | | | | | | | |
| | | | | | | | | | | |
| | | | | | | | | | | |
| | | | | | | | | | | |
| | | | | | | | | | | |
| | | | | | | | | | | |
| | | 其他(注明扣分项) | | | | | | | | |
| | | | | | | | | | | |
| | | | | | | | | | | |
| | | | | | | | | | | |
| | | | | | | | | | | |
| | | | | | | | | | | |
| | | | | | | | | | | |
| | | | | | | | | | | |
| | | 其他(注明扣分项) | | | | | | | | |
| 互评等级 | | | | | | | | | | |
| 简要评述 | | | | | | | | | | |

等级评定：A：好；B：较好；C：一般；D：有待提高。

## 学生评价互评表——工艺安排评分

| 班级 | | 姓名 | | 学号 | | 日期 | | 年 月 日 | | |
|---|---|---|---|---|---|---|---|---|---|---|
| 评价指标 | 评价要素 | | | | 权重 | 等级评定 | | | | |
| | | | | | | A | B | C | D | |
| 工序工步 | 工序安排合理 | | | | 5% | | | | | |
| | 工步安排合理 | | | | 5% | | | | | |
| 刀具 | 刀具选择合理 | | | | 5% | | | | | |
| | 刀具装夹合理 | | | | 5% | | | | | |
| 量具 | 会正确使用量具 | | | | 5% | | | | | |
| | 测量读数准确 | | | | 5% | | | | | |
| 走刀次数 | 走刀次数安排合理 | | | | 5% | | | | | |
| | 没有多余空走刀 | 具体数值在合理范围内即可 | | | 5% | | | | | |
| 切削深度 | 会计算切削深度 | | | | 5% | | | | | |
| | 切削深度设置合理 | | | | 5% | | | | | |
| 进给量 | 会计算进给量 | | | | 5% | | | | | |
| | 进给量设置合理 | | | | 5% | | | | | |
| 主轴转速 | 会计算主轴转速 | | | | 5% | | | | | |
| | 主轴转速设置合理 | | | | 5% | | | | | |
| 切削速度 | 会计算切削速度 | | | | 10% | | | | | |
| | 切削速度设置合理 | | | | 20% | | | | | |
| 互评等级 | | | | | | | | | | |
| 简要评述 | | | | | | | | | | |

等级评定：A：好；B：较好；C：一般；D：有待提高。

## 学生评价互评表——学习过程评分

| 班级 | | 姓名 | | 学号 | | 日期 | | 年 月 日 | | |
|---|---|---|---|---|---|---|---|---|---|---|
| 评价指标 | 评 价 要 素 | | | | 权重 | 等级评定 | | | | |
| | | | | | | A | B | C | D | |
| 信息检索 | 他是否能有效利用网络资源、工作手册查找有效信息 | | | | 5% | | | | | |
| | 他是否能用自己的语言有条理地去解释、表述所学知识 | | | | 5% | | | | | |
| | 他是否能将查到的信息有效转换到工作中 | | | | 5% | | | | | |
| 感知工作 | 他是否熟悉自己的工作岗位,认同工作价值 | | | | 5% | | | | | |
| | 他在工作中是否获得满足感 | | | | 5% | | | | | |
| 参与状态 | 他与教师、同学之间是否相互尊重、理解、平等 | | | | 5% | | | | | |
| | 他与教师、同学之间是否能够保持多向、丰富、适宜的信息交流 | | | | 5% | | | | | |
| | 他是否能处理好合作学习和独立思考的关系,做到有效学习 | | | | 5% | | | | | |
| | 他是否能提出有意义的问题或发表个人见解;是否能按要求正确操作;是否能够倾听、协作分享 | | | | 5% | | | | | |
| | 他是否积极参与,在产品加工过程中不断学习,综合运用信息技术的能力提高很大 | | | | 5% | | | | | |
| 学习方法 | 他的工作计划、操作技能是否符合规范要求 | | | | 5% | | | | | |
| | 他是否获得了进一步发展的能力 | | | | 5% | | | | | |
| 工作过程 | 他是否遵守管理规程,操作过程是否符合现场管理要求 | | | | 5% | | | | | |
| | 他平时上课的出勤情况和每天完成工作任务情况 | | | | 5% | | | | | |
| | 他是否善于多角度思考问题,主动发现、提出有价值的问题 | | | | 5% | | | | | |
| 思维状态 | 他是否能发现问题、提出问题、分析问题、解决问题 | | | | 5% | | | | | |
| 自评反馈 | 他是否能严肃认真地对待自评,并能独立完成自测试题 | | | | 20% | | | | | |
| 互评等级 | | | | | | | | | | |
| 简要评述 | | | | | | | | | | |

等级评定:A:好;B:较好;C:一般;D:有待提高。

## 活动过程教师评价量化表

| 班级 | | | 姓名 | | 权重 | 评价 | | |
|---|---|---|---|---|---|---|---|---|
| | | | | | | 1 | 2 | 3 |
| 知识策略 | 知识吸收 | 能设法记住要学习的东西 | | | 3% | | | |
| | | 使用多样化手段，通过网络、查阅文献等方式收集到很多有效信息 | | | 3% | | | |
| | 知识构建 | 自觉寻求不同工作任务之间的内在联系 | | | 3% | | | |
| | 知识应用 | 将学习到的东西应用到解决实际问题 | | | 3% | | | |
| 工作策略 | 兴趣取向 | 对课程本身感兴趣，熟悉自己的工作岗位，认同工作价值 | | | 3% | | | |
| | 成就取向 | 学习的目的是获得高水平的技能 | | | 3% | | | |
| | 批判性思考 | 谈到或听到一个推论或结论时，他会考虑到其他可能的答案 | | | 3% | | | |
| 管理策略 | 自我管理 | 若他不能很好地理解学习内容，会设法找到该任务相关的其他资讯 | | | 3% | | | |
| | 过程管理 | 能正确回答材料中和教师提出的问题 | | | 3% | | | |
| | | 能根据提供的材料、工作页和教师指导进行有效学习 | | | 3% | | | |
| | | 针对工作任务，能反复查找资料、反复研讨，编制有效的工作计划 | | | 3% | | | |
| | | 工作过程留有研讨记录 | | | 3% | | | |
| | | 团队合作中主动承担任务 | | | 3% | | | |
| | 时间管理 | 有效组织学习时间和按时按质完成工作任务 | | | 3% | | | |
| | 结果管理 | 在学习过程中有满足、成功与喜悦等体验，对后续学习更有信心 | | | 3% | | | |
| | | 根据研讨内容，对讨论知识、步骤、方法进行合理的修改和应用 | | | 3% | | | |
| | | 课后能积极有效地进行学习和自我反思，总结学习的长短之处 | | | 3% | | | |
| | | 规范撰写工作小结，能进行经验交流与工作反馈 | | | 3% | | | |
| 过程状态 | 交往状态 | 与教师、同学之间交流语言得体、彬彬有礼 | | | 3% | | | |
| | | 与教师、同学之间保持多向、丰富、适宜的信息交流和合作 | | | 3% | | | |
| | 思维状态 | 学生能用自己的语言有条理地去解释、表述所学知识 | | | 3% | | | |
| | | 学生善于多角度思考问题，能主动提出有价值的问题 | | | 3% | | | |
| | 情绪状态 | 能自我调控好学习情绪，随着教学进程而产生不同的情绪变化 | | | 3% | | | |
| | 生成状态 | 学生能总结当堂学习所得，或提出深层次的问题 | | | 3% | | | |
| | 组内合作过程 | 分工及任务目标明确，并能积极组织或参与小组工作 | | | 3% | | | |
| | | 积极参与小组讨论并能充分地表达自己的思想或意见 | | | 3% | | | |
| | 组际总结过程 | 能采取多种形式展示本小组的工作成果，并进行交流反馈 | | | 3% | | | |
| | | 对其他组学生所提出的疑问能做出积极有效的解释 | | | 3% | | | |
| | | 认真听取同学发言，能大胆地质疑或提出不同意见或更深层次的问题 | | | 3% | | | |
| | 工作总结 | 规范撰写工作总结 | | | 3% | | | |
| 自评 | 综合评价 | 严肃按照《活动过程评价自评表》认真地对待自评 | | | 5% | | | |
| 互评 | 综合评价 | 严肃按照《活动过程评价互评表》认真地对待互评 | | | 5% | | | |
| 总评等级 | | | | | | | | |
| 建议 | | | | | | 评定人：(签名) | | |

**注** 除"自评、互评"权重为5%外，其他均为3%。

# 项目五

# 曲面类零件加工

曲面加工

曲面类零件的粗加工与二次粗加工与前面所讲述的平面类零件的粗精加工基本相同，都是应用型腔铣进行粗加工，一些平面还是应用面铣进行，曲面的精加工就要应用固定轴曲面轮廓铣和等高轮廓铣来进行。这种加工方式与之前的面铣、型腔铣完全不同，是三轴联动的，其生成刀轨的原理也不相同，它是固定轴三轴铣削中的最高级的加工方式。其主要的设计目的就是对曲面进行精加工。

曲面模型文件下载

固定轴曲面轮廓铣属于三轴联动加工，主要用于曲面的半精加工和精加工，刀具轴始终为一固定矢量方向，它可以精确地沿着几何体的轮廓切削，有效地去除掉多余的材料，常用于型腔铣后的精加工。

## 任务一 投影法介绍

投影法是选择驱动方式（驱动方式决定选择使用的驱动的几何体），由驱动几何体生成一次导轨，并将一次导轨沿投影矢量方向进行投影，在零件几何体的表面产生二次导轨。

### 一、驱动方式

UG 编程提供了曲线/点、螺旋、边界、区域铣削、曲面、流线、清根等多种驱动方式，如图 5-1 所示。各种驱动方式用于生成驱动点，驱动点就是一次导轨。不定义零件几何体，刀轨就直接在驱动点生成创建；定义了零件几何体，系统就把驱动点沿着投影方向投影到零件几何体上，从而创建刀轨。

### 二、驱动几何体

驱动几何体由驱动方法选项来定义，其可以是曲线、点（如曲线/点边界线、轮廓线、螺旋线等方式）、表面或独立的曲面对象（如区域铣削、曲面、流线等方式）。

（1）曲线/点。通过指定点和选择曲线来定义驱动几何体。此种驱动方式须由现成的曲线来定义驱动几何体，适合于模具上的刻字加工或狭窄异形槽的加工。

（2）螺旋。从指定的中心点向外螺旋的驱动点。螺旋驱动方式有指定的中心点，往外以螺旋环绕方式向外扩展来产生驱动点，这些驱动点沿着指定的投影向量，投影到选取的

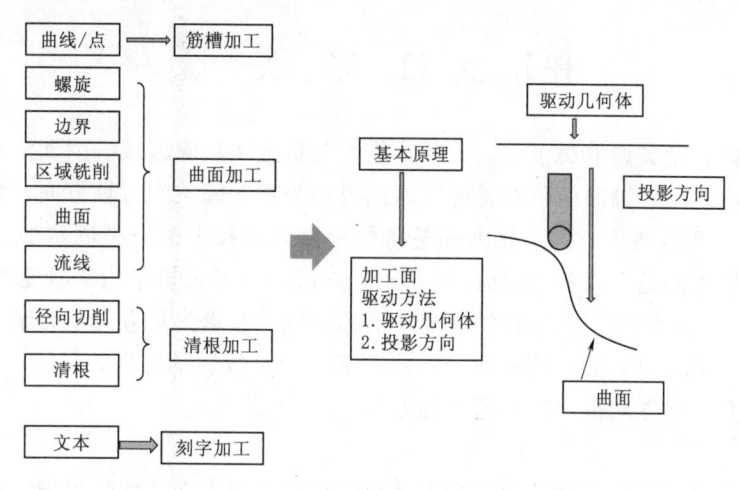

图 5-1

工件曲面上而产生刀位轨迹,螺旋驱动方式的横向进刀,是以滑顺且连续的方式往外移动,维持固定的切削速度且滑顺移动的驱动方式可以减少刀具进刀时的震动,特别适合于高速切削加工。

(3) 边界。通过指定边界和环定义切削区域。对于复杂的零件表面轮廓可以通过边界驱动进行加工。边界驱动方法中驱动几何体的定义与平面铣的加工类似,需定义边界,但不同的是边界驱动方式是针对复杂曲面产生精加工的刀路,且效率较高。

(4) 区域铣削。通过指定切削区域几何体定义切削区域,有默认的驱动几何体。区域切削驱动方法全面检查零件几何体,可以限制切削范围,加工零件的局部区域,也可以加工整个零件几何体。区域铣削驱动方法不需创建边界,直接选择零件整体或其局部区域,实现复杂的曲面加工,因此常替代边界加工。

(5) 曲面。定义位于驱动曲面栅格中的驱动点阵列。驱动点沿指定的投影方向投影到指定的零件表面上以生成刀轨。可控制投影向量,使其与驱动面具有相关性。一般用于各种复杂曲面的精加工和多轴加工。

(6) 流线。根据选中的几何体来构建隐式驱动曲面。流线驱动方式类似于曲面区域驱动方式,可用于精加工操作。流线驱动可以通过定义切削区域定义加工区域,切削方向可单独设定,刀具位置增加接触设置,可加工修剪和未修剪曲面产生更平顺的精加工路径,能更加快速更加有效地加工。

(7) 径向切削。使用指定的步距、带宽和切削类型生成沿给定边界并垂直于给定边界的驱动轨迹。

(8) 清根。沿部件表面形成的凹角和凹部生成驱动点。在清根切削驱动方法中,系统全面检查零件几何体,找到在前面的操作中刀具加工不到的区域,可以用一把小刀或特殊刀具加工这些区域,以清除前面操作未切削的材料。它是一种比较智能化的驱动方式。

(9) 文本。选择注释并指定在部件上雕刻文本的深度。当需要在零件的曲面上雕刻信息或标识时,就需要用文本操作(即刻字加工),用他写的字来生成刀具轨迹。

# 任务二 投 影 矢 量

可用的投影矢量类型取决于驱动方式,投影矢量选项是除区域铣削和清根之外的所有驱动方式都有的。固定轴曲面轮廓铣中默认的投影矢量是固定的刀轴方向,默认的刀轴方向是+ZM。UG 编程规定:固定轴曲面轮廓铣中默认的投影矢量是固定的刀轴的相反方向,默认的刀轴方向是+ZM,实际上就是-Z方向。投影矢量是用来规定驱动点如何向零件表面投射,同时决定刀具接触的是零件的哪一侧。投影矢量方向与刀轴方向不一定是一致的,投影矢量和刀轴矢量的区别之处就在于一个是投影的方向,一个是刀轴的方向,投影矢量可以是刀轴方向也可以不是刀轴方向。

1. 远离点

远离点允许定义向焦点收敛的可变刀具轴。用户可使用点子功能来指定点。刀具轴矢量指向定义的焦点并指向刀柄,如图 5-2 所示。

2. 朝向点

朝向点允许定义偏离焦点的可变刀具轴。用户可使用点子功能来指定点。刀具轴矢量从定义的焦点离开并指向刀柄,如图 5-3 所示。

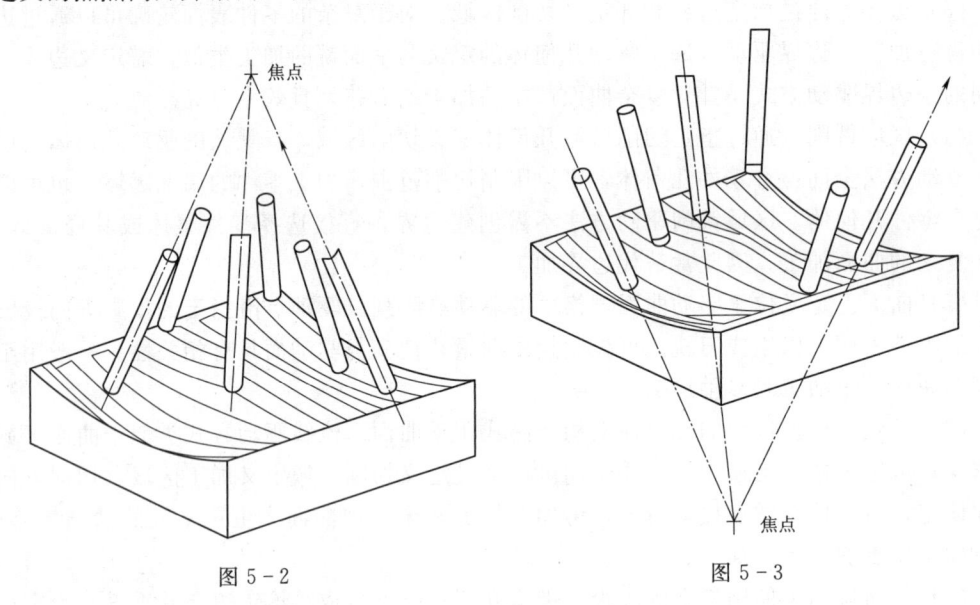

图 5-2

图 5-3

3. 远离直线

远离直线允许定义偏离聚焦线的可变刀具轴。刀具轴沿聚焦线移动,但与该聚焦线保持垂直。刀具在平行平面间运动。刀具轴矢量从定义的聚焦线离开并指向刀柄,如图 5-4 所示。

4. 朝向直线

朝向直线允许定义向聚焦线收敛的可变刀具轴。刀具轴沿聚焦线移动,但与该聚焦线保持垂直。刀具在平行平面间运动。刀具轴矢量指向定义的聚焦线并指向刀柄,如图

5-5所示。

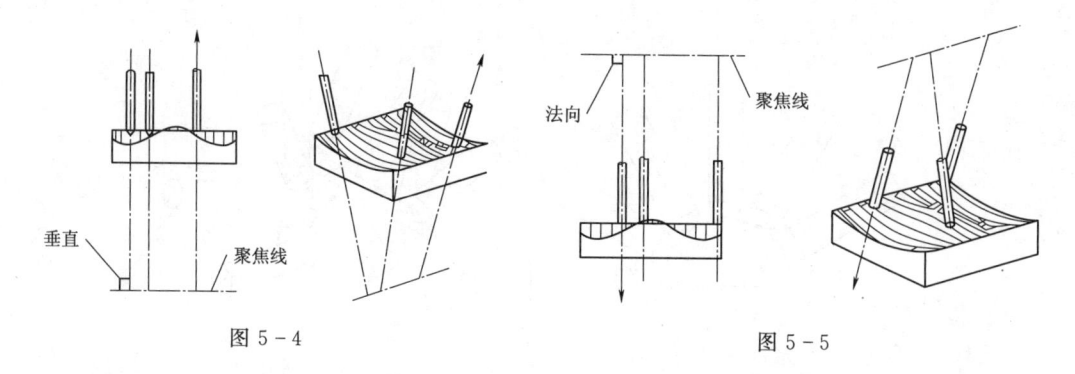

图 5-4　　　　　　　　　　图 5-5

**5. 垂直于驱动曲面**

垂直于驱动曲面允许定义在每个驱动点处垂直于驱动曲面的可变刀具轴。由于此选项需要用到一个驱动曲面，因此它只在使用了曲面区域驱动方式后才可用。

垂直于驱动曲面可用于在非常复杂的部件表面上控制刀具轴的运动，如图5-6所示。

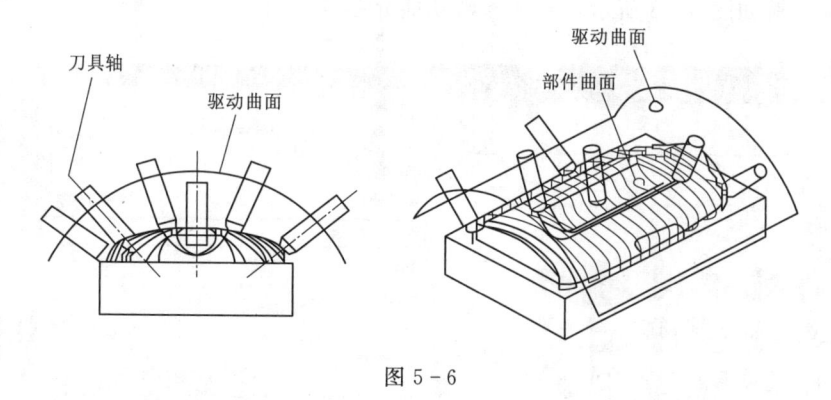

图 5-6

图5-6中构建的驱动曲面专门用于在刀具加工部件表面时对刀具轴进行控制。由于刀具轴沿着驱动曲面的轮廓而不是部件表面进行加工，因此它的往复运动更为光顺。

当未定义部件表面时，可以直接加工驱动曲面，如图5-7所示。

**6. 朝向驱动体**

定义投影矢量为驱动曲面的法向，与垂直于驱动体不同的是投影从距驱动面近处开始。

**7. 侧刃划线**

侧刃驱动体只有在驱动方式为曲面、流线时有效。侧刃驱动允许定义沿驱动曲面的侧刃划线移动刀轴。此刀轴允许刀具的侧面切削驱动曲面，而刀尖切削部件表面。如果刀具不带锥度，那么刀轴将平行于侧刃划线。如果刀具带锥度，刀轴将与侧刃划线成一定角度，但两者共面，驱动曲面将支配刀具侧面的移动，而部件表面将支配刀尖的移动。

垂直于驱动曲面

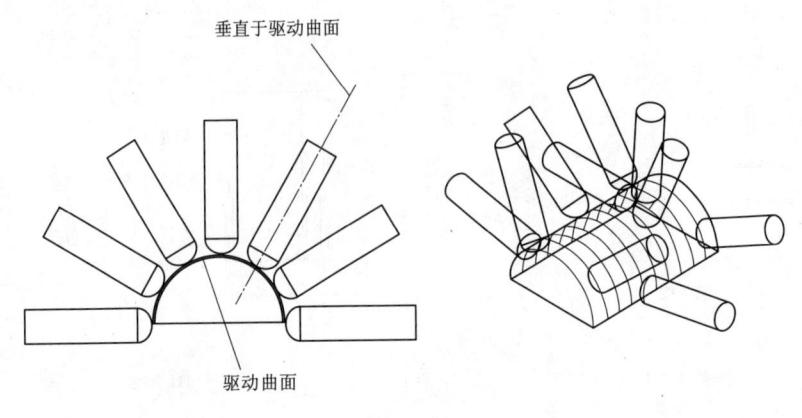

驱动曲面

图 5-7

## 任务三　等高轮廓铣参数

等高轮廓铣如图 5-8 所示，具体参数功能介绍如下。

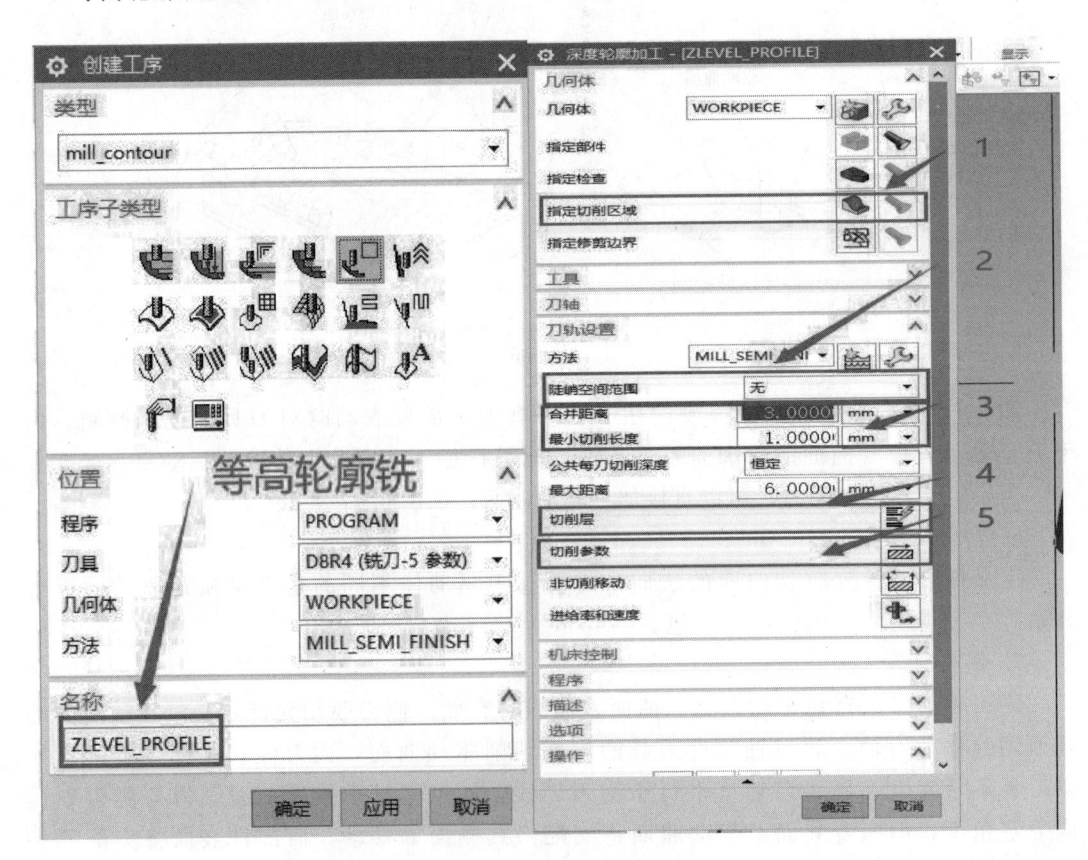

图 5-8

1. 指定切削区域

"指定切削区域"与型腔铣中的"指定切削区域"一致,都是选定要加工的工件表面。

2. 陡峭空间范围

"陡峭空间范围"中有"无"和"仅陡峭"两个选项,选择"仅陡峭"后软件会出现陡峭角度的设定,当设定好角度后软件只加工大于或等于此角度的区域表面。选择"无",软件加工整个零件或者选定的区域中所有大于 0°的轮廓曲面,但不会加工 0°的平面。

3. 合并距离和最小切削长度

**合并距离**:如果两个相邻的陡峭区的边界最接近点之间的距离小于此处输入的合并距离,这两个区域被融合为一个区域,此选项可以消除小的不连续的和不必要的间隙。一般情况下,这个距离值不能大于加工所用刀具直径的 100%,否则生成的刀轨将不可靠或者根本不起作用。

**最小切削长度**:如果在切削的区域内存在其长度小于此处输入的长度值的导轨段,系统就不会在此处生成这段导轨。

4. 切削层

在"切削层"选项对话框中选择"最优化",它的作用是无论是陡峭区或者是平坦区域,都能实现均匀的区域深度,保证加工出来的零件表面光洁度一致,完全能够满足要求不是特别严格工件的精加工,特别是在平坦区域不是特别平坦的情况下,如图 5-9 所示。

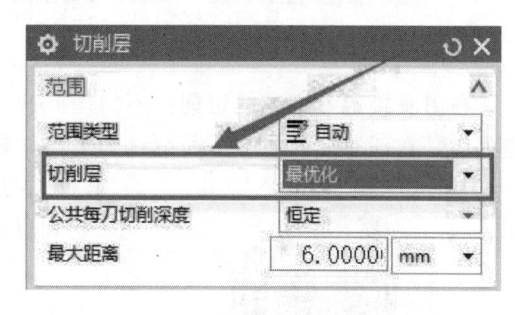

图 5-9

5. 切削参数

切削参数如图 5-10 所示。

图 5-10

**在边上延伸**:在定义毛坯的情况下,沿着切线方向延伸开放腔体的刀轨并消除滚边,如果延伸距离超过了毛坯,则切削将在毛坯处被中断,如图 5-11 所示。不定义毛坯,只指定切削区域的情况下，指在开口区域沿外部边缘上向外切线延伸，不做Z轴方向的延伸。

**在边上滚动刀具**："在边上滚动刀具"是指在刀具轨迹的延伸超出部件表面的边缘时，刀具沿着部件表面的边缘滚过，很可能会过切部件。当零件表面存在的间隙大于等于刀具直径时，需要退刀和进刀移动以穿越缝隙。这时使用此参数就可以防止刀具滚动现象的发生，如图5-12所示。

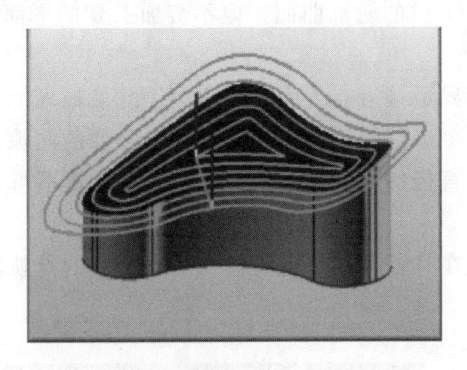

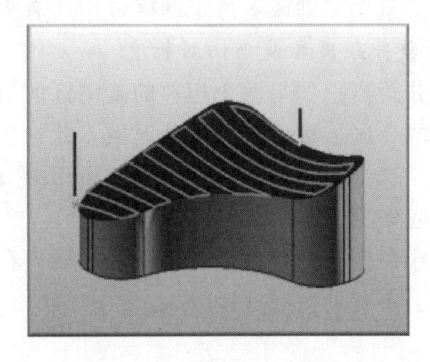

图5-11

图5-12

**在刀具接触点下继续切削**：不使用此选项时，在任意反向曲率之前停止加工；勾选此选项时，在任意反向曲率下面继续加工部件轮廓线，如图5-13所示。

**在层之间切削**：在层间进行切削可消除在标准层到层加工操作中留在浅区域中的大残余波峰，不必为非陡峭区域创建单独的区域铣削操作，也不必使用非常小的切削深度来控制非陡峭区域的残余波峰，如图5-14所示。

在层之间切削的含义是在平坦的区域生成去除残留材料的刀轨。可消除因在含有大残余波峰的区域中快速进刀和退刀而产生的刀具磨损甚至破裂，其中这些大的波峰残料是从先前的操作中留下的，

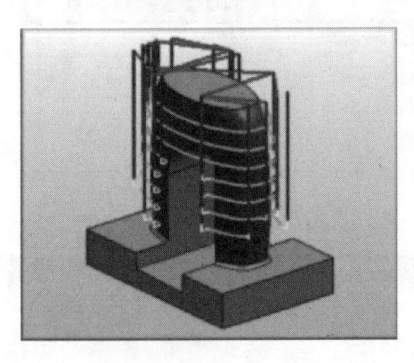

图5-13

当用于半精加工时该操作可生成更多的均匀余量；当用于精加工时退刀和进刀的次数更少，并且表面精加工更连贯。他与层的最优化的区别在于它是在平坦的区域实现刀补功能，而且能铣削加工纯0°的平面，而层的最优化，只是使陡峭与平坦区域的刀间距均匀化，不能实现对纯0°的平面加工。

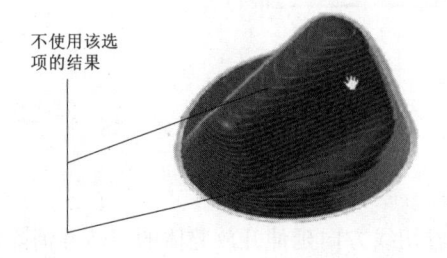

不使用该选项的结果　　使用该选项的结果

图5-14

**层到层**：确定刀具轨迹从一层加工到下一层加工如何运动，"层到层"下拉框有"使用转移方法""直接对部件进刀""沿部件斜进刀""沿部件交叉斜进刀"4个选项。

**使用转移方法**：是使用"进/退刀"对话框中指定的层与层之间的运动方式。其优点是保持一个切削方向，缺点是跳刀太多，如图5-15所示。

**直接对部件进刀**：是指刀具在完成一切削层后直接在部件表面运动至下一个切削层。其优点是刀路间没有抬刀，减少了空刀；缺点是易踩刀，刀尖易磨损。混合铣常用此方式，如图5-16所示。

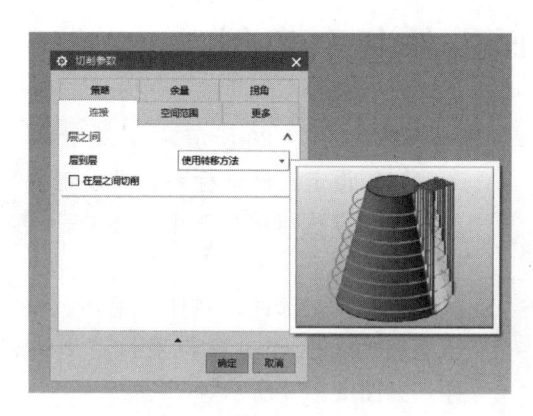

图 5-15

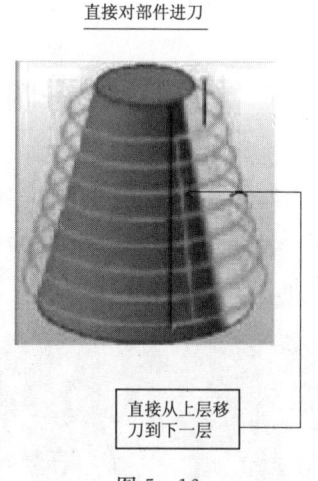

图 5-16

**沿部件斜进刀**：层间运动方式是斜坡角进刀，这种切削方式具有更恒定的切削深度和残余波峰，并能在部件顶层和底层生成完成的刀路。其优点是减少了空刀，刀尖不易磨损，如图5-17所示。

**沿部件交叉斜进刀**：与沿部件斜进刀相似，且所有斜式运动首尾相接。其优点是减少了空刀，刀具不易磨损，高速切削中常用，如图5-18所示。

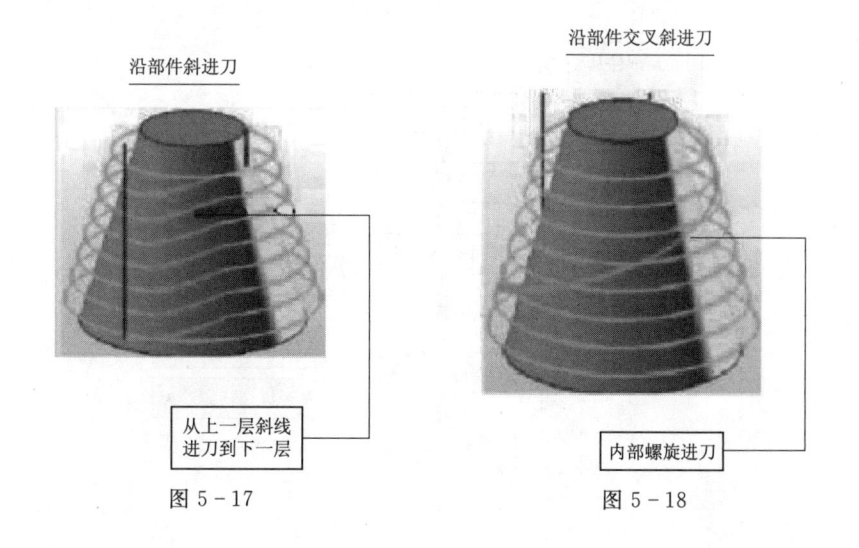

图 5-17

图 5-18

等高轮廓铣也可以用于粗加工及毛坯料只比零件多出几个毫米的情况下，只要不超过使用刀具的直径就可以使用。粗加工中一般情况下使用传递的方法比较安全，直接对部件则通常情况下使用在半精加工中，因为直接下刀会在零件的表面留下刀痕，同时由于直接对部件是直接的下踩，所以不适合开粗加工，也不适合封闭的区域，一般仅用于开放的区域，由于粗加工和半精加工没有表面质量的要求，只加工出均匀的余量，给精加工做准备，所以对于粗加工和半精加工可以使用这两种方法。而对于精加工推荐使用后面两种方法，因为它无论是斜状或螺旋都是跟随零件的形状轮廓进行走刀不但提高加工效率，也不会在零件表面留下刀痕。

## 任务四　曲面零件加工实例

加工如图5-19所示零件，零件编程的基本过程如图5-20所示。

图5-19

（1）设定工件坐标系。设定工件坐标系的过程和方法与项目三中讲述的一样，如图5-21所示。

（2）设定部件几何体和毛坯。设定工件与毛坯的方法和过程与项目三中讲述的一样，如图5-22所示。

（3）设定加工刀具。零件最小曲率半径决定刀具半径的大小，经测量工件，工件最小圆弧半径为R2.5，其余半径为R5，因此我们设定D20R0为粗加工刀具，用于快速去除加工余量；D8R0为二次粗加工刀具，主要用于加工D20R0加工不到的区域；D8R4为半精加工和精加工刀具，用于加工曲面和

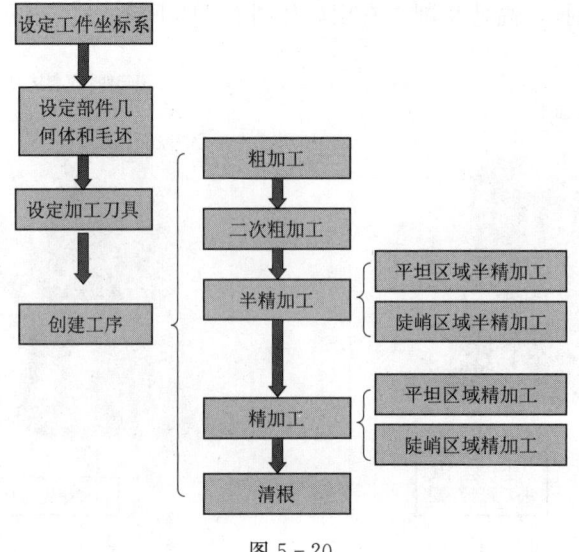

图5-20

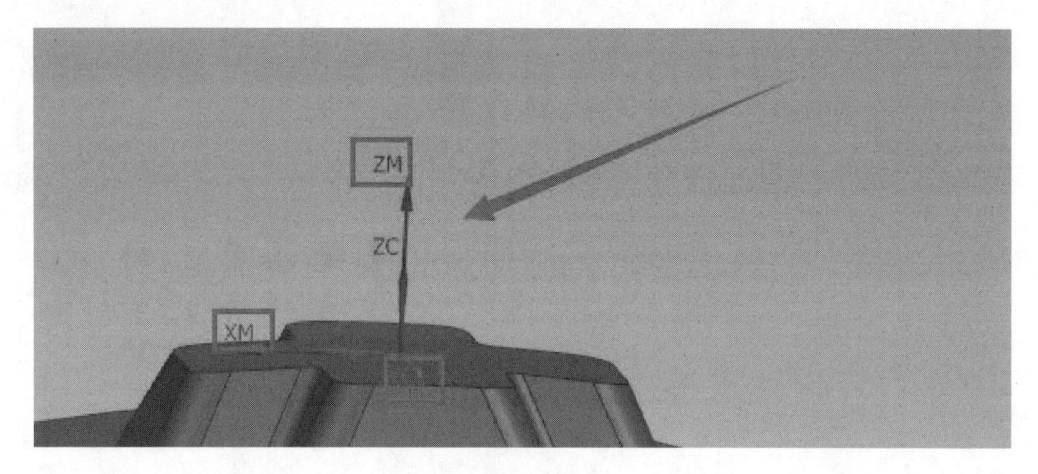

图 5-21

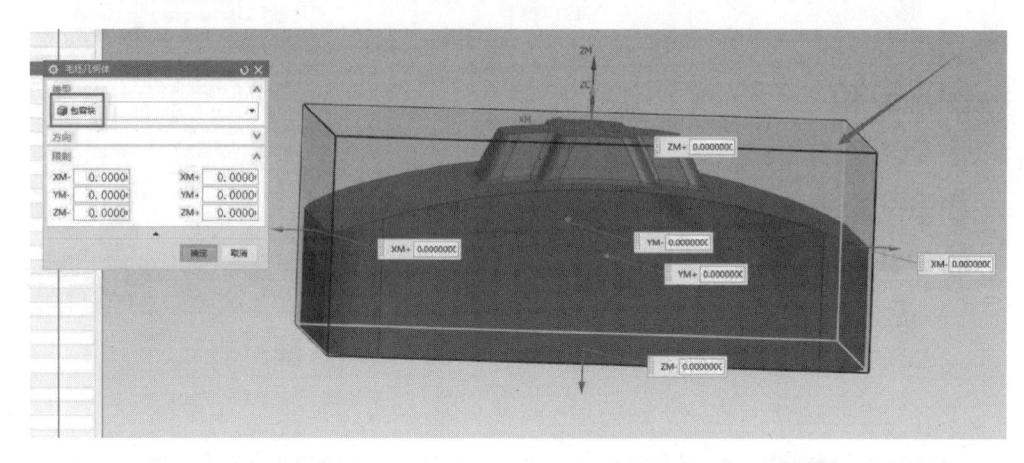

图 5-22

R5 圆弧面；D4R2 为清根刀具，用于加工 R2.5 圆弧面。如图 5-23 所示。

（4）创建工序。

## 工序一　粗　加　工

粗加工选择型腔铣与项目四中型腔铣的设定方法一样。

（1）选择型腔铣，设置位置参数，如图 5-24 所示。单击"确定"按钮，进入型腔铣对话框。

（2）单击"指定切削区域"按钮，进入切削区域对话框，框选如图 5-25 所示的曲面，单击"确定"返回型腔铣对话框。

（3）按照图 5-26 所示设置非切削移动参数，单击"确定"返回型腔铣对话框。

（4）按照图 5-27 所示设置进给率与主轴转速，单击"确定"按钮返回型腔铣对话框。

项目五 曲面类零件加工

D20R0
D8R0
D8R4
D4R2

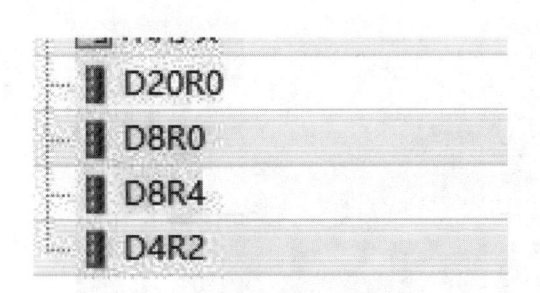

图 5-23

图 5-24

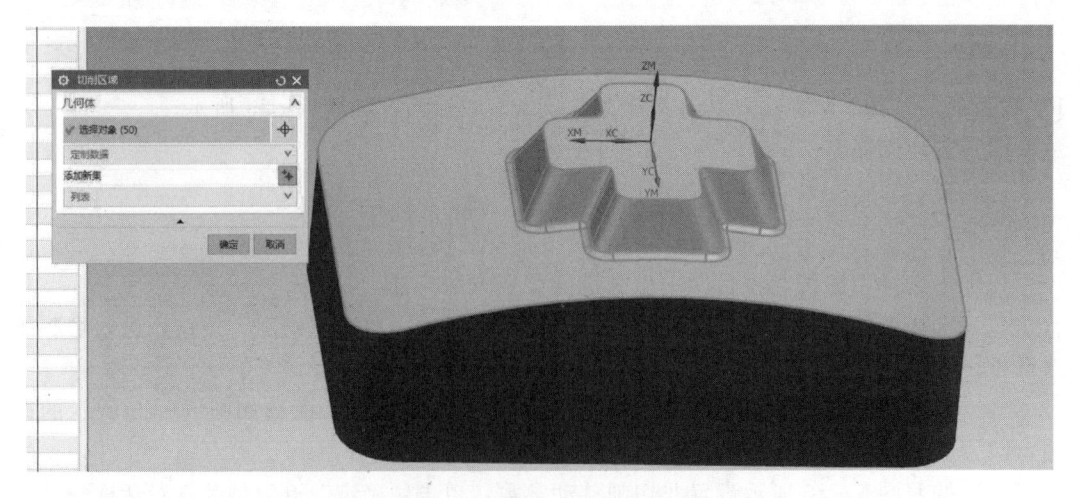

图 5-25

146

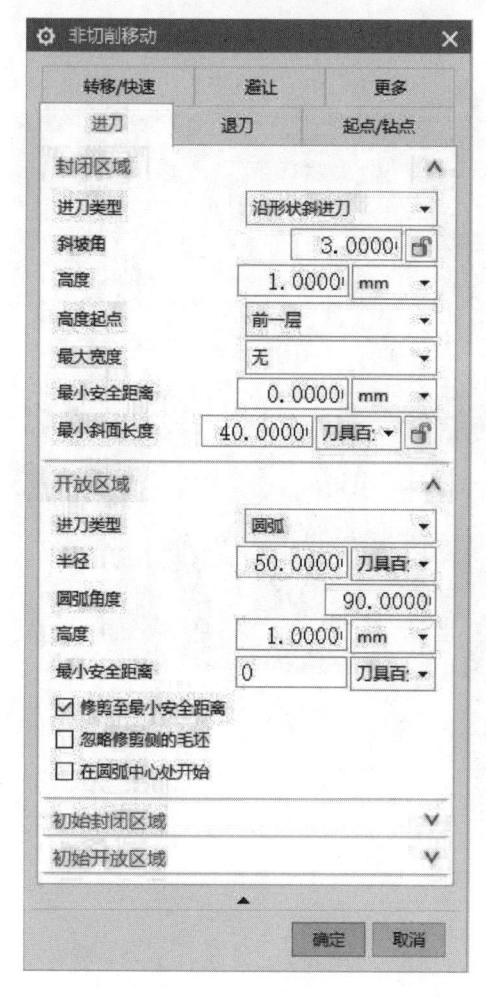

图 5-26                    图 5-27

单击生成按钮，生成如图 5-28 所示刀路。

## 工序二　二次粗加工

复制粗加工刀路，双击打开复制的粗加工刀路，单击"切削参数"，进入"切削参数"对话框，单击"空间范围"，在毛坯下拉列表框中选择处理中的工件，在处理中的工件对话框中，选择"使用基于层的"选项。单击"确定"返回"切削参数"对话框，单击"工具"，在刀具下拉列表框中选择 D8R0 的刀具，如图 5-29 所示。

调整主轴转速和进给速度，如图 5-30 所示。

单击生成按钮，生成刀路如图 5-31 所示。

从图 5-31 中发现刀路跳刀较多，单击"切削参数"，在切削选项卡中，"切削顺序"选择"深度优先"，如图 5-32 所示，单击非切削参数对话框，单击"转移/快速"选项卡，在"转移/快速"选项卡中选择区域内对话框，单击"转移类型"下拉列表框，选择"前一平面"，安全距离设置为"0.5000mm"，如图 5-33 所示。

项目五 曲面类零件加工

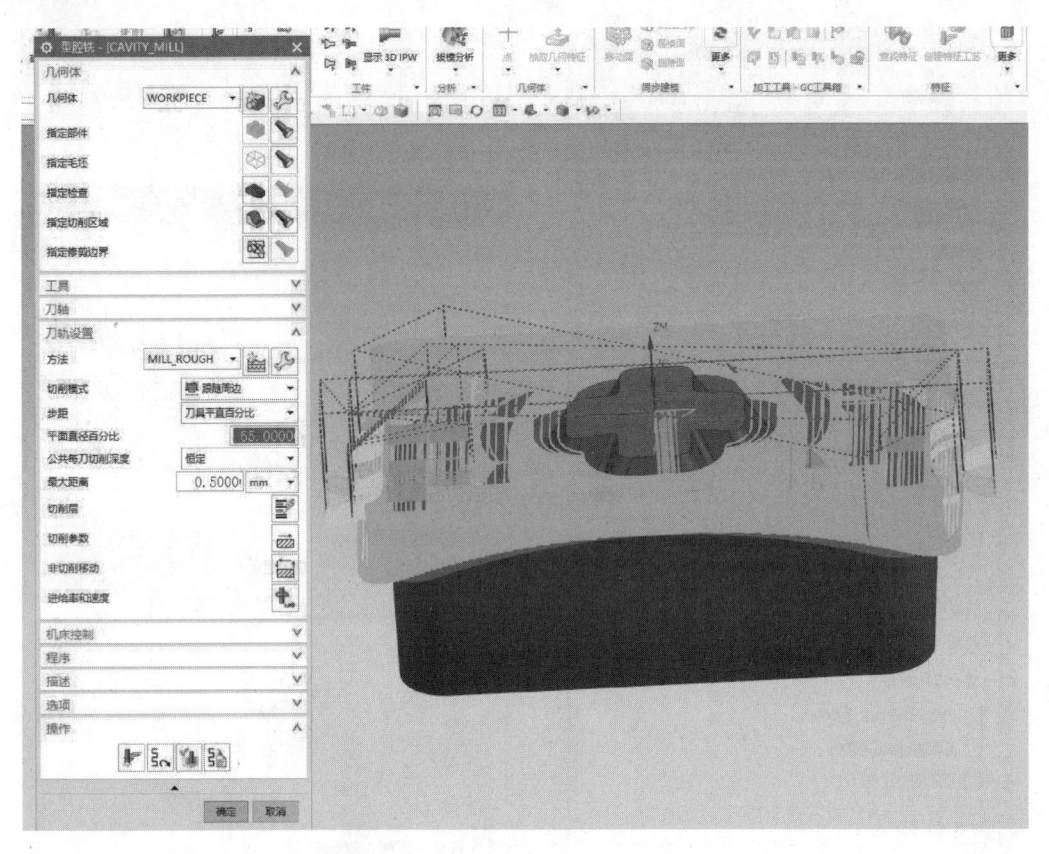

图 5-28

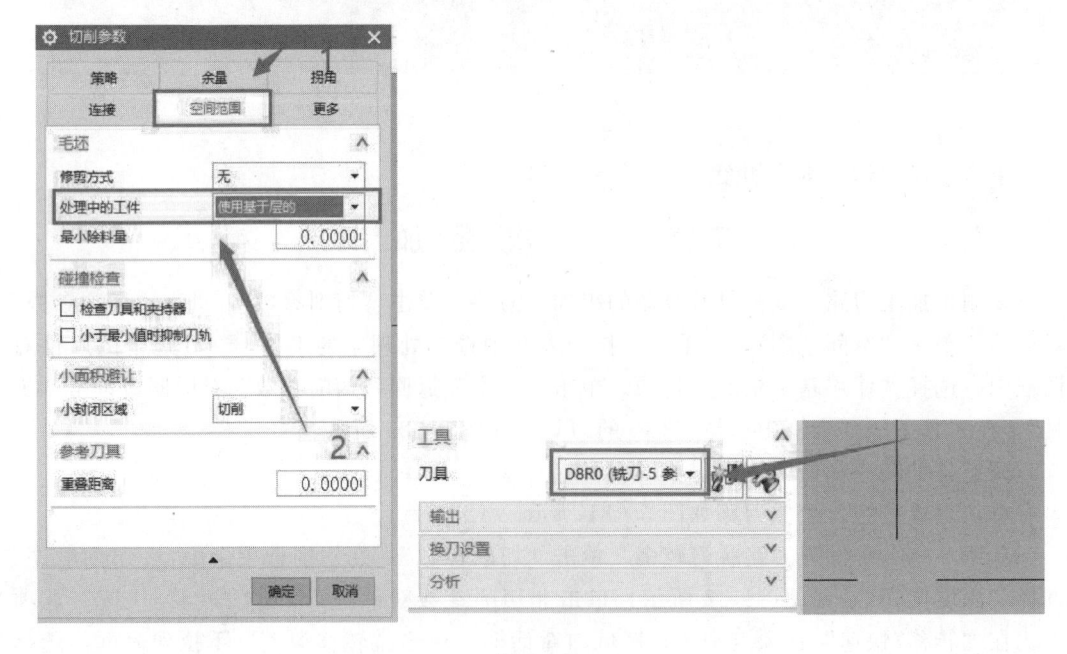

图 5-29

148

图 5-30

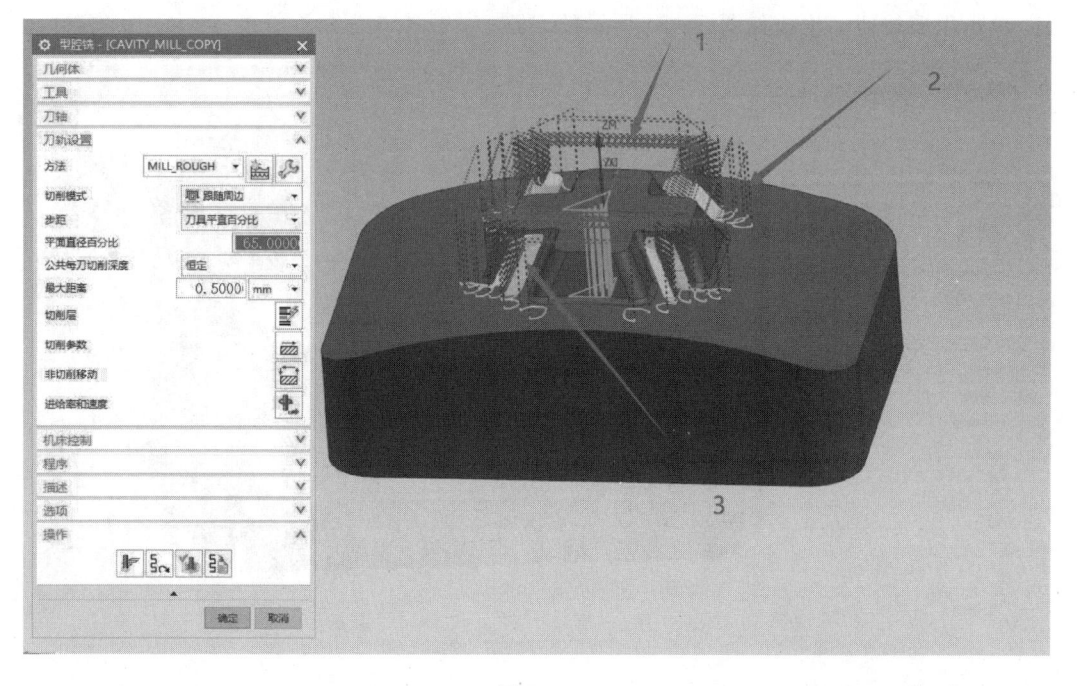

图 5-31

图 5-32

图 5-33

单击生成按钮，生成如图 5-34 所示的刀路。

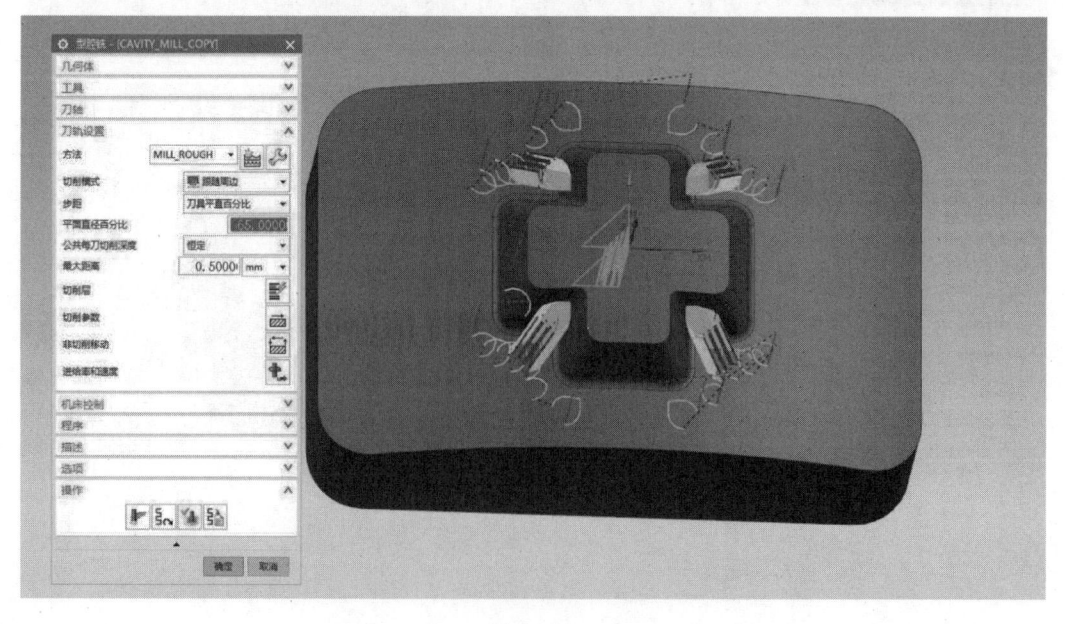

图 5-34

## 工序三 半 精 加 工

加工陡峭区最适合的方法是等高加工,加工平坦区的最适合的方法则是区域铣削。
(1) 平坦区域半精加工工序。

单击"创建工序"按钮,进入"固定轴曲面轮廓铣"对话框,如图 5-35 所示设置位置参数。

单击"确定"按钮进入 FIXED_CONTOUR 对话框,如图 5-36 所示。

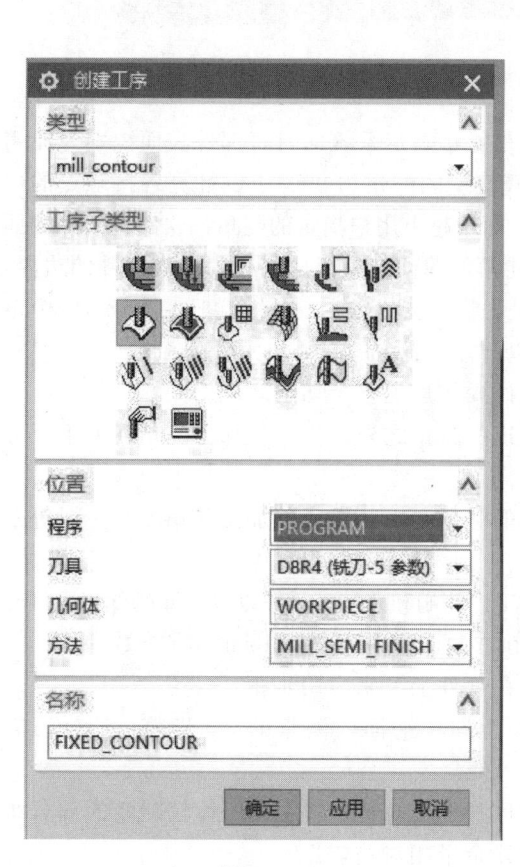

图 5-35

图 5-36

单击"指定切削区域"按钮,选择要加工的曲面,如图 5-37 所示。

在驱动方法中,选择"区域铣削",单击"编辑"按钮,进入"区域铣削驱动方法"对话框,如图 5-38 所示。各参数功能介绍如下:

**陡峭空间范围**:只根据刀轨的陡峭度限制切削区域,它可以用于控制残余高度和避免

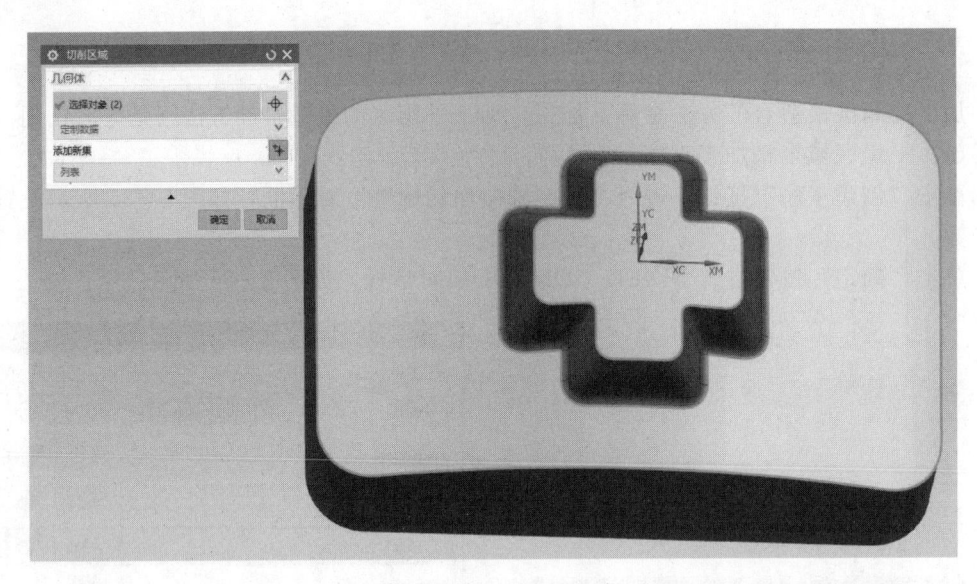

图 5-37

将刀具插入陡峭曲面的材料中，陡角的目的就是能够确定系统何时将部件表面识别为陡峭的，例如平缓的纯平面的曲面陡角就为 0°，而竖直壁的陡角为 90°，UG 计算各接触点的部件表面角度并将其与陡角进行比较，只要实际表面角超出用户指定的陡角，软件就认为表面是陡峭的；生成刀轨后，凡是超出用户指定的陡角的曲面，就组成封闭的接触条件的边界，成为可选的切削区域从而来清理加工实体，就是说指定陡角以后，系统就把零件分为两个范围——陡峭的和非陡峭的，根据切削的目的可以选择两者中的一个作为切削区域。

**无**：不向刀轨施加陡峭角度限制，并且允许操作加工整个切削区域。

**定向陡峭**：就是将刀轨的陡峭度限制在指定的陡角之外。操作仅加工陡峭度大于或等于指定的陡角的区域。

**非陡峭**：就是将刀轨的陡峭度限制在指定的陡角之内。操作仅加工陡峭度小于或等于指定陡角的区域。

**陡峭和非陡峭**：对陡峭和非陡峭区域进行加工。陡峭和非陡峭区域以设定陡峭壁角度区分创建单独的切削区域。非陡峭区域应用非陡峭切削参数，陡峭区域应用陡峭切削参数。

**步距已应用**：可以选择"在平面上"或"在部件上"来应用步距。

**在平面上**：步进是在垂直于刀具轴的平面上即水平面内测量的 2D 步距，产生刀轨"在平面上"适用于坡度改变不大的零件加工。

**在部件上**：步进是沿着部件测量的 3D 步距，可以实现对部件几何体较陡峭的部分维持更紧密的步进，以实现整个切削区域的切削残余量相对均匀。

具体参数设置如图 5-38 所示。

单击"确定"按钮，返回到"固定轮廓铣"对话框，单击"切削参数"按钮，进入切削参数对话框，修改余量参数，如图 5-39 所示。

单击"确定"按钮，返回固定轴轮廓铣对话框，单击"进给率和速度"按钮，设置参数，如图 5-40 所示。

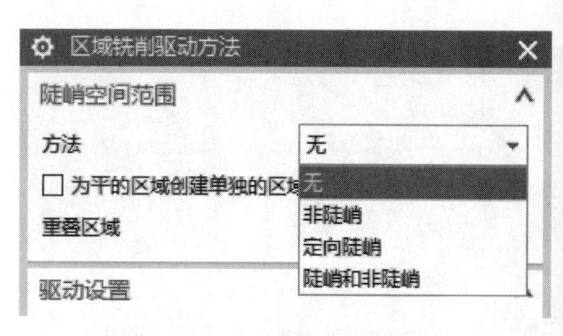

图 5-38

图 5-39

图 5-40

单击"确定"按钮，返回固定轴轮廓铣对话框，单击生成按钮，生成如图 5-41 所示的刀具路径。

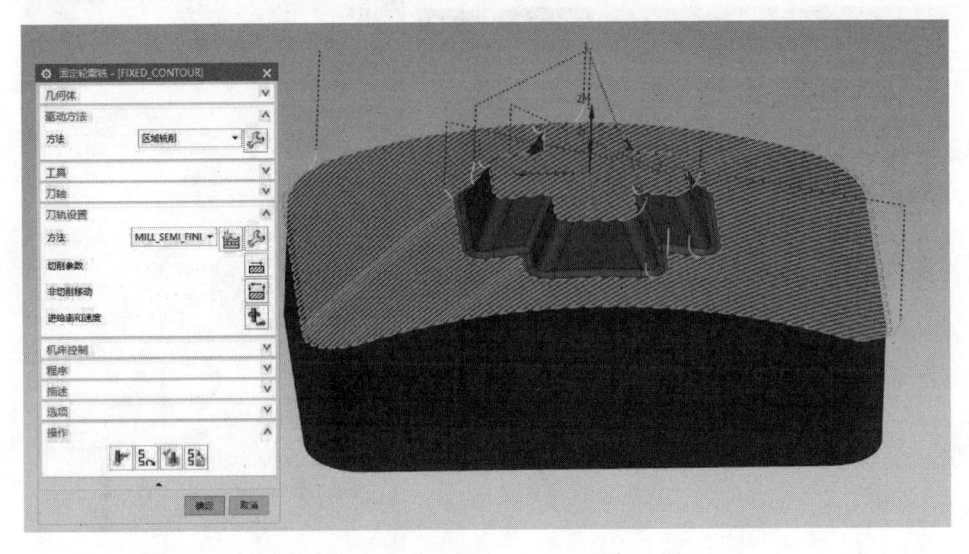

图 5-41

（2）陡峭区域的半精加工。

单击"创建工序"按钮，选择深度轮廓加工（等高轮廓铣），如图 5-42 所示。

图 5-42

单击"确定"按钮,进入深度轮廓加工对话框,点击"指定切削区域"按钮,选择需要加工的曲面,如图5-43所示。

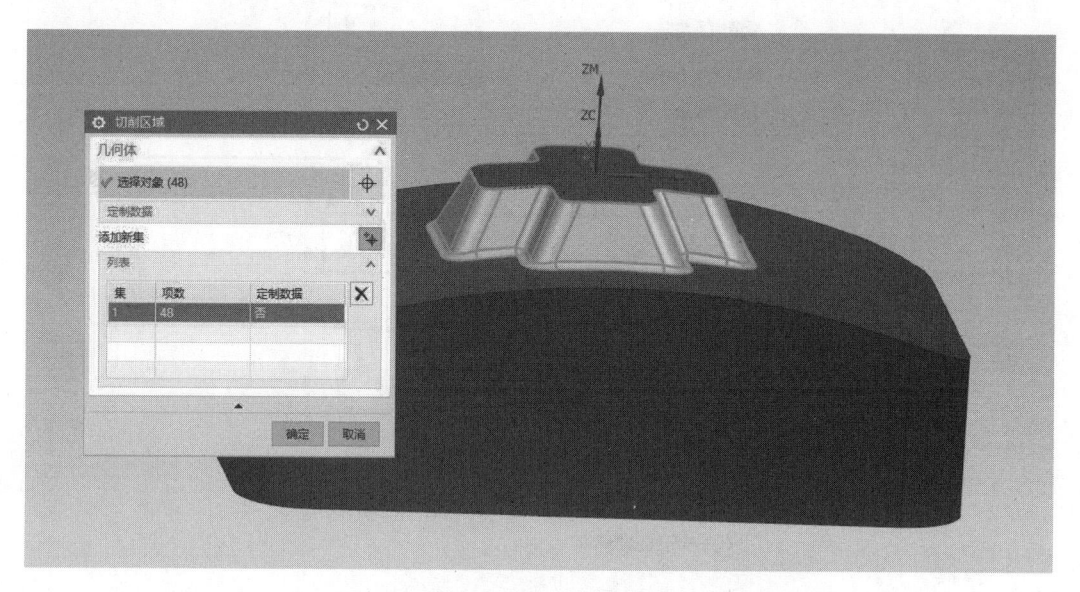

图 5-43

单击"确定"按钮,返回深度轮廓加工对话框,将下刀距离修改为"0.2000mm",如图5-44所示。

点击"切削参数"对话框,按照图5-45所示修改参数。

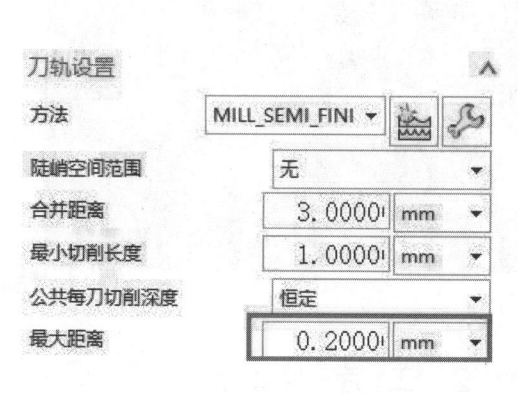

图 5-44

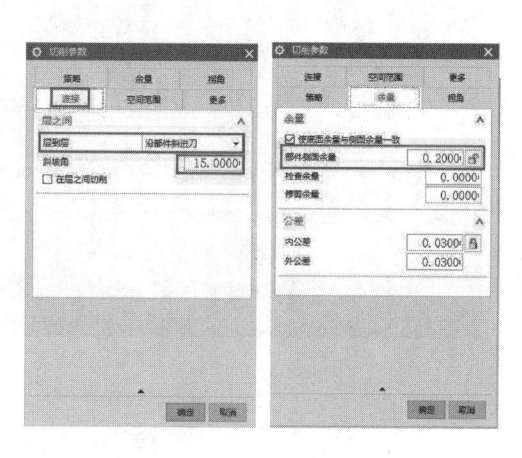

图 5-45

单击"确定"按钮,返回深度轮廓加工对话框,点击"进给率和速度"对话框,修改参数,如图5-46所示。

单击"确定"按钮,返回深度轮廓加工对话框,点击生成按钮,生成如图5-47所示的刀路。

单击"确定"按钮,生成如图5-48所示的刀路。

图 5-46

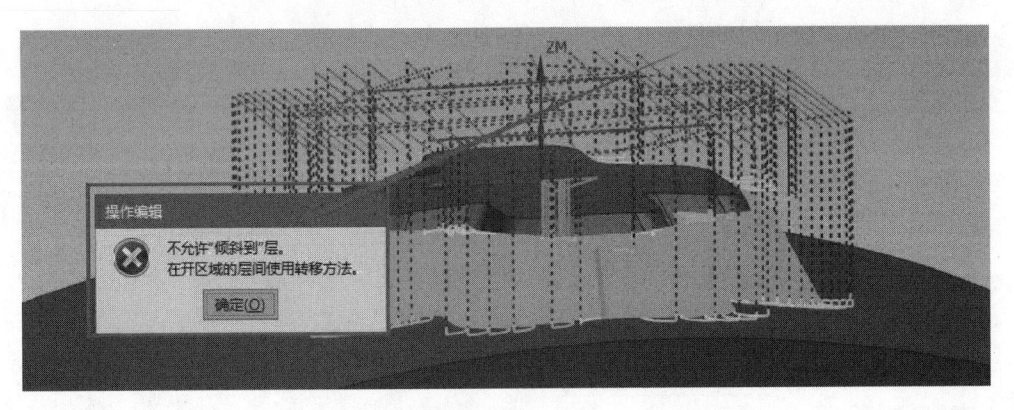

图 5-47

## 工序四　精加工工序

(1) 平坦区域精加工工序。

复制平坦区域的半精加工的刀具路径，如图 5-49 所示。

双击复制的刀具路径进行参数修改，单击区域铣削编辑按钮，设置如图 5-50 所示参数。

单击"确定"按钮，返回区域铣削对话框，将加工方法修改成精加工，如图 5-51 所示。

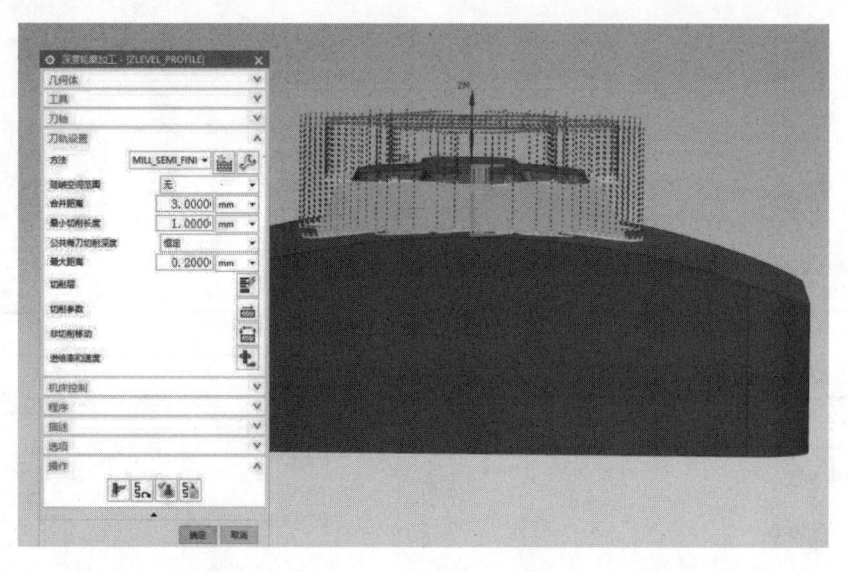

图 5-48

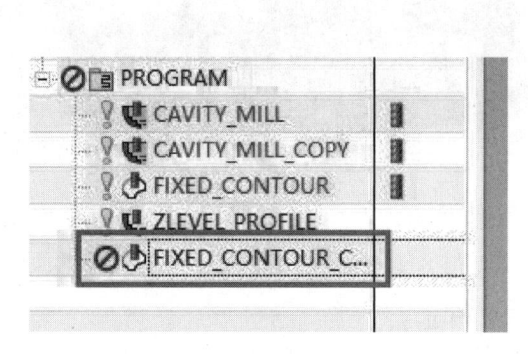

图 5-49

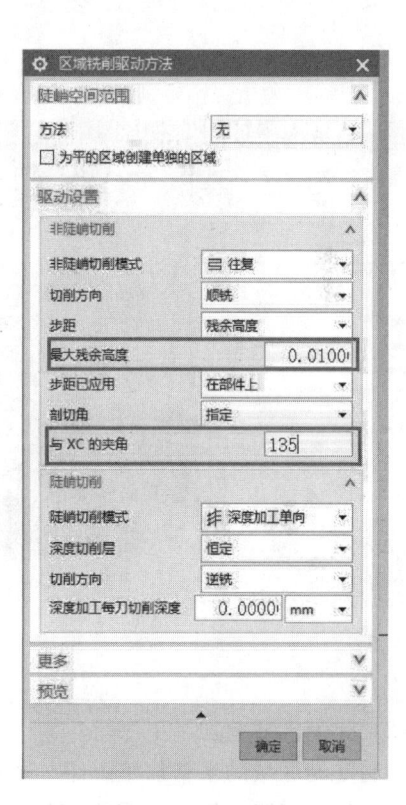

图 5-50

单击"进给率和速度"按钮，进行如图 5-52 所示参数设置。

单击"确定"按钮，返回区域铣削对话框，单击生成按钮，生成如图 5-53 所示刀路。

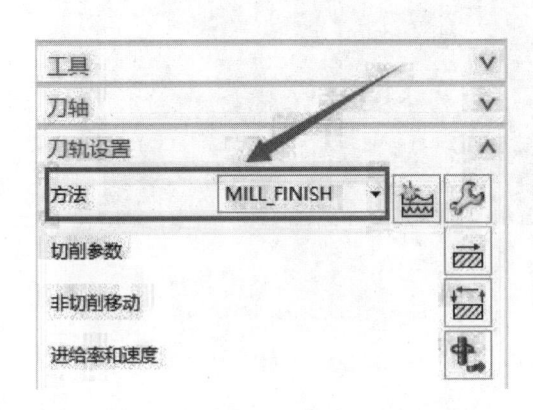

图 5-51 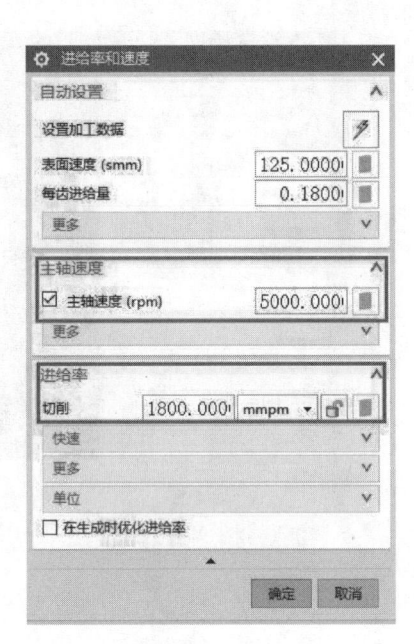　　　　　　　　　　　　　图 5-52

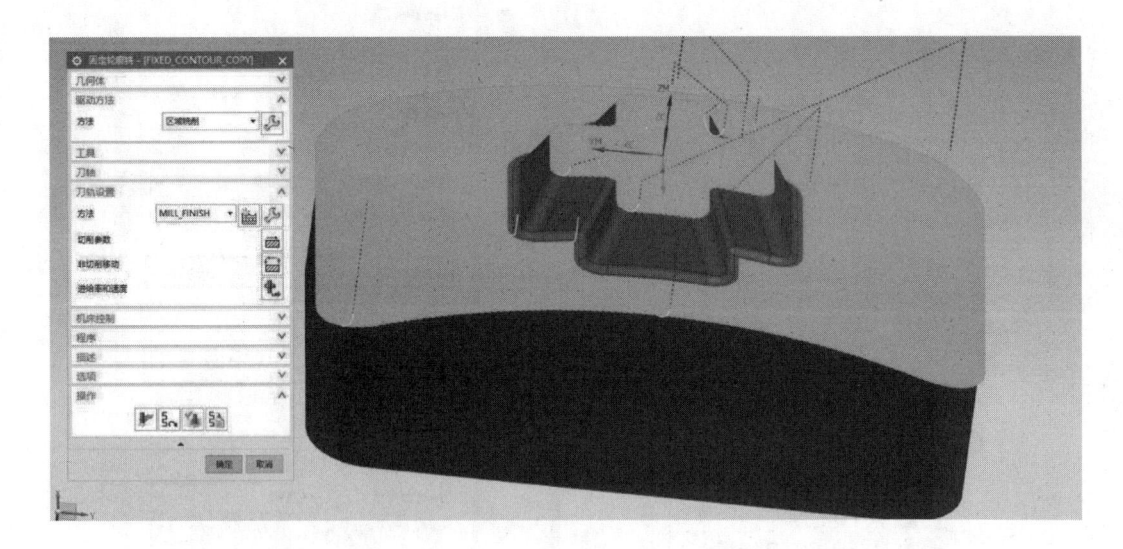

图 5-53

（2）陡峭区域精加工工序。

复制陡峭区域的半精加工刀路，如图 5-54 所示。

双击复制刀路，修改如图 5-55 所示参数。

单击"切削参数"按钮，修改参数如图 5-56 所示。

单击"确定"按钮，返回区域铣削对话框，单击"进给率和速度"按钮，进行如图 5-57 所示参数设置。

单击"确定"按钮，单击生成按钮，生成如图 5-58 所示刀路。

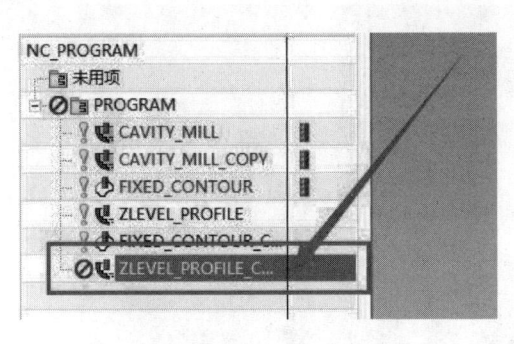

图 5-54

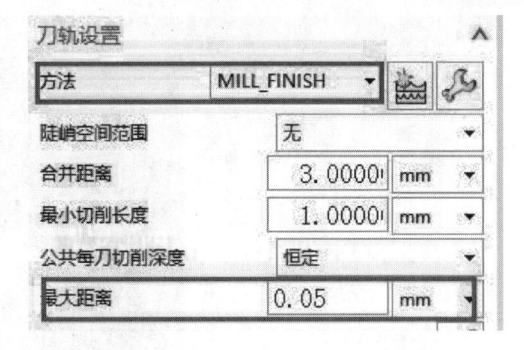

图 5-55

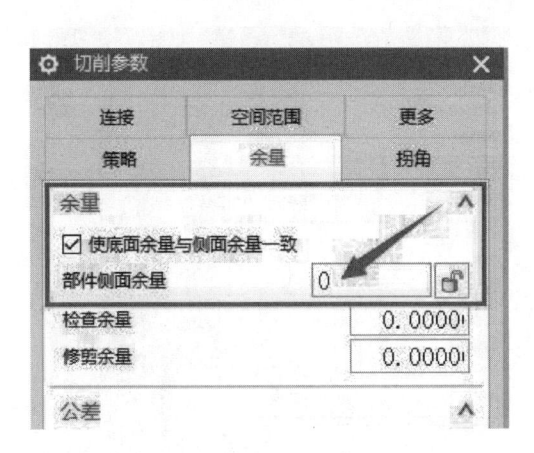

图 5-56

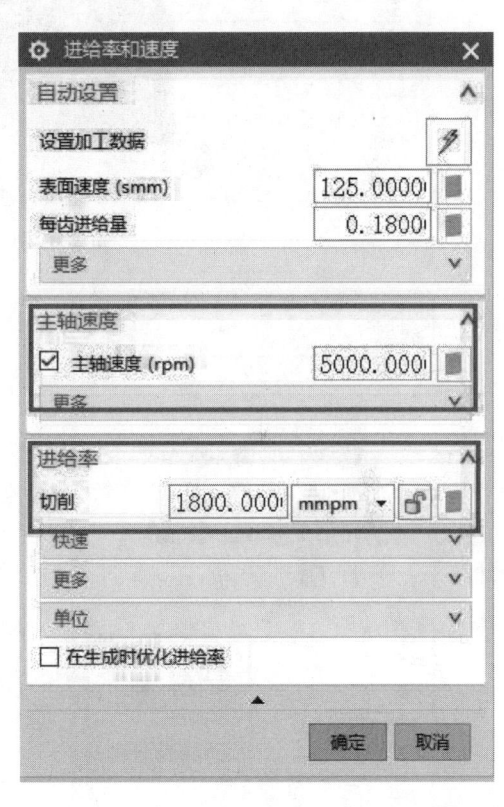

图 5-57

## 工序五 清 根 工 序

单击创建工序对话框，按照图 5-59 所示设置参数，单击"确定"进入"固定轴轮廓铣"对话框。

驱动方法选择"清根"，如图 5-60 所示。

单击清根参数设置图标 🔧，进入清根驱动方法对话框，如图 5-61 所示。各参数功能如下：

（1）驱动几何体。各参数功能介绍如下：

**最大凹度：** 指定当前操作中包含的凹部的最大角度。

159

项目五 曲面类零件加工

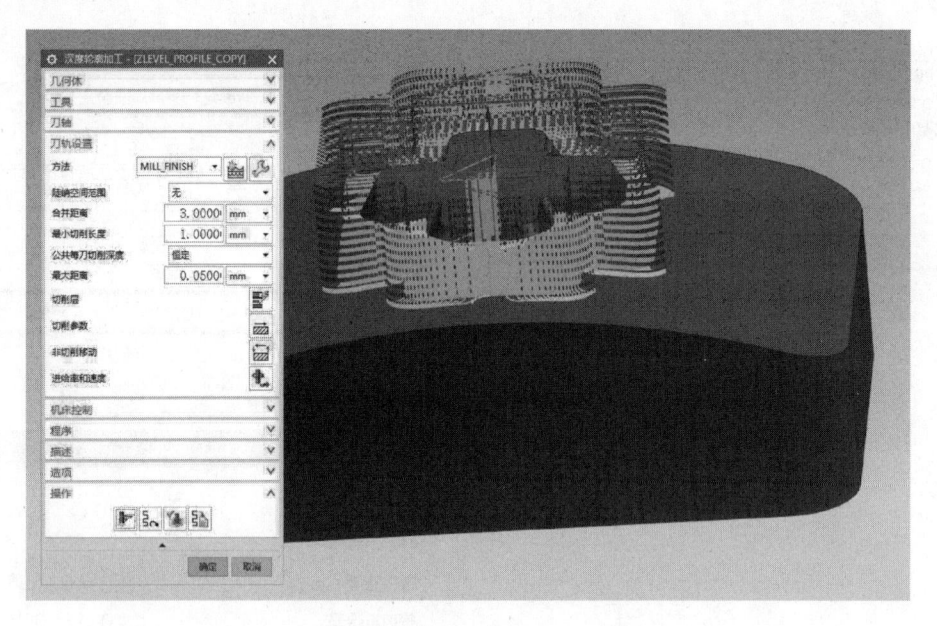

图 5-58

图 5-59

图 5-60

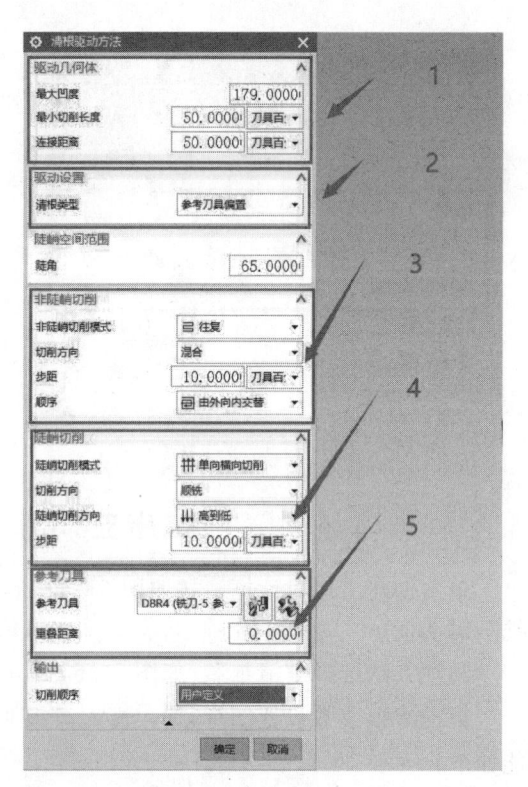

图 5-61

**最小切削长度**：移除小于指定深度的刀轨切削移动。
**连接距离**：合并由小于指定距离分隔的铣削段。
（2）驱动设置。各参数功能介绍如下：
**单刀路**：沿着凹角与沟槽产生一条单一刀具路径，使用单刀路形式时，没有附加参数选项被激活。
**多道路**：通过指定偏置数目以及步距，在清根中心的两侧产生多道切削刀具路径。
**参考刀具偏置**：参考刀具驱动方法通过指定一个参考刀具直径来定义加工区域的总宽度，并且指定该加工区中的步距，在以凹槽为中心的任意两边产生多条切削轨迹。可以用重叠距离选项，沿着相切曲面扩展由参考刀具直径定义的区域宽度。
（3）非陡峭切削。
非陡峭切削模式如图 5-62 所示。一般情况下选择往复切削模式。各参数功能介绍如下：

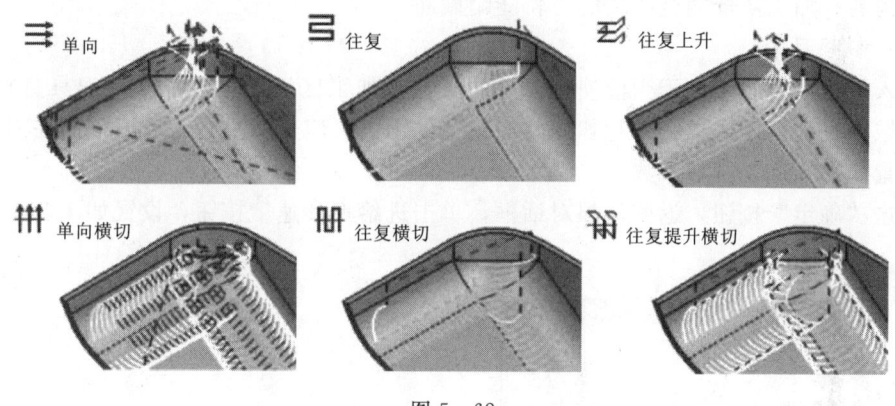

图 5-62

**切削方向**：有顺铣、逆铣、混合三种。
**顺铣**：在铣削加工中，铣刀的旋转方向和工件的进给方向相同，即铣刀对工件的作用力在进给方向上的分力与工件进给方向相同时称之为顺铣。
**逆铣**：铣削时，铣刀切入工件时切削速度方向与工件进给方向相反，这种铣削方式称为逆铣。
**混合**：其切削过程中将产生顺铣与逆铣混合的方向。
**步距**：用于多条刀路和参考刀具偏置选项是指定连续切削刀路之间的距离，它是沿部件表面来测量的（注释：对于切削区域来说，清根刀路能够最大限度减少提升并维持相同数量的刀路，当切削区域宽度变化时，实际步距可能因此而不同于指定的布局值，但它仍然会保持在最大布局值范围内）。
**每侧步距数**：是指在多刀路中指定在中心清根两侧生成的刀路数。
**顺序**：有由内向外、由外向内、由内向外交替、由外向内交替、后陡、先陡几种。
**由内向外**：从中心刀路开始加工，朝外部刀路方向切削，然后刀具移动返回中心刀路并朝相反侧切削。
**由外向内**：从外部刀路开始加工，朝中心方向切削，然后刀具移动至对侧的外部刀路，再次朝中心方向切削。

**由内向外交替**：从中心刀路开始加工，刀具向外级进切削时交替进行多侧切削，如果一侧的偏移刀路较多，软件对交替侧进行精加工之后再切削这些刀路。

**由外向内交替**：从外部刀路开始加工，刀具向内级进切削时交替进行多次切削，如果一侧的偏移刀路较多，软件对交替侧进行精加工之后再切削这些刀路。

**后陡**：从凹部的非陡峭侧开始加工。

**先陡**：沿着从陡峭侧外部刀路到非陡峭侧外部刀路的方向加工。

（4）陡峭切削。

**陡峭切削模式**：同上。

**切削方向**：可用于单向、单向横切、往复横切和往复上升横切切削模式。

**混合**：根据需要沿高到低或低到高方向切削。

**高到低**：加工从高端至低端的刀轨陡峭截面。

**低到高**：加工从低端至高端的刀轨陡峭截面。

（5）参考刀具。

输入的直径值必须大于当前使用刀具的直径。加工区域的宽度由参考刀具直径定义。加工区域的宽度沿剩余材料的相切面延伸指定的距离。应用的重叠距离值限制在刀具半径内。设置如图 5-63 所示参数。

单击"确定"按钮，返回清根对话框，单击进给率和速度按钮，设置如图 5-64 所示参数。

图 5-63

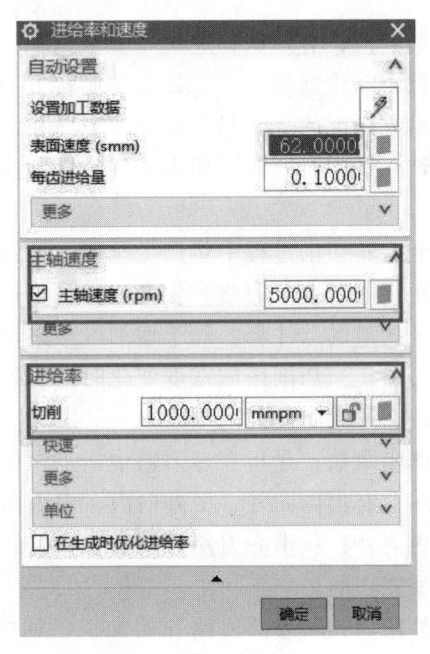

图 5-64

单击"确定"按钮，返回清根对话框，单击生成按钮，生成如图5-65所示刀路。

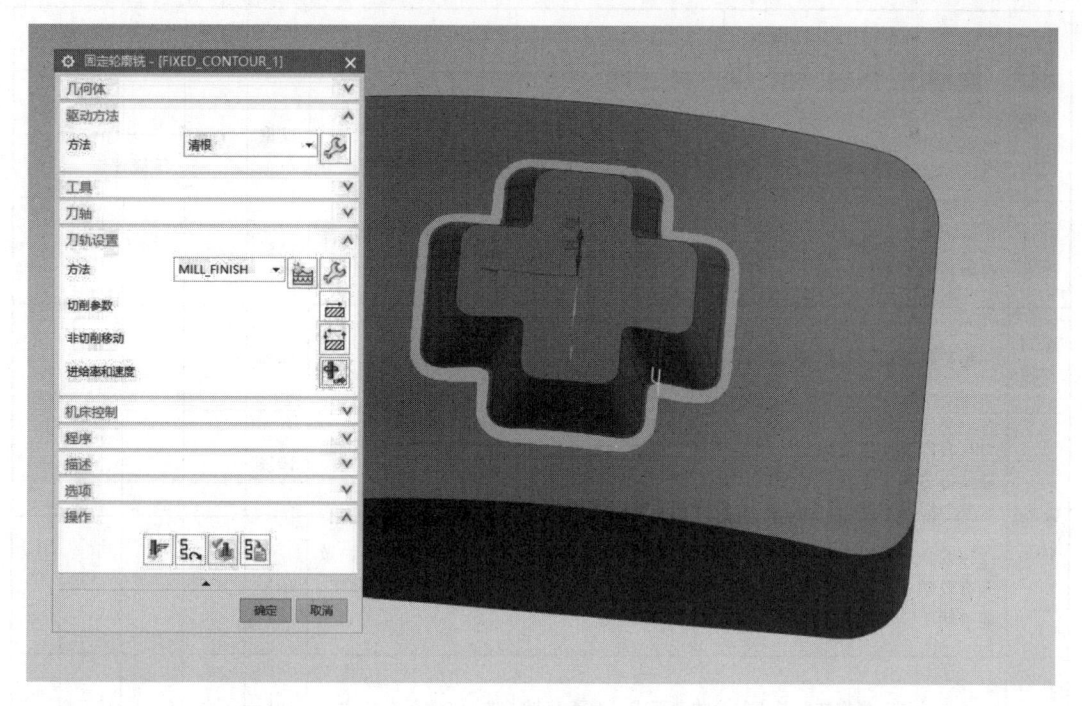

图5-65

## 学生评价自评表

| 班级 | | 姓名 | | 学号 | | 日期 | | | | |
|---|---|---|---|---|---|---|---|---|---|---|
| 评价指标 | 评 价 要 素 | | | | 权重 | 等级评定 | | | | |
| 信息检索 | 是否能有效利用网络资源、工作手册查找有效信息；是否能用自己的语言有条理地去解释、表述所学知识；是否能将查找到的信息有效转换到工作中 | | | | 10% | | | | | |
| 感知工作 | 是否熟悉你的工作岗位，认同工作价值；在工作中是否获得满足感 | | | | 10% | | | | | |
| 参与状态 | 与教师、同学之间是否相互尊重、理解、平等；与教师、同学之间是否能够保持多向、丰富、适宜的信息交流 | | | | 10% | | | | | |
| | 探究学习，自主学习不流于形式，处理好合作学习和独立思考的关系，做到有效学习；能提出有意义的问题或能发表个人见解；能按要求正确操作；能够倾听、协作分享 | | | | 10% | | | | | |
| 学习方法 | 工作计划、操作技能是否符合规范要求；是否获得了进一步发展的能力 | | | | 10% | | | | | |
| 工作过程 | 遵守管理规程，操作过程符合现场管理要求；平时上课的出勤情况和每天完成工作任务情况；善于多角度思考问题，能主动发现、提出有价值的问题 | | | | 15% | | | | | |
| 思维状态 | 是否能发现问题、提出问题、分析问题、解决问题 | | | | 10% | | | | | |
| 自评反馈 | 按时按质完成工作任务；较好地掌握了专业知识点；具有较强的信息分析能力和理解能力；具有较为全面严谨的思维能力并能条理明晰地表述成文 | | | | 25% | | | | | |
| | 自评等级 | | | | | | | | | |
| 有益的经验和做法 | | | | | | | | | | |
| 总结反思建议 | | | | | | | | | | |

等级评定：A：好；B：较好；C：一般；D：有待提高。

**学生评价互评表——学习任务完成情况评分**

| 班级 | | 姓名 | | 学号 | | 日期 | | 年　月　日 | | |
|---|---|---|---|---|---|---|---|---|---|---|
| 零件图 | | | 评价要素 | | 分数 | 等级评定 | | | | |
| | | | | | | A | B | C | D | |
| | | | | | | | | | | |
| | | | | | | | | | | |
| | | | | | | | | | | |
| | | | | | | | | | | |
| | | | | | | | | | | |
| | | | | | | | | | | |
| | | | | | | | | | | |
| | | | 其他（注明扣分项） | | | | | | | |
| | | | | | | | | | | |
| | | | | | | | | | | |
| | | | | | | | | | | |
| | | | | | | | | | | |
| | | | | | | | | | | |
| | | | | | | | | | | |
| | | | | | | | | | | |
| | | | 其他（注明扣分项） | | | | | | | |
| 互评等级 | | | | | | | | | | |
| 简要评述 | | | | | | | | | | |

等级评定：A：好；B：较好；C：一般；D：有待提高。

## 学生评价互评表——工艺安排评分

| 班级 | | 姓名 | | 学号 | | 日期 | 年 月 日 | | | |
|---|---|---|---|---|---|---|---|---|---|---|
| 评价指标 | 评 价 要 素 | | | | 权重 | 等级评定 | | | | |
| | | | | | | A | B | C | D | |
| 工序工步 | 工序安排合理 | | | | 5% | | | | | |
| | 工步安排合理 | | | | 5% | | | | | |
| 刀具 | 刀具选择合理 | | | | 5% | | | | | |
| | 刀具装夹合理 | | | | 5% | | | | | |
| 量具 | 会正确使用量具 | | | | 5% | | | | | |
| | 测量读数准确 | | | | 5% | | | | | |
| 走刀次数 | 走刀次数安排合理 | | | | 5% | | | | | |
| | 没有多余空走刀 | 具体数值在合理范围内即可 | | | 5% | | | | | |
| 切削深度 | 会计算切削深度 | | | | 5% | | | | | |
| | 切削深度设置合理 | | | | 5% | | | | | |
| 进给量 | 会计算进给量 | | | | 5% | | | | | |
| | 进给量设置合理 | | | | 5% | | | | | |
| 主轴转速 | 会计算主轴转速 | | | | 5% | | | | | |
| | 主轴转速设置合理 | | | | 5% | | | | | |
| 切削速度 | 会计算切削速度 | | | | 10% | | | | | |
| | 切削速度设置合理 | | | | 20% | | | | | |
| 互评等级 | | | | | | | | | | |
| 简要评述 | | | | | | | | | | |

等级评定：A：好；B：较好；C：一般；D：有待提高。

## 学生评价互评表——学习过程评分

| 班级 | | 姓名 | | 学号 | | | 日期 | | 年　月　日 | |
|---|---|---|---|---|---|---|---|---|---|---|

| 评价指标 | 评 价 要 素 | 权重 | 等级评定 ||||
|---|---|---|---|---|---|---|
| | | | A | B | C | D |
| 信息检索 | 他是否能有效利用网络资源、工作手册查找有效信息 | 5% | | | | |
| | 他是否能用自己的语言有条理地去解释、表述所学知识 | 5% | | | | |
| | 他是否能将查找到的信息有效转换到工作中 | 5% | | | | |
| 感知工作 | 他是否熟悉自己的工作岗位,认同工作价值 | 5% | | | | |
| | 他在工作中是否获得满足感 | 5% | | | | |
| 参与状态 | 他与教师、同学之间是否相互尊重、理解、平等 | 5% | | | | |
| | 他与教师、同学之间是否能够保持多向、丰富、适宜的信息交流 | 5% | | | | |
| | 他是否能处理好合作学习和独立思考的关系,做到有效学习 | 5% | | | | |
| | 他是否能提出有意义的问题或发表个人见解;是否能按要求正确操作;是否能够倾听、协作分享 | 5% | | | | |
| | 他是否积极参与,在产品加工过程中不断学习,综合运用信息技术的能力提高很大 | 5% | | | | |
| 学习方法 | 他的工作计划、操作技能是否符合规范要求 | 5% | | | | |
| | 他是否获得了进一步发展的能力 | 5% | | | | |
| 工作过程 | 他是否遵守管理规程,操作过程是否符合现场管理要求 | 5% | | | | |
| | 他平时上课的出勤情况和每天完成工作任务情况 | 5% | | | | |
| | 他是否善于多角度思考问题,主动发现、提出有价值的问题 | 5% | | | | |
| 思维状态 | 他是否能发现问题、提出问题、分析问题、解决问题 | 5% | | | | |
| 自评反馈 | 他是否能严肃认真地对待自评,并能独立完成自测试题 | 20% | | | | |
| 互评等级 ||||||||
| 简要评述 ||||||||

等级评定:A:好;B:较好;C:一般;D:有待提高。

## 活动过程教师评价量化表

| 班级 | | | 姓名 | | 权重 | 评价 | | |
|---|---|---|---|---|---|---|---|---|
| | | | | | | 1 | 2 | 3 |
| 知识策略 | 知识吸收 | 能设法记住要学习的东西 | | | 3% | | | |
| | | 使用多样化手段,通过网络、查阅文献等方式收集到很多有效信息 | | | 3% | | | |
| | 知识构建 | 自觉寻求不同工作任务之间的内在联系 | | | 3% | | | |
| | 知识应用 | 将学习到的东西应用到解决实际问题 | | | 3% | | | |
| 工作策略 | 兴趣取向 | 对课程本身感兴趣,熟悉自己的工作岗位,认同工作价值 | | | 3% | | | |
| | 成就取向 | 学习的目的是获得高水平的技能 | | | 3% | | | |
| | 批判性思考 | 谈到或听到一个推论或结论时,他会考虑到其他可能的答案 | | | 3% | | | |
| 管理策略 | 自我管理 | 若他不能很好地理解学习内容,会设法找到该任务相关的其他资讯 | | | 3% | | | |
| | 过程管理 | 能正确回答材料中和教师提出的问题 | | | 3% | | | |
| | | 能根据提供的材料、工作页和教师指导进行有效学习 | | | 3% | | | |
| | | 针对工作任务,能反复查找资料、反复研讨,编制有效的工作计划 | | | 3% | | | |
| | | 工作过程留有研讨记录 | | | 3% | | | |
| | | 团队合作中主动承担任务 | | | 3% | | | |
| | 时间管理 | 有效组织学习时间和按时保质完成工作任务 | | | 3% | | | |
| | 结果管理 | 在学习过程中有满足、成功与喜悦等体验,对后续学习更有信心 | | | 3% | | | |
| | | 根据研讨内容,对讨论知识、步骤、方法进行合理的修改和应用 | | | 3% | | | |
| | | 课后能积极有效地进行学习和自我反思,总结学习的长短之处 | | | 3% | | | |
| | | 规范撰写工作小结,能进行经验交流与工作反馈 | | | 3% | | | |
| 过程状态 | 交往状态 | 与教师、同学之间交流语言得体、彬彬有礼 | | | 3% | | | |
| | | 与教师、同学之间保持多向、丰富、适宜的信息交流和合作 | | | 3% | | | |
| | 思维状态 | 学生能用自己的语言有条理地去解释、表述所学知识 | | | 3% | | | |
| | | 学生善于多角度思考问题,能主动提出有价值的问题 | | | 3% | | | |
| | 情绪状态 | 能自我调控好学习情绪,随着教学进程而产生不同的情绪变化 | | | 3% | | | |
| | 生成状态 | 学生能总结当堂学习所得,或提出深层次的问题 | | | 3% | | | |
| | 组内合作过程 | 分工及任务目标明确,并能积极组织或参与小组工作 | | | 3% | | | |
| | | 积极参与小组讨论并能充分地表达自己的思想或意见 | | | 3% | | | |
| | 组际总结过程 | 能采取多种形式展示本小组的工作成果,并进行交流反馈 | | | 3% | | | |
| | | 对其他组学生所提出的疑问能做出积极有效的解释 | | | 3% | | | |
| | | 认真听取同学发言,能大胆地质疑或提出不同意见或更深层次的问题 | | | 3% | | | |
| | 工作总结 | 规范撰写工作总结 | | | 3% | | | |
| 自评 | 综合评价 | 严肃按照《活动过程评价自评表》认真地对待自评 | | | 5% | | | |
| 互评 | 综合评价 | 严肃按照《活动过程评价互评表》认真地对待互评 | | | 5% | | | |
| 总评等级 | | | | | | | | |
| 建议 | | | | | 评定人:(签名) | | | |

**注** 除"自评、互评"权重为5%外,其他均为3%。

# 项目六

# 钻　　孔

点击"加工"按钮,进入加工环境,如图 6-1 所示。

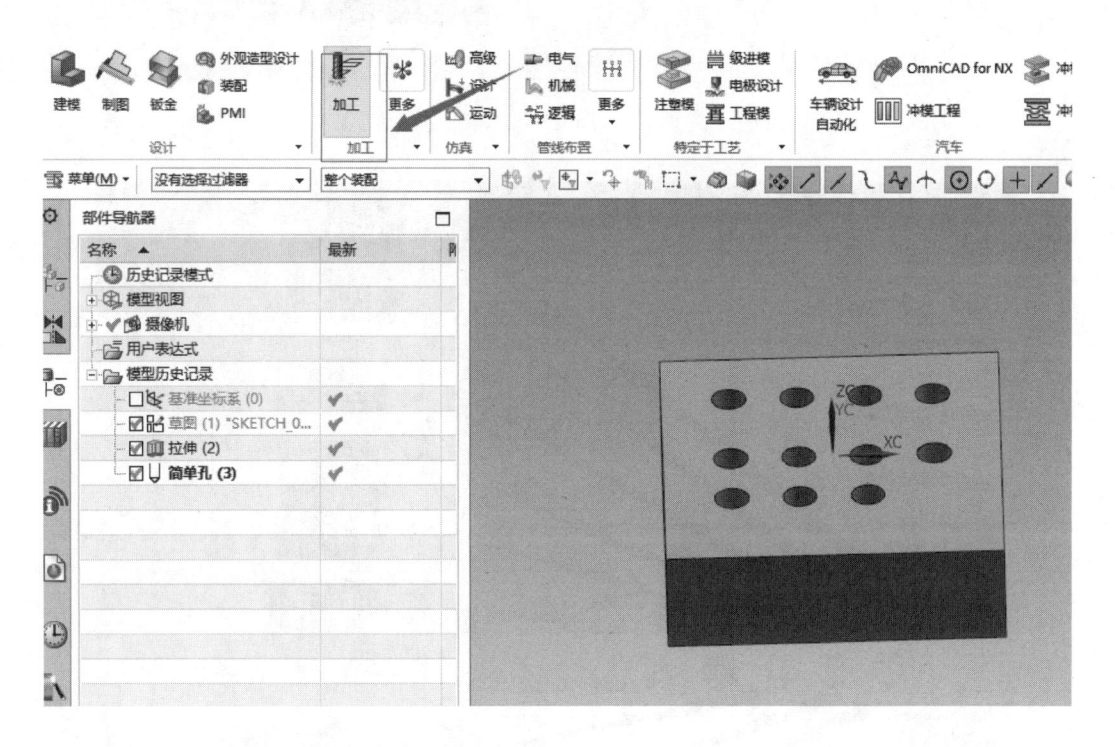

图 6-1

进入加工环境后,右键点击"选择几何视图",进行坐标系和模型毛坯的设置,如图 6-2 所示。

单击"创建刀具"按钮,进入"创建刀具"对话框,如图 6-3 所示。

在刀具子类型中提供了 12 种刀具,有铣刀、中心钻、钻头、镗刀、铰刀、埋头孔、螺纹铣刀、丝锥、沉头孔等。

单击钻头按钮,创建一把 $\phi 9.8$ 钻头(图 6-4)和一把 $\phi 10H7$ 铰刀(图 6-5)。

项目六　钻孔

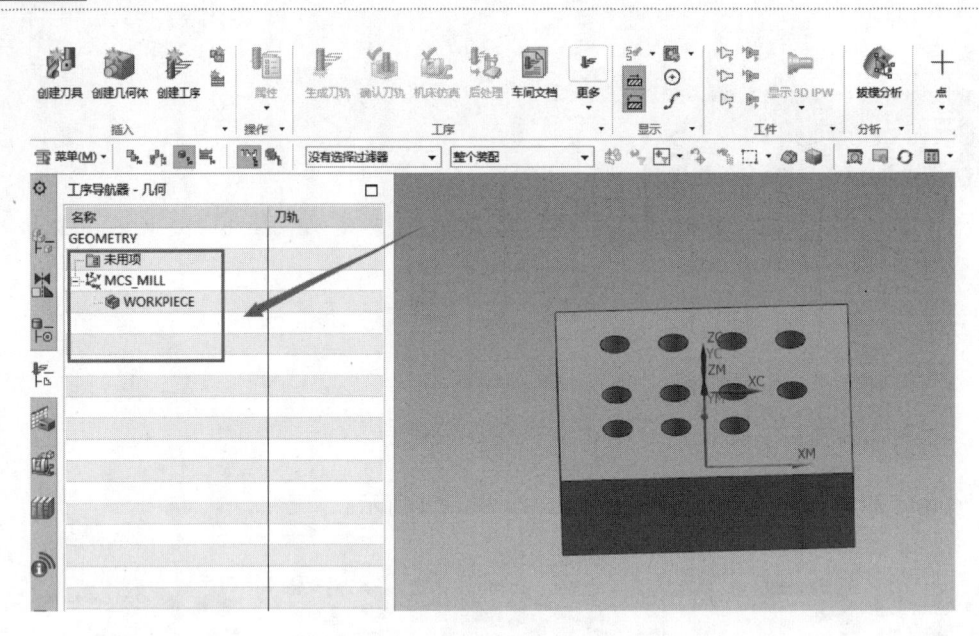

图 6-2

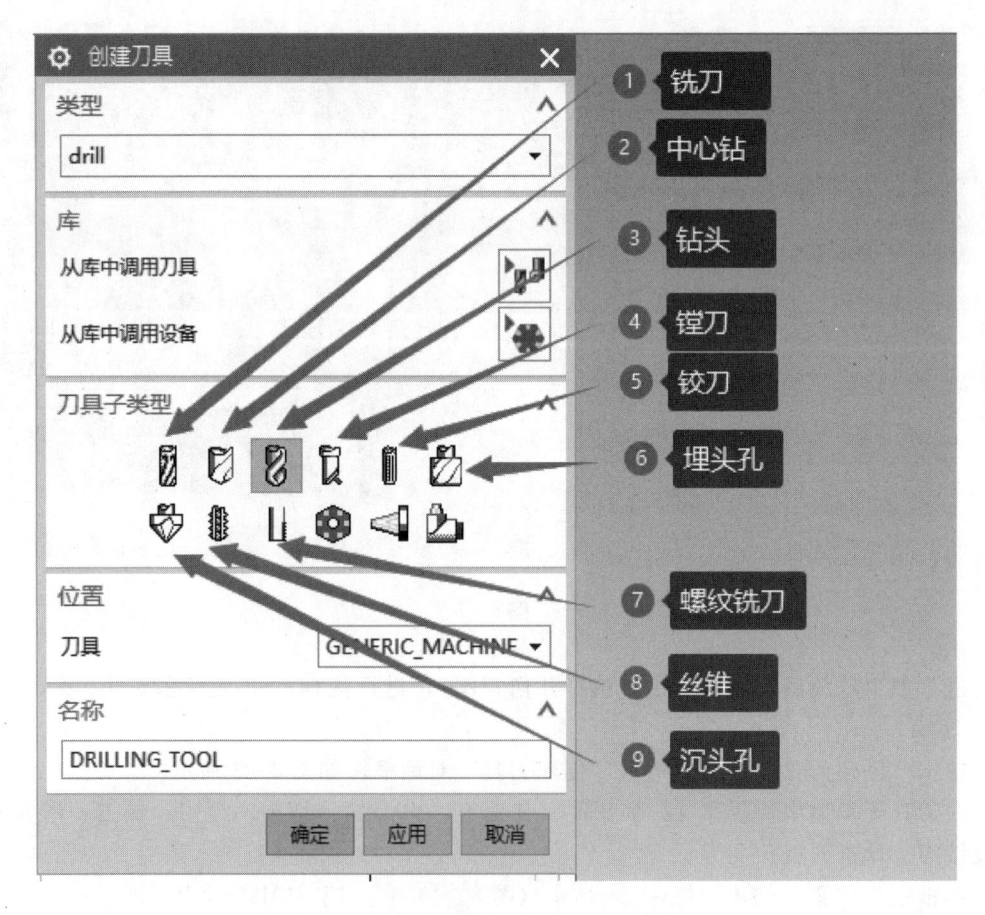

图 6-3

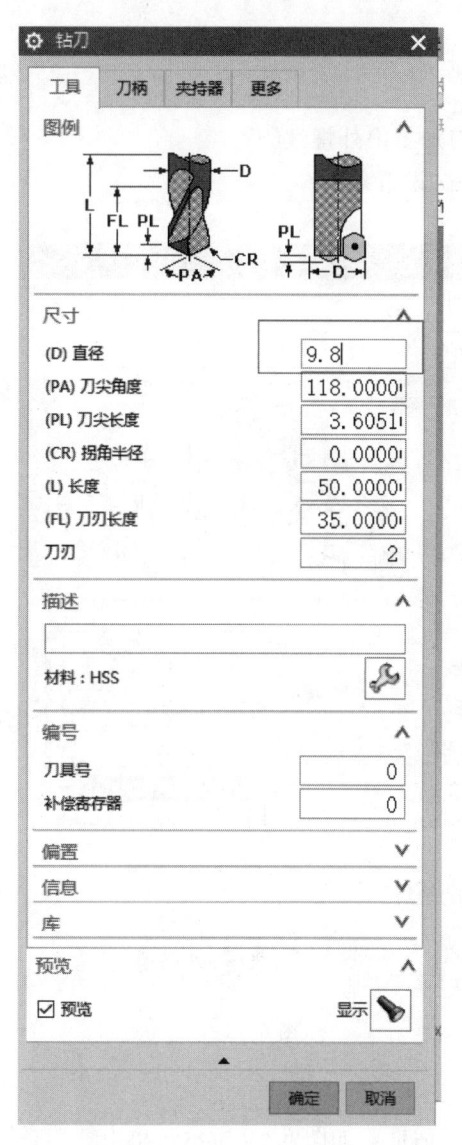

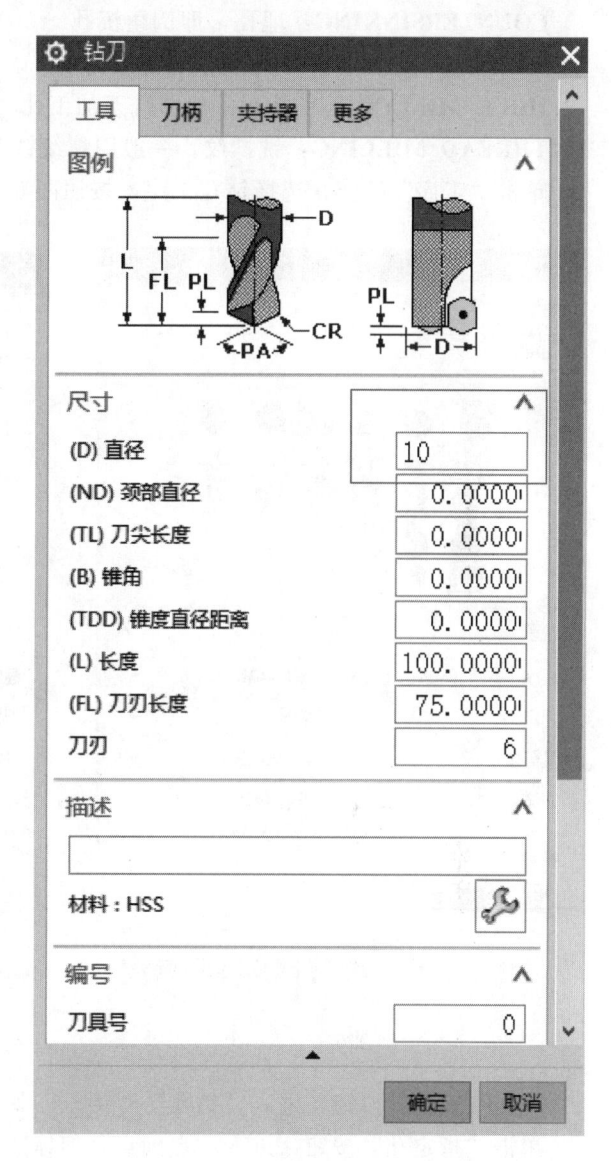

图 6-4

图 6-5

在工序子类型中共有 14 种，如图 6-6 所示，下面介绍部分工序子类型：

**SPOT_FACING**：锪孔或扩孔，一般是使用铣刀在零件表面上加工。
**SPOT_DRILLING**：定心钻，一般使用中心钻加工。
**DRILLING**：钻孔，一般使用麻花钻加工，这是基本的操作类型。
**PECK_DRILLING**：啄钻，是一种钻孔的方式，一般适用于深孔加工。
**BREAKCHIP_DRILLING**：断屑钻，是一种钻孔的方式，一般用于韧性材料的加工。
**BORING**：镗孔，一般使用镗刀加工，以保证孔的精度。
**REAMING**：铰孔，一般使用铰刀加工，相比镗刀而言精度稍差。
**COUNTERBORING**：沉孔，即平底扩孔。

COUNTERSINKING：埋孔，即倒角沉孔。
TAPPING：攻丝，一般用丝锥攻螺纹。
HOLE_MILLING：铣孔，一般用铣刀加工孔。
THREAD_MILLING：铣螺纹，一般用螺纹铣刀加工内外螺纹。

单击"工序"按钮，选择钻孔工序，按照图6-7设置参数。

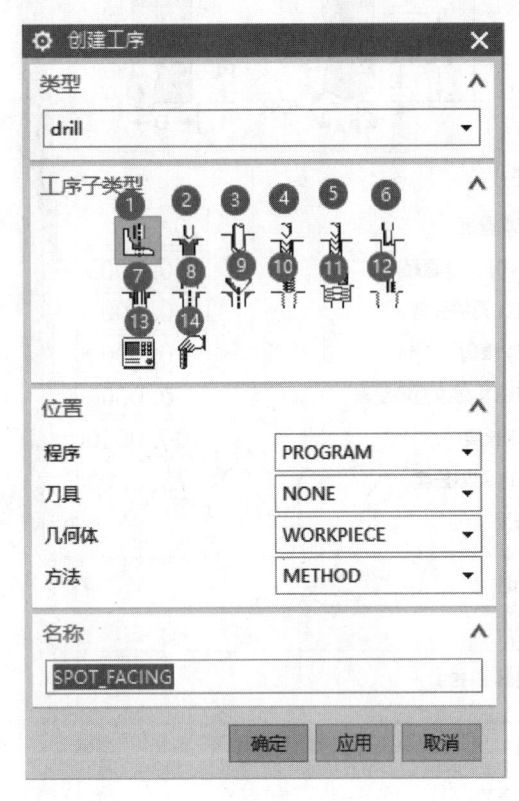

图6-6

图6-7

单击"确定"按钮，进入"钻孔"对话框，如图6-8所示。

单击"指定孔"按钮，进入"点到点几何体"对话框，如图6-9所示。单击"选择"按钮。

单击"面上所有孔"按钮，如图6-10所示。

选择孔所在的平面，如图6-11所示，单击"确定"按钮。

单击"指定顶面"按钮，选择"面"，点击孔的上表面，如图6-12所示。

单击"指定底面"按钮，选择"面"，如图6-13所示。

选择孔的底面，如图6-14所示，单击"确定"按钮。

单击"循环类型"的编辑按钮，如图6-15所示。

单击"确定"按钮，如图6-16所示。

单击"模型深度"按钮，如图6-17所示。

单击"确定"按钮，如图6-18所示。

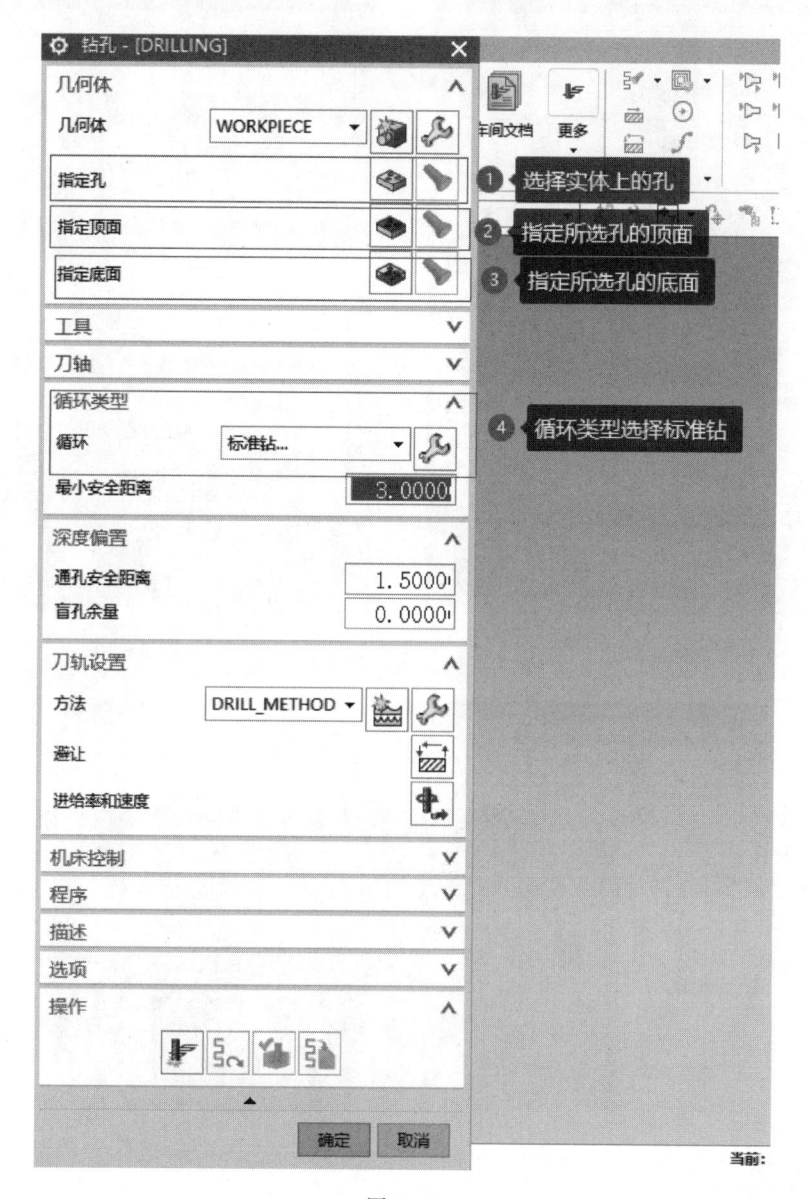

图 6-8

单击生成按钮，如图 6-19 所示。生成如图 6-20 所示刀路，此刀路为钻孔刀路。

单击程序导航器，复制钻孔刀路进行如图 6-21 所示修改，进行铰孔操作，将刀具更换成 JD10 铰刀。

将循环类型更改成"标准镗"，如图 6-22 所示。

单击"确定"按钮，如图 6-23 所示。

单击"模型深度"按钮，如图 6-24 所示。

单击"刀尖深度"按钮，如图 6-25 所示。

# 项目六 钻孔

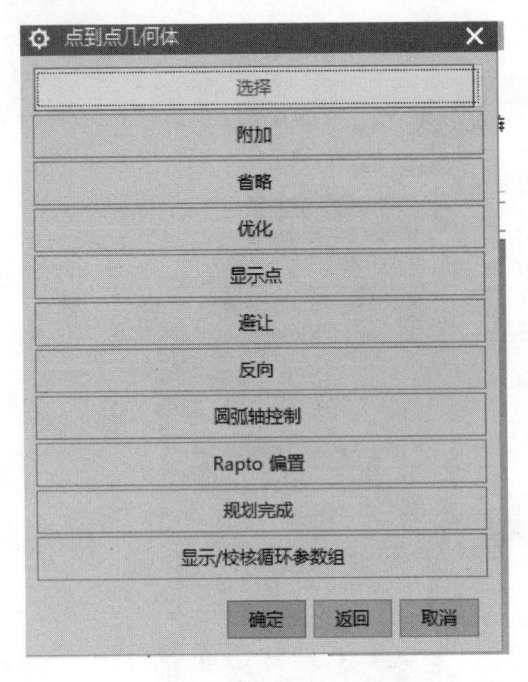

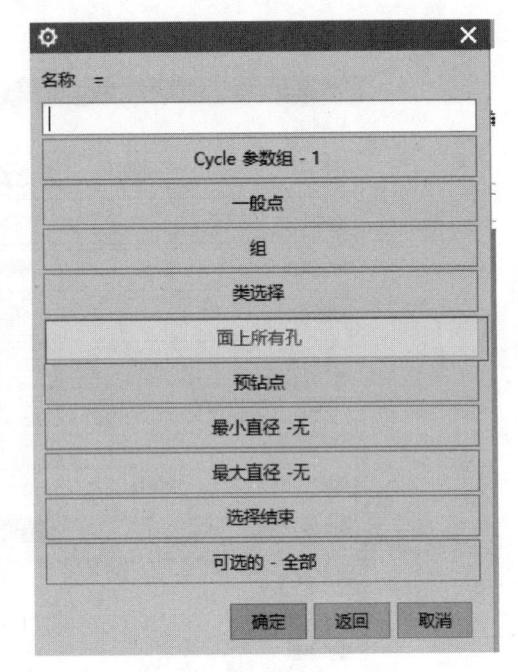

图 6-9

图 6-10

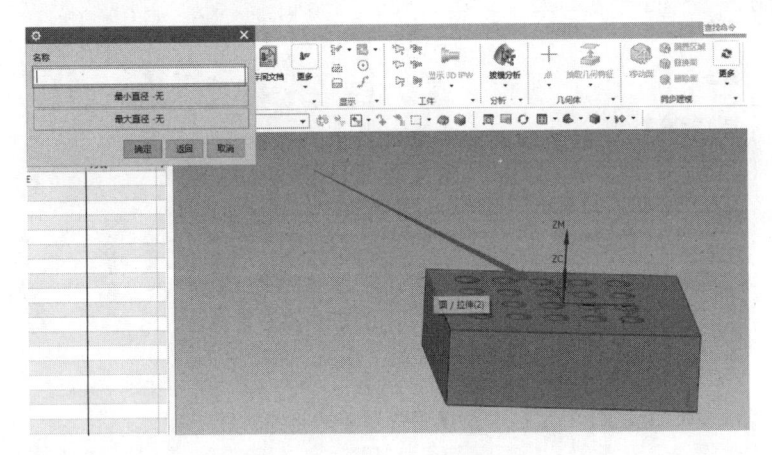

图 6-11

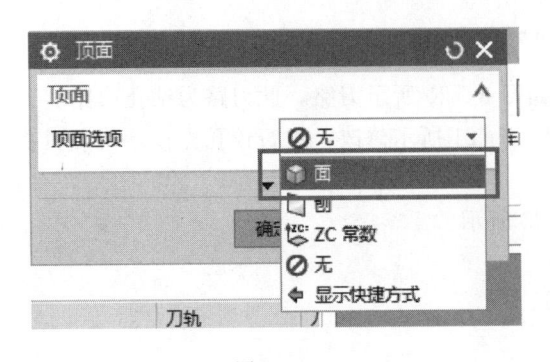

图 6-12

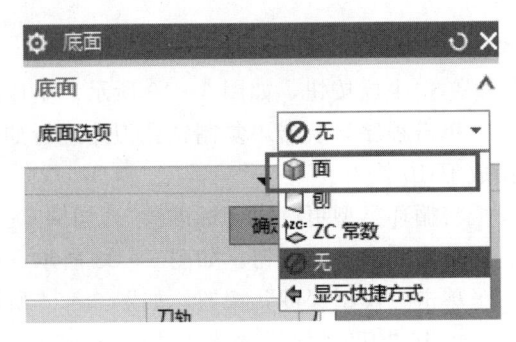

图 6-13

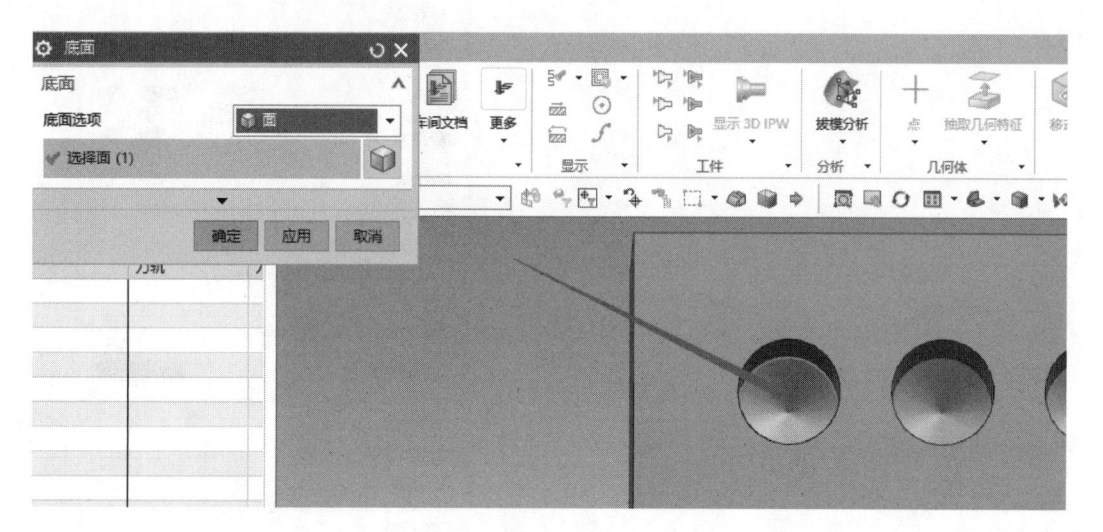

图 6-14

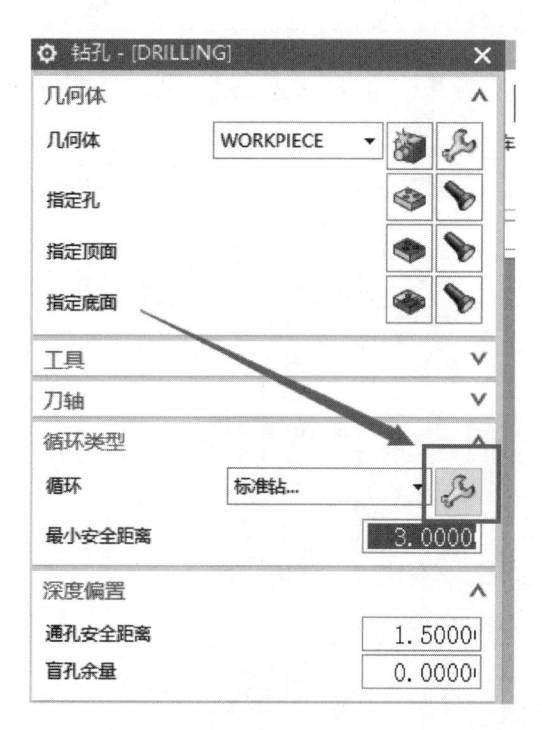

图 6-15

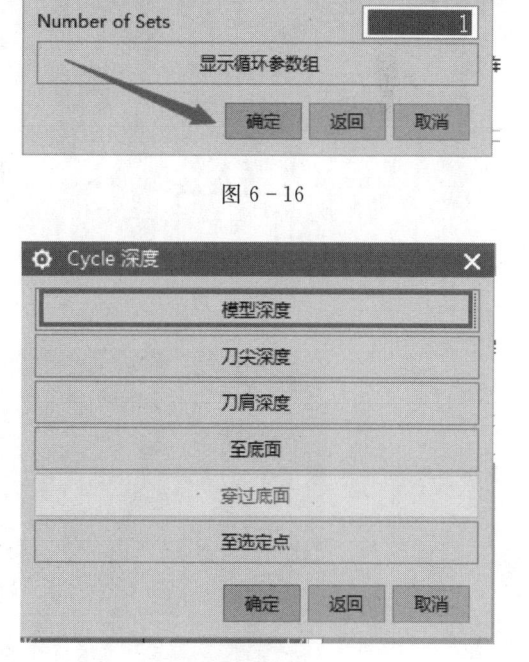

图 6-16

图 6-17

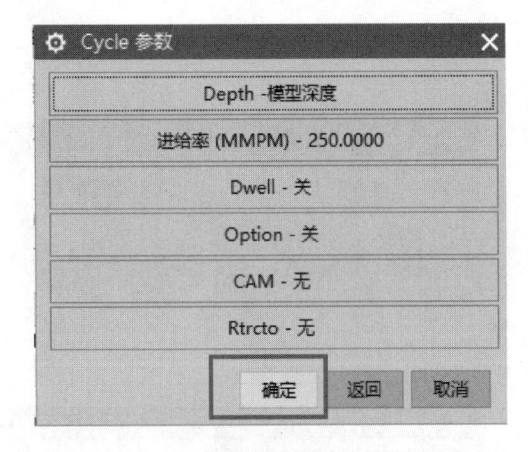

图 6-18

图 6-19

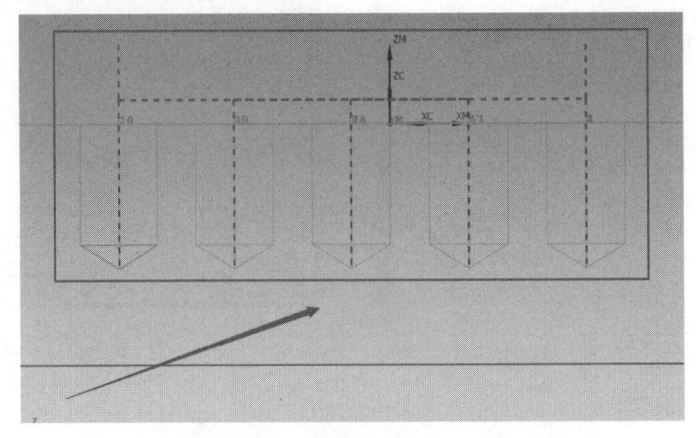

图 6-20

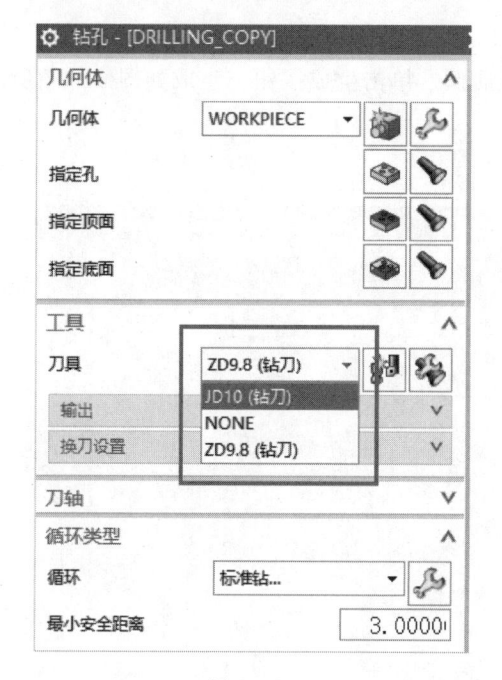

图 6-21

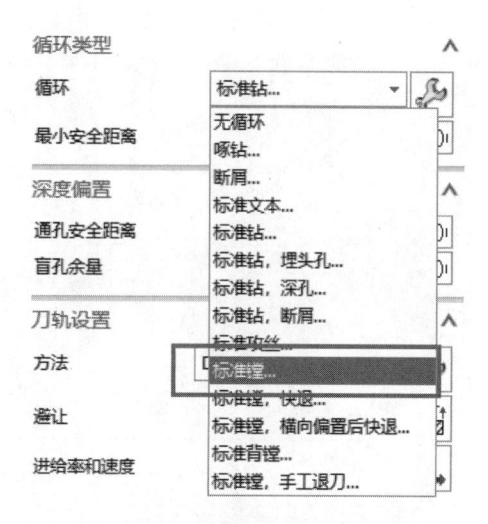

图 6-22

图 6-23

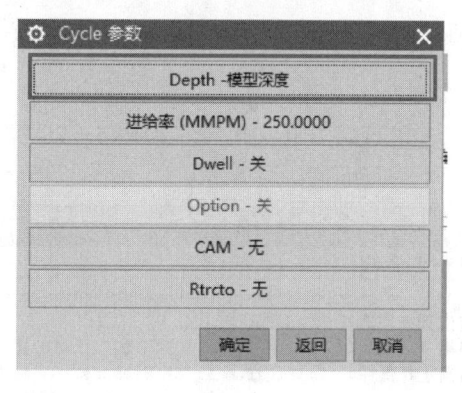

图 6-24

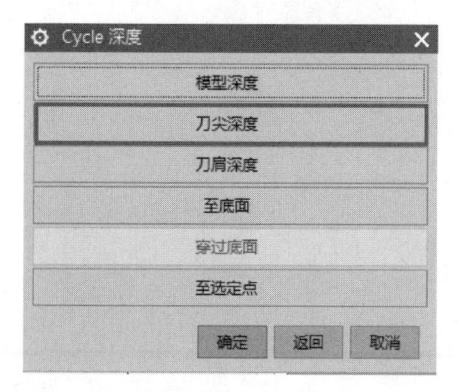

图 6-25

图 6-26

## 项目六 钻孔

给定铰孔深度为 15mm，如图 6-26 所示。

单击"确定"按钮两次，返回"钻孔"对话框。单击生成按钮，生成如图 6-27 所示刀路。

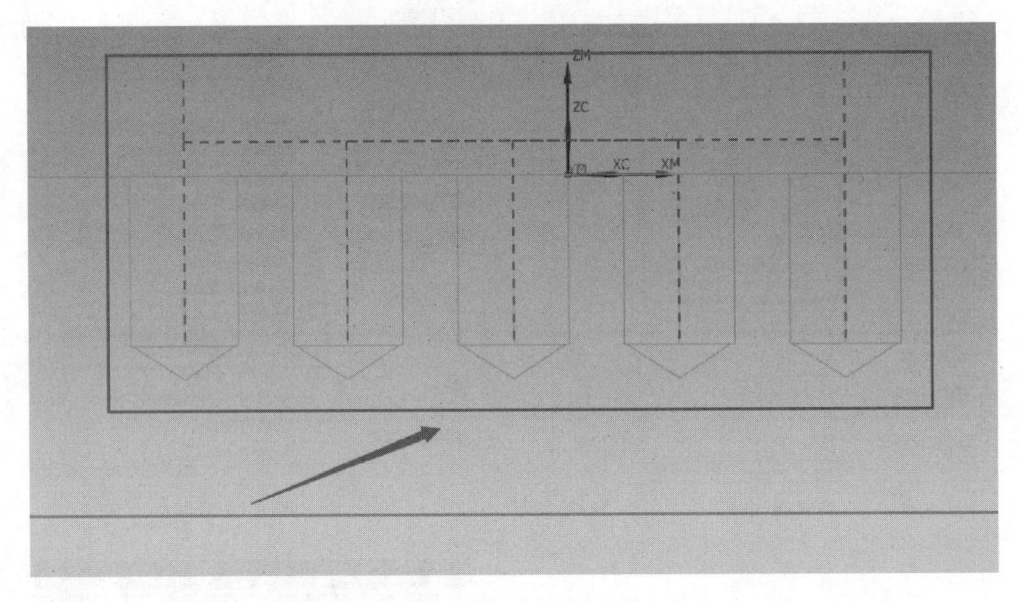

图 6-27

经处理后，孔加工程序如图 6-28 所示，铰孔加工程序如图 6-29 所示。

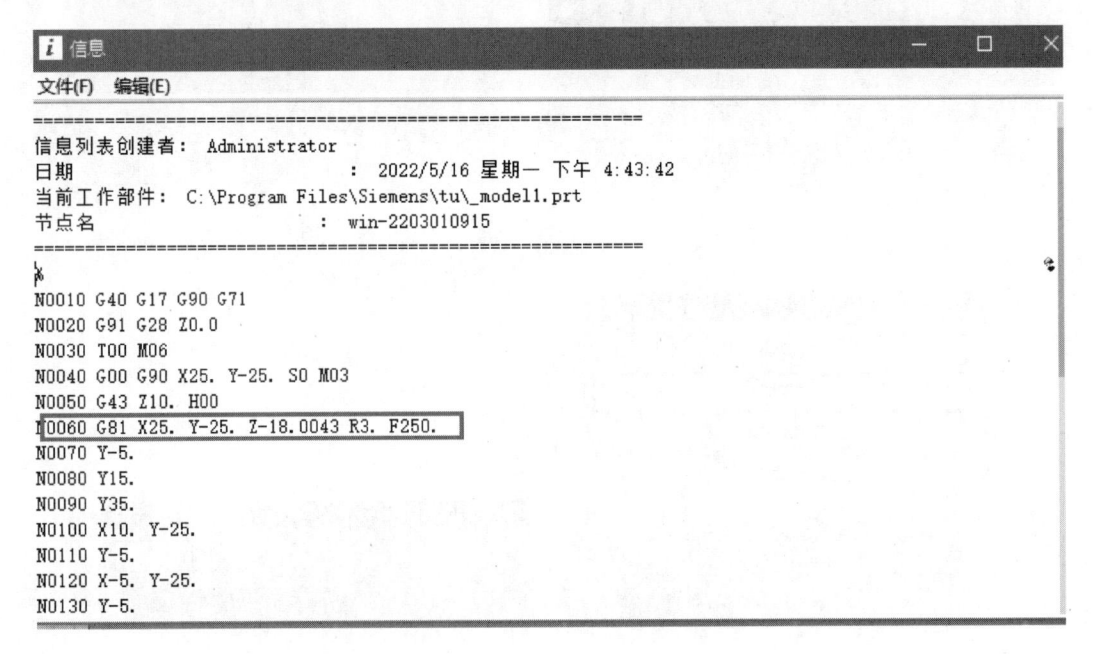

```
信息
文件(F)  编辑(E)
========================================
信息列表创建者：Administrator
日期              ：2022/5/16 星期一 下午 4:43:42
当前工作部件：C:\Program Files\Siemens\tu\_model1.prt
节点名            ：win-2203010915
========================================

N0010 G40 G17 G90 G71
N0020 G91 G28 Z0.0
N0030 T00 M06
N0040 G00 G90 X25. Y-25. S0 M03
N0050 G43 Z10. H00
N0060 G81 X25. Y-25. Z-18.0043 R3. F250.
N0070 Y-5.
N0080 Y15.
N0090 Y35.
N0100 X10. Y-25.
N0110 Y-5.
N0120 X-5. Y-25.
N0130 Y-5.
```

图 6-28

178

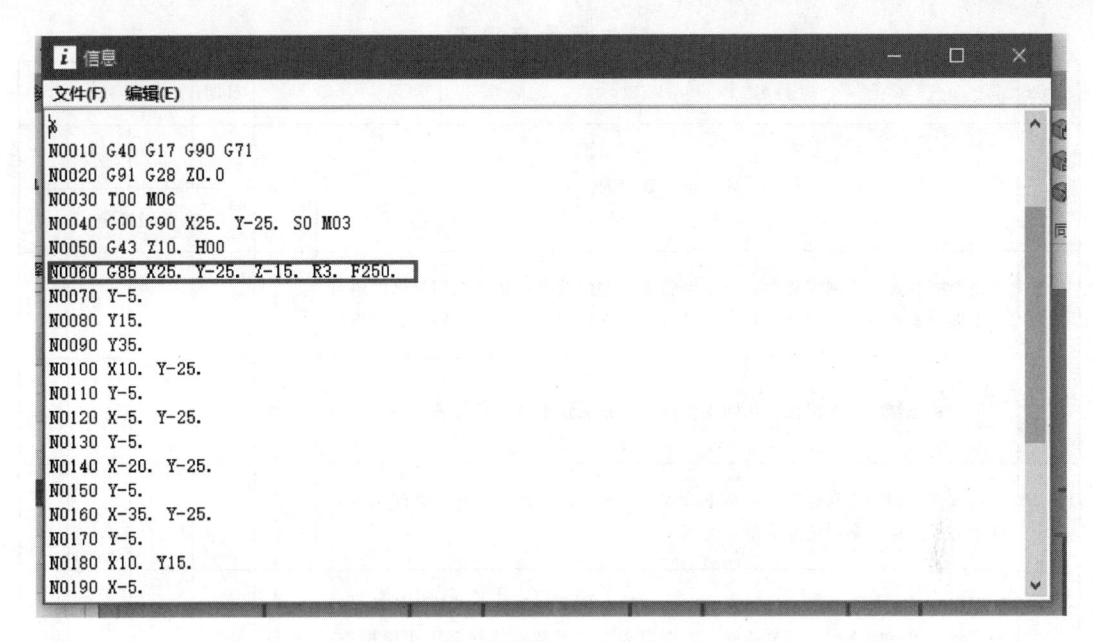

```
 %
 N0010 G40 G17 G90 G71
 N0020 G91 G28 Z0.0
 N0030 T00 M06
 N0040 G00 G90 X25. Y-25. S0 M03
 N0050 G43 Z10. H00
 N0060 G85 X25. Y-25. Z-15. R3. F250.
 N0070 Y-5.
 N0080 Y15.
 N0090 Y35.
 N0100 X10. Y-25.
 N0110 Y-5.
 N0120 X-5. Y-25.
 N0130 Y-5.
 N0140 X-20. Y-25.
 N0150 Y-5.
 N0160 X-35. Y-25.
 N0170 Y-5.
 N0180 X10. Y15.
 N0190 X-5.
```

图 6-29

## 学生评价自评表

| 班级 | | 姓名 | | 学号 | | 日期 | | | | |
|---|---|---|---|---|---|---|---|---|---|---|
| 评价指标 | 评 价 要 素 | | | | 权重 | 等级评定 | | | | |
| 信息检索 | 是否能有效利用网络资源、工作手册查找有效信息；是否能用自己的语言有条理地去解释、表述所学知识；是否能将查找到的信息有效转换到工作中 | | | | 10% | | | | | |
| 感知工作 | 是否熟悉你的工作岗位，认同工作价值；在工作中是否获得满足感 | | | | 10% | | | | | |
| 参与状态 | 与教师、同学之间是否相互尊重、理解、平等；与教师、同学之间是否能够保持多向、丰富、适宜的信息交流 | | | | 10% | | | | | |
| | 探究学习，自主学习不流于形式，处理好合作学习和独立思考的关系，做到有效学习；能提出有意义的问题或能发表个人见解；能按要求正确操作；能够倾听、协作分享 | | | | 10% | | | | | |
| 学习方法 | 工作计划、操作技能是否符合规范要求；是否获得了进一步发展的能力 | | | | 10% | | | | | |
| 工作过程 | 遵守管理规程，操作过程符合现场管理要求；平时上课的出勤情况和每天完成工作任务情况；善于多角度思考问题，能主动发现、提出有价值的问题 | | | | 15% | | | | | |
| 思维状态 | 是否能发现问题、提出问题、分析问题、解决问题 | | | | 10% | | | | | |
| 自评反馈 | 按时按质完成工作任务；较好地掌握了专业知识点；具有较强的信息分析能力和理解能力；具有较为全面严谨的思维能力并能条理明晰地表述成文 | | | | 25% | | | | | |
| 自评等级 | | | | | | | | | | |
| 有益的经验和做法 | | | | | | | | | | |
| 总结反思建议 | | | | | | | | | | |

等级评定：A：好；B：较好；C：一般；D：有待提高。

**学生评价互评表——学习任务完成情况评分**

| 班级 | | 姓名 | | 学号 | | 日期 | 年　月　日 | | | |
|---|---|---|---|---|---|---|---|---|---|---|
| 零件图 | | | 评价要素 | | 分数 | 等级评定 | | | | |
| | | | | | | A | B | C | D | |
| | | | | | | | | | | |
| | | | | | | | | | | |
| | | | | | | | | | | |
| | | | | | | | | | | |
| | | | | | | | | | | |
| | | | | | | | | | | |
| | | | | | | | | | | |
| | | | 其他（注明扣分项） | | | | | | | |
| | | | | | | | | | | |
| | | | | | | | | | | |
| | | | | | | | | | | |
| | | | | | | | | | | |
| | | | | | | | | | | |
| | | | | | | | | | | |
| | | | 其他（注明扣分项） | | | | | | | |
| 互评等级 | | | | | | | | | | |
| 简要评述 | | | | | | | | | | |

等级评定：A：好；B：较好；C：一般；D：有待提高。

## 学生评价互评表——工艺安排评分

| 班级 | | 姓名 | | 学号 | | 日期 | | 年 月 日 | | |
|---|---|---|---|---|---|---|---|---|---|---|
| 评价指标 | 评价要素 | | | | 权重 | 等级评定 | | | | |
| | | | | | | A | B | C | D | |
| 工序工步 | 工序安排合理 | | | | 5％ | | | | | |
| | 工步安排合理 | | | | 5％ | | | | | |
| 刀具 | 刀具选择合理 | | | | 5％ | | | | | |
| | 刀具装夹合理 | | | | 5％ | | | | | |
| 量具 | 会正确使用量具 | | | | 5％ | | | | | |
| | 测量读数准确 | | | | 5％ | | | | | |
| 走刀次数 | 走刀次数安排合理 | | | | 5％ | | | | | |
| | 没有多余空走刀 | 具体数值在合理范围内即可 | | | 5％ | | | | | |
| 切削深度 | 会计算切削深度 | | | | 5％ | | | | | |
| | 切削深度设置合理 | | | | 5％ | | | | | |
| 进给量 | 会计算进给量 | | | | 5％ | | | | | |
| | 进给量设置合理 | | | | 5％ | | | | | |
| 主轴转速 | 会计算主轴转速 | | | | 5％ | | | | | |
| | 主轴转速设置合理 | | | | 5％ | | | | | |
| 切削速度 | 会计算切削速度 | | | | 10％ | | | | | |
| | 切削速度设置合理 | | | | 20％ | | | | | |
| 互评等级 | | | | | | | | | | |
| 简要评述 | | | | | | | | | | |

等级评定：A：好；B：较好；C：一般；D：有待提高。

## 学生评价互评表——学习过程评分

| 班级 | | 姓名 | | 学号 | | 日期 | | 年 月 日 | | |
|---|---|---|---|---|---|---|---|---|---|---|
| 评价指标 | 评 价 要 素 | | | | | 权重 | 等级评定 | | | |
| | | | | | | | A | B | C | D |
| 信息检索 | 他是否能有效利用网络资源、工作手册查找有效信息 | | | | | 5% | | | | |
| | 他是否能用自己的语言有条理地去解释、表述所学知识 | | | | | 5% | | | | |
| | 他是否能将查找到的信息有效转换到工作中 | | | | | 5% | | | | |
| 感知工作 | 他是否熟悉自己的工作岗位,认同工作价值 | | | | | 5% | | | | |
| | 他在工作中是否获得满足感 | | | | | 5% | | | | |
| 参与状态 | 他与教师、同学之间是否相互尊重、理解、平等 | | | | | 5% | | | | |
| | 他与教师、同学之间是否能够保持多向、丰富、适宜的信息交流 | | | | | 5% | | | | |
| | 他是否能处理好合作学习和独立思考的关系,做到有效学习 | | | | | 5% | | | | |
| | 他是否能提出有意义的问题或发表个人见解;是否能按要求正确操作;是否能够倾听、协作分享 | | | | | 5% | | | | |
| | 他是否积极参与,在产品加工过程中不断学习,综合运用信息技术的能力提高很大 | | | | | 5% | | | | |
| 学习方法 | 他的工作计划、操作技能是否符合规范要求 | | | | | 5% | | | | |
| | 他是否获得了进一步发展的能力 | | | | | 5% | | | | |
| 工作过程 | 他是否遵守管理规程,操作过程是否符合现场管理要求 | | | | | 5% | | | | |
| | 他平时上课的出勤情况和每天完成工作任务情况 | | | | | 5% | | | | |
| | 他是否善于多角度思考问题,主动发现、提出有价值的问题 | | | | | 5% | | | | |
| 思维状态 | 他是否能发现问题、提出问题、分析问题、解决问题 | | | | | 5% | | | | |
| 自评反馈 | 他是否能严肃认真地对待自评,并能独立完成自测试题 | | | | | 20% | | | | |
| 互评等级 | | | | | | | | | | |
| 简要评述 | | | | | | | | | | |

等级评定:A:好;B:较好;C:一般;D:有待提高。

## 活动过程教师评价量化表

| 班级 | | | 姓名 | | 权重 | 评价 | | |
|---|---|---|---|---|---|---|---|---|
| | | | | | | 1 | 2 | 3 |
| 知识策略 | 知识吸收 | 能设法记住要学习的东西 | | | 3% | | | |
| | | 使用多样化手段，通过网络、查阅文献等方式收集到很多有效信息 | | | 3% | | | |
| | 知识构建 | 自觉寻求不同工作任务之间的内在联系 | | | 3% | | | |
| | 知识应用 | 将学习到的东西应用到解决实际问题 | | | 3% | | | |
| 工作策略 | 兴趣取向 | 对课程本身感兴趣，熟悉自己的工作岗位，认同工作价值 | | | 3% | | | |
| | 成就取向 | 学习的目的是获得高水平的技能 | | | 3% | | | |
| | 批判性思考 | 谈到或听到一个推论或结论时，他会考虑到其他可能的答案 | | | 3% | | | |
| 管理策略 | 自我管理 | 若他不能很好地理解学习内容，会设法找到该任务相关的其他资讯 | | | 3% | | | |
| | | 能正确回答材料中和教师提出的问题 | | | 3% | | | |
| | | 能根据提供的材料、工作页和教师指导进行有效学习 | | | 3% | | | |
| | 过程管理 | 针对工作任务，能反复查找资料、反复研讨，编制有效的工作计划 | | | 3% | | | |
| | | 工作过程留有研讨记录 | | | 3% | | | |
| | | 团队合作中主动承担任务 | | | 3% | | | |
| | 时间管理 | 有效组织学习时间和按时按质完成工作任务 | | | 3% | | | |
| | 结果管理 | 在学习过程中有满足、成功与喜悦等体验，对后续学习更有信心 | | | 3% | | | |
| | | 根据研讨内容，对讨论知识、步骤、方法进行合理的修改和应用 | | | 3% | | | |
| | | 课后能积极有效地进行学习和自我反思，总结学习的长短之处 | | | 3% | | | |
| | | 规范撰写工作小结，能进行经验交流与工作反馈 | | | 3% | | | |
| 过程状态 | 交往状态 | 与教师、同学之间交流语言得体、彬彬有礼 | | | 3% | | | |
| | | 与教师、同学之间保持多向、丰富、适宜的信息交流和合作 | | | 3% | | | |
| | 思维状态 | 学生能用自己的语言有条理地去解释、表述所学知识 | | | 3% | | | |
| | | 学生善于多角度思考问题，能主动提出有价值的问题 | | | 3% | | | |
| | 情绪状态 | 能自我调控好学习情绪，随着教学进程而产生不同的情绪变化 | | | 3% | | | |
| | 生成状态 | 学生能总结当堂学习所得，或提出深层次的问题 | | | 3% | | | |
| | 组内合作过程 | 分工及任务目标明确，并能积极组织或参与小组工作 | | | 3% | | | |
| | | 积极参与小组讨论并能充分地表达自己的思想或意见 | | | 3% | | | |
| | 组际总结过程 | 能采取多种形式展示本小组的工作成果，并进行交流反馈 | | | 3% | | | |
| | | 对其他组学生所提出的疑问能做出积极有效的解释 | | | 3% | | | |
| | | 认真听取同学发言，能大胆地质疑或提出不同意见或更深层次的问题 | | | 3% | | | |
| | 工作总结 | 规范撰写工作总结 | | | 3% | | | |
| 自评 | 综合评价 | 严肃按照《活动过程评价自评表》认真地对待自评 | | | 5% | | | |
| 互评 | 综合评价 | 严肃按照《活动过程评价互评表》认真地对待互评 | | | 5% | | | |
| 总评等级 | | | | | | | | |
| 建议 | | | | | | 评定人：（签名） | | |

**注** 除"自评、互评"权重为5%外，其他均为3%。

# 参考文献

[1] 袁峰. CAD/CAM 技术应用（UG）[M]. 北京：机械工业出版社，2015.